U0175224

国家科学技术学术著作出版基金资助出版

生物技术食品安全风险评估实践

黄昆仑 著

科学出版社

北 京

内 容 简 介

　　随着以转基因技术为代表的农业生物技术的广泛应用,越来越多的生物技术产品进入人们的生活。本书分为两部分,第一部分从宏观着眼,介绍了生物技术食品的生产应用与社会经济效益、具有代表性的国家或地区级的安全监管体系,以及转基因食品标识管理和检测标准体系。第二部分从细节入手,介绍了玉米、油菜、大豆等代表性转基因作物的安全评价经验,以及转基因动物、转基因微生物及其产品的食用安全性评价经验。通过以上两部分的介绍,力图使读者对生物技术产品的管理和食用安全风险评估形成理论与实践相结合的清晰认识。

　　本书可供政府工作人员、高等院校师生、科研工作者等参考阅读。

图书在版编目(CIP)数据

生物技术食品安全风险评估实践/黄昆仑著. —北京: 科学出版社, 2020.11
ISBN 978-7-03-066729-8

Ⅰ.①生… Ⅱ.①黄… Ⅲ.①生物工程-应用-食品工业-食品安全-风险评价 Ⅳ.①TS201.6

中国版本图书馆 CIP 数据核字(2020)第 216248 号

责任编辑:贾　超　侯亚薇 / 责任校对:杜子昂

责任印制:吴兆东 / 封面设计:东方人华

科 学 出 版 社 出版

北京东黄城根北街 16 号
邮政编码:100717
http://www.sciencep.com

北京捷迅佳彩印刷有限公司 印刷
科学出版社发行　各地新华书店经销
*

2020 年 11 月第　一　版　　开本:720×1000　B5
2022 年 10 月第三次印刷　　印张:15 1/2
字数:310 000

定价:128.00 元
(如有印装质量问题, 我社负责调换)

序　言

　　生物技术是人类文明发展史中最早使用的技术之一，考古发现公元前 6000 年，古埃及人和古巴比伦人开始用微生物发酵产生酒精；生物技术也是维护人类健康最重要的技术之一，20 世纪 20 年代 Alexander Fleming 爵士发现了青霉菌可以产生青霉素，挽救了数十亿人的生命。1953 年，沃森（Watson）和克里克（Crick）对莫里斯·威尔金斯（Maurice Wilkins）DNA 的 X 射线衍射图分析发现了 DNA 的双螺旋结构，奠定了现代分子生物学研究的基础，同时也揭开了生命科学研究的新篇章。

　　1972 年，斯坦福大学的伯格教授第一次将两个不同生物的 DNA 序列连接在一起，创造了人类历史上第一例转基因微生物，自此现代生物技术的发展步入了快速发展的轨道。1983 年世界首例转基因植物（烟草）问世；1986 年首批转基因作物（棉花）批准进入田间试验；1989 年瑞士当局批准了第一例转牛凝乳酶的基因工程微生物的商业化应用，揭开了现代生物技术食品生产的序幕；1994 年美国食品药品监督管理局（FDA）批准第一例转基因延熟番茄（商品名为 FLAVR SAVR）的商业化生产，标志着现代生物技术食品生产大规模应用的开始。据国际农业生物技术应用服务组织（ISAAA）统计，1996～2018 年，全球转基因农作物种植面积累计达到 375 亿亩[①]，增加经济效益 1861 亿美元，帮助 1600 万～1700 万户农户脱贫。可以预见，在人口日益增长、生态环境日益恶化、人类疾病威胁日益严重和对健康水平的要求日益提升等背景下，现代生物技术将会展示出其不可替代的优势。

　　生物技术同所有技术一样是一种中性的技术，既具有对人类文明发展有利的一面，同时也具有其潜在危害的一面，这一点也是国际共识。早在第一例转基因生物问世时，人们就认识到了这一点。1971 年，在冷泉港举行的生物学会议上，重组 DNA 安全性问题作为引出的话题，受到与会者的关注。1972 年，欧洲分子生物学组织（EMBO）工作会议首次专门讨论了 DNA 重组体可能带来的潜在危害。1975 年，阿西洛马（Asilomar）会议专门讨论了转基因生物安全性问题，这次会议是世界上第一次正式关于基因工程技术即转基因生物安全性的会议，成为人类社会对转基因生物安全关注的历史性里程碑。1990 年召开的第一届联合国粮食及农业组织/世界卫生组织（FAO/WHO）专家咨询会议在安全性评价方面迈出了第一步。1993 年，经济合作与发展组织召开了转基因食品安全会议，提出了《现代

---

① 1 亩 ≈ 666.7 m^2。

生物技术食品安全性评价：概念与原则》的报告，报告中的"实质等同性原则"得到了世界各国的认同。2003 年 7 月 1 日，在罗马召开的联合国食品标准署会议上，国际食品法典委员会（CAC）通过了三项有关转基因食品安全问题的标准性文件。自此，国际上对转基因生物安全评价的工作逐渐走上了规范化、科学化的道路。

　　本书从经济、安全管理和食用安全评估方面对转基因生物进行了较为系统的论述，特别是通过案例分析更加直观地论述了如何进行转基因生物的食用安全检测和评估，以期帮助读者更好地理解和掌握生物技术食品安全知识。

　　由于资料有限、时间仓促，书中难免存在疏漏或未尽之处，敬请专家和读者批评指正。

于 2020 年 3 月全球抗击新型冠状病毒性肺炎关键期

目　录

第二部分　转基因生物食用安全风险评估实践

第一部分 生物技术食品管理
体系研究

转基因技术被誉为有史以来应用速度最快的技术，涉及农牧渔业、生物医药、环保、能源等诸多领域，已显示出巨大的经济、社会和生态效益，在满足国家粮食与生态安全、人民健康需求等方面起着不可替代的作用。第一代转基因食品以增加农作物抗性和耐储性为主要特征，如增强对除草剂的耐受性和增强对昆虫或病毒引起的植物疫病的抗性以及延迟成熟等。随着现代生物技术的发展，第二代转基因食品则以改善食品的品质、增强食品的营养为主要特征，如富含维生素 A 前体的"黄金大米"（golden rice）、通过抑制油酸酯脱氢酶获得的高油酸大豆以及抗加工褐变的转基因土豆和苹果等。第三代转基因食品则以增加食品中的功能因子和增加食品的免疫功能为主要研究特征，如转基因食用疫苗。

转基因作物和食品除了能给农民和消费者带来直接的益处，如增加作物产量、提高农民收入以及增加人们摄入食品的营养等，还在环境保护方面做出了重要贡献，如因耕作方式的改变减少了温室气体的排放等。

第1章　转基因食品的生产应用与社会经济效益

提要
- ■ 转基因食品的生产应用分析
- ■ 转基因食品的社会经济和环境效益分析
- ■ 新型生物技术食品的研究应用和效益分析

引　言

随着转基因作物的产业化快速发展，转基因食品也越来越多地进入人们的生活。美国作为世界上转基因技术最领先的国家，据统计，超市出售的食品中70%以上含有转基因成分。下面将以美国为例，介绍转基因食品的生产、贸易和消费现状。据统计，2016年美国转基因作物种植面积约为7300万公顷，比2015年增加了3%，占全球转基因作物种植面积的40%，位居第一。其中，玉米为3505万公顷，大豆为3184万公顷。转基因玉米种植比例占92%，其中3%为抗虫玉米，13%为抗除草剂玉米，76%为抗虫/抗除草剂的复合性状玉米。另外，于2012年上市的抗旱玉米应用进展也很快，种植面积从2013年的5万公顷增加到2016年的117万公顷。资料显示，在2016年，美国约94%的大豆、92%的玉米和93%的棉花都是转基因作物（Blanchard, 2014）。从这些统计数据可以清晰地看到，自转基因技术商业化以来，转基因作物在美国的种植比例快速上升，体现了美国农民对转基因作物的需求也一直处于上升的状态。

1.1　美国转基因食品的生产应用分析

1996年至2013年，转基因作物的种植给美国农业带来了巨大的收益，至少为584亿美元，这占到全球农业在同一时期收入的44%（Brookes and Barfoot, 2017b）。同时，种植转基因作物可以降低农药使用量，减少由虫害而引起的减产，以及有利于环境保护和促进农业的可持续发展等。

美国2%的农业人口不仅养活了3亿美国人，而且使美国成为世界上最大的农产品出口国。高比例转基因作物的种植对此做出了巨大的贡献。根据英国农业经济学家Graham Brookes的统计数据，截止到2012年，仅种植抗虫玉米这一性状作物，其对美国的玉米产量贡献就非常大，累积产量增加了 7%（Brookes，2014）。美国作为世界上大豆和玉米最大的生产和出口国，对美国转基因大豆和玉米的生产应用情况进行研究分析将会更好地了解转基因食品在美国的消费状况。

1.1.1　转基因大豆的生产和消费

大豆是全球普遍种植的油料作物，起源于中国。表 1-1 列出了美国大豆的生产和消费情况（USDA，2018b），图 1-1 则是美国大豆自 1980 年至 2015 年的使用趋势（高炜和罗云波，2016）。

表 1-1　2012～2016 年美国大豆生产及消费情况表

项目		2012 年	2013 年	2014 年	2015 年	2016 年
种植面积/万公顷		3124	3108	3371	3347	3375
供应量/万吨	产量	8279.1	9139.1	10687.7	10685.0	11692.0
	进口	111.6	195.9	89.8	65.3	59.9
	期初库存	459.9	383.7	250.4	519.8	536.1
	供应总量	8850.6	9718.7	11027.9	11270.1	12288.0
消费量	压榨/万吨	4596.8	4719.3	5097.5	5132.9	5168.3
	种子/万吨	242.2	264.0	261.3	264.0	285.8
	期末库存/万吨	383.7	250.4	519.8	536.0	819.2
	出口/万吨	3584.3	4458.0	5013.2	5285.3	5916.7
	出口占总量百分比/%	40.5	45.9	45.5	46.9	48.2
	压榨占总量百分比/%	51.9	48.6	46.2	45.5	42.1

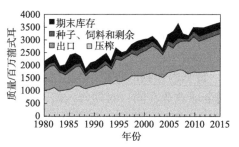

图 1-1　1980～2015 年美国大豆使用趋势图

1 蒲式耳大豆= 0.027216 吨

从表 1-1 可看出，2012～2016 年约 47%的美国大豆用于国内压榨，约 45%用于出口，2.5%用于制种。图 1-1 也显示 2005～2015 年美国大豆总量和出口量增长较快。据 ISAAA 统计资料显示（James, 2015），2012～2014 年美国转基因大豆的种植比例约为 93%，按照年平均产量为 1.1 亿吨来计算，每年 1 亿吨左右都是转基因大豆，仅 800 多万吨是传统育种大豆。即使 800 多万吨传统育种大豆全部用于美国国内消费，也还需要 3000 多万吨转基因大豆，才能满足美国人民的日常生活需求。

大豆的主要加工方式是通过压榨得到大豆油和豆粕，在美国也是如此。3000多万吨转基因大豆压榨后可产生 600 多万吨大豆油和 2000 多万吨豆粕。据统计，仅有约 8.5%的大豆油用于出口，其余的大豆油都留在国内消费，这其中 74%左右用在食品、饲料和加工行业。由此可见，转基因大豆已被广泛应用于美国的食品行业，并进入了美国人民的日常食物链。

1.1.2　转基因玉米的生产和消费

玉米不仅在食品行业中发挥着重要作用，也为美国农业和农民带来了巨大的经济收益。近些年玉米（不包括爆米花用玉米或甜玉米）约占美国全部农产品出口价值的 6%，之前更高，曾经达到 12%（高炜和罗云波，2016）。玉米用途非常广泛，作为重要的食粮之一，现今全世界约三分之一的人以玉米籽粒作为主要食粮。作为重要的工业原料，玉米籽粒通过初加工和深加工可生产二三百种产品。美国作为世界上最大的玉米生产和出口国，2012～2016 年的玉米生产及消费情况见表 1-2（USDA, 2018b）。

表 1-2　2012～2016 年美国玉米生产及消费情况表

	项目	2012 年	2013 年	2014 年	2015 年	2016 年
	种植面积/万公顷	3937.6	3861.0	3666.0	3561.0	3804.0
供应量/万吨	产量	27317.7	35125.7	36108.6	34549.0	38475.9
	进口	406.4	91.4	81.3	172.7	144.8
	期初库存	2512.1	2085.3	3129.3	4396.7	4412.0
	供应总量	30236.2	37302.4	39319.2	39118.4	43032.7
消费量	饲料/万吨	10960.1	12804.1	13497.6	12989.6	13876.0
	食用和工业用等/万吨	15336.5	16492.2	16680.2	16885.9	17503.1
	国内消费总计/万吨	26296.6	29296.3	30177.8	29875.5	31379.1
	出口/万吨	1854.2	4876.8	4742.2	4828.5	5824.2
	出口占总量百分比/%	6.1	13.1	12.1	12.3	13.5
	国内消费占总量百分比/%	87.0	78.5	76.8	76.4	72.9

从表 1-2 可看出，2012～2016 年美国用于国内消费的玉米约占平均年玉米总量的 78%，有大概 44%（即 16000 多万吨）的玉米直接或间接进入食物链被消耗。而根据 ISAAA 的统计数据，在 2010～2014 年美国转基因玉米的种植比例约为 93%（James, 2015），这意味着非转基因玉米年平均产量大概只有 2000 多万吨。由于年平均 3500 多万吨玉米用于直接食用和制种，因此非转基因玉米根本不能满足人们的食用消费需求。

图 1-2 显示了 1980～2017 年美国国内玉米使用趋势（高炜和罗云波，2016，数据有更新）。虽然自 2004 年以来，用作燃料乙醇生产的玉米用量在快速增加，但是玉米的主要消费还是集中在饲料、食用和制种等方面，即间接或直接地进入食物链从而被美国人民所消费。尤其是随着拉美裔人口的增多，用玉米加工制作的食品在市场上越来越多。

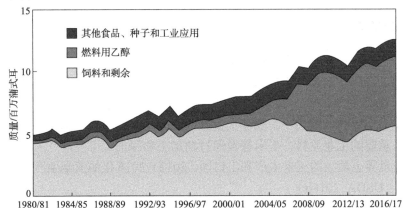

图 1-2　1980～2017 年美国玉米国内使用趋势图（高炜和罗云波，2016，数据有更新）

1 蒲式耳玉米=0.0254 吨

1.1.3　其他转基因食品的生产和消费

除了大豆和玉米，甜菜、油菜和棉花也是美国种植的主要作物，同时美国也是这些农产品的出口大国。根据统计，美国甜菜的总种植面积在 2010～2014 年间约为 48.5 万公顷，其中转基因甜菜的种植比例在 2014 年为 98.5%，目前基本接近 100%。转基因油菜和转基因棉花的种植比例也在 95% 以上。甜菜的主要产品是糖，甜菜糖可以占到美国每年消费糖的一半以上（高炜和罗云波，2016）。而糖是人们日常生活中不可缺少的营养物质，同时也是食品、饮料和医药工业的重要原料。此外，油菜籽油是应用非常广泛的食用油的一种，棉籽油精炼后也可供人食用。

通过以上研究分析可以看出，美国是转基因食品的消费大国，主要采用大豆、玉米、甜菜和油菜等原料加工绝大多数食品，其原料有 90% 以上的概率来自转基因植物。另外据统计，美国居民的日常餐饮中包括谷物、肉制品、各种面制品、糖浆、奶酪和沙拉酱在内的约 70% 食物都包含转基因成分（高炜和罗云波，2016）。这些数据事实将很好地帮助人们了解转基因技术在日常生活中的应用。

1.2　中国转基因作物和转基因食品的生产应用

我国是世界上人口最多的国家，人均可耕地面积只有世界平均水平的 40%，这使得粮食安全问题在中国显得十分紧迫。我国政府每年颁布的第一份政策文件（中央一号文件）在过去十几年中一直聚焦农业，其中从 2007 年起，有 8 次特别提到了种子产业和转基因技术，显示出政府对该技术的高度重视。

1.2.1　转基因作物的研发

我国政府对生物技术研发一直非常重视，早在 20 世纪 80 年代就通过“863”等计划对转基因作物农业生物技术研究进行了大力支持。到 2008 年，我国又启动了一项为期 12 年、总投资约为 250 亿元人民币的“转基因生物（GMO）新品种培育”重大专项，以推动转基因技术的研究与发展（Li et al.，2014）。根据科学技术部公布的资料来看（科学技术部，2016），自重大专项实施以来，核心技术取得一系列重大突破，形成了一批原创性重大成果。与其他国家相比，我国在基因克隆和遗传转化技术领域处于世界先进水平，其中水稻基因克隆研究居国际领先地位。2013 年，我国科学家克隆了全球三分之二的水稻重要基因，其中多数基因由转基因专项资助完成，并在水稻、小麦等基因组编辑技术上率先取得了突破，已应用于分子育种。

截至 2014 年年底，转基因专项共育成新型转基因抗虫棉新品种 124 个，累计推广应用逾 2000 万公顷，减少农药使用 37 万吨，增收节支社会经济效益 420 亿元，国产抗虫棉市场份额达到 96%。我国已成为仅次于美国的第二个拥有自主知识产权的转基因棉花研发强国。

1.2.2　转基因作物和转基因食品的生产应用

在转基因技术研究上，我国取得了巨大进展，同时数以百计的田间试验也被批准实施，迄今已有 6 个转基因作物被批准用于商业化生产（棉花、木瓜、矮牵牛花、甜椒、西红柿和杨树）。其中只有棉花和木瓜大规模种植，其他作物则没有或只有非常小规模的种植。2009 年，我国政府为两个转基因水稻品种和转基因植酸酶玉米颁发了安全证书，但没有商业化种植。根据 ISAAA 的统计，2016 年中国转基因作物种植面积约为 280 万公顷，世界排名第 8 位（James，2017）。

据统计，2017 年我国进口大豆 9000 多万吨，基本都是转基因大豆。从 1996 年起，我国成为大豆的净进口国，进口量从 100 多万吨持续增加到 9000 多万吨，进口量占世界贸易量 64% 左右，进口的这些大豆相当于我国六七亿亩耕地的产量。目前我国进口大豆主要用于两方面：一是饲料豆粕，二是食用豆油。同时还进口几百万吨的转基因玉米和油菜等转基因食品。

2016 年 8 月由国务院印发的《"十三五"国家科技创新规划》中提到要加大转基因玉米、大豆和棉花研发的力度，推进新型抗虫棉、抗虫玉米、抗除草剂大豆等重大产品产业化，同时建成规范的生物安全性评价技术体系，确保转基因产品安全。由此可见转基因食品在我国的应用将更为快速和广泛。

1.3　转基因食品的社会经济和环境效益分析

转基因食品一般是指使用转基因生物生产的食品，根据我国现行《农业转基因生物标识管理办法》，转基因食品主要是指以转基因植物为原料生产的食品。因此转基因食品的社会经济和环境效益的分析是以转基因作物的相关分析为基础进行的。

1.3.1　转基因作物的社会经济和环境效益分析

自转基因作物商业化以来，人们对其带来的社会经济和环境影响做了很多的研究。其中，英国 PG 经济学公司的农业经济学家 Graham Brookes 和 Peter Barfoot 以"转基因作物的全球经济和环境影响"为主题连续 12 年发布年度报告，所述的内容旨在深入解读以下现象：自 20 世纪 90 年代中期转基因作物商业化应用以来，全球范围内为什么会有如此多的农民已经而且继续将该技术用于农业生产。德国科学家采用整合分析方法对所有能公开检索到的 147 项原始研发进行了研究分析，来说明转基因作物对发达和发展中国家农民所带来的益处（Klümper and Qaim, 2014）。其结论与 ISAAA 发布的转基因作物应用年度报告、英国农业经济学家 Graham Brookes 发表的转基因作物商业化以来产生的社会经济和环境效益结论相一致。这主要体现在如下几方面。

1. 种植转基因作物农户的生产力和生产效率分析

对数以百万计的农民而言，转基因技术一直是不错的投资。据统计，自 1996 年以来，转基因作物的种植使全球农民的收入累计增加了 1678 亿美元。仅 2015 年，转基因作物就为全球农民带来了高达 154 亿美元的直接经济效益，其中收入增加最多的是种植玉米的农民，主要原因是产量的增加。转基因抗虫玉米在当年带来了 44.6 亿美元的新增收入，占 2015 年全球玉米作物总产值（1380 亿美元）的 3.2%。

由于产量的增加和成本的降低，棉花种植业的经济收益也有大幅度的增长。2015年，转基因作物种植国家的棉农总收入增加了 33.8 亿美元，新增收入相当于当年全球棉花作物总产值（340 亿美元）的 9.9%。从事大豆和油菜种植的农户们也实现了显著的收入增长。2015 年抗除草剂大豆使农户收入增加了 38.2 亿美元，抗除草剂和抗虫复合性状的大豆使农民收入增加了 12.3 亿美元。油菜产业（主要是北美洲）获得收入累计增长为 54.8 亿美元。2015 年，每在生物技术种子领域多投资1 美元，全球农民的总净收入就能增加 3.45 美元。其中 1 美元投资为发展中国家的农民带来的净收益为 5.15 美元，而在发达国家则为 2.76 美元（Brookes and Barfoot, 2017b）。

表 1-3 数据显示应用转基因技术，农户的生产力和生产效率得到提高，从而收入也增加了。其中，"其他"是指抗病毒木瓜、西葫芦以及抗除草剂的甜菜。总计的占比统计不包括"其他"作物，即只与四种主要作物大豆、玉米、油菜和棉花相关。农户收入计算的是净种植收入，并考虑了产量、作物品质以及农业生产中的一些关键可变成本的影响，如转基因种子的溢价、植保花费等（Brookes and Barfoot, 2017b）。

表 1-3　1996～2015 年全球农民因种植转基因作物而获得的新增经济收益

作物	2015 年新增农业种植收入/百万美元	1996～2015 年累计新增农业种植收入/百万美元	2015 年在种植转基因作物的国家中，种植该类作物获得的新增收入占该类作物的总产值的百分比/%	2015 年在全球范围内，种植该类作物获得的新增收入占该类作物的总产值的百分比/%
抗除草剂大豆	3821.7	50039.7	4.3	4.2
抗除草剂抗虫大豆	1226.8	2405.2	2.4	0.69
抗除草剂玉米	1787.9	11103.8	2.4	1.0
抗除草剂棉花	116.7	1772.7	0.5	0.3
抗除草剂油菜	655.0	5479.6	8.1	2.4
抗虫玉米	4464.0	45958.1	6.0	3.2
抗虫棉花	3266.6	50274.8	13.5	9.6
其他	65.8	717.3	无数据	无数据
总计	15404.5	167751.2	—	—

表 1-4 给出了上述新增农业产值在发达国家和发展中国家之间的分配情况；数据显示，在 2015 年，发展中国家的农民享受到了其中 48.7% 的新增收益（Brookes and Barfoot, 2017b）。

表 1-4　2015 年种植转基因作物获得的新增收入：发展中国家与发达国家的对比

作物	新增收入/百万美元	
	发达国家	发展中国家
抗除草剂大豆	2301.1	1520.6
抗除草剂抗虫大豆	0	1226.8
抗除草剂玉米	1156.1	631.8
抗除草剂棉花	32.3	84.4
抗除草剂油菜	655.0	0
抗虫玉米	3372.7	1091.3
抗虫棉花	320.0	2946.6
抗病毒木瓜、西葫芦以及抗除草剂甜菜	65.8	0
总计	7903.0	7501.5

如表 1-4 所示，发展中国家农民所获得的大部分增收得益于抗虫转基因棉花和抗除草剂转基因大豆。在这二十年里（1996～2015 年），发展中国家的农民累计获得增收 51.3%（861 亿美元）（Brookes and Barfoot, 2017b）。其中发展中国家指所有的南美洲国家、墨西哥、洪都拉斯、布基纳法索、印度、中国、巴基斯坦、缅甸、菲律宾和南非，下同。2005～2015 年农民累计增加的收益如图 1-3 所示。

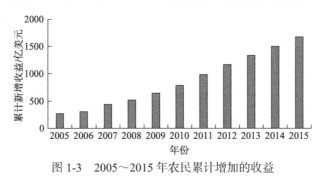

图 1-3　2005～2015 年农民累计增加的收益

表 1-5 则给出了农民为获取转基因技术而支付的费用（Brookes and Barfoot, 2017b）。表中的数据表明，2015 年四种主要转基因作物支出的总费用相当于该年转基因作物总产值的 29%（包含农户的种植收入以及支付给种子供应链的技术成本）。

表 1-5 2015 年为种植转基因作物而需要支出的费用与新增的农业种植总收入（单位：百万美元）

作物	全球农民获取技术的成本	全球农民增加的种植收入	在全球，该技术为农民和种子供应产业创造的总收入	发展中国家的农民获取技术的成本	发展中国家的农民增加的种植收入	在发展中国家，该技术为农民和种子供应产业创造的总收入
抗除草剂大豆	1990.3	3821.7	5812.0	204.6	1520.6	1725.2
抗除草剂抗虫大豆	411.9	1226.8	1638.7	411.9	1226.8	1638.7
抗除草剂玉米	1051.3	1787.9	2839.2	177.9	631.8	809.7
抗除草剂棉花	252.2	116.7	368.9	25.5	84.4	109.9
抗除草剂油菜	104.3	655.0	759.3	0	0	0
抗虫玉米	1858.5	4464.0	6322.5	626.0	1091.3	1717.3
抗虫棉花	567.1	3266.6	3833.7	376.9	2946.6	3323.5
其他	70.4	65.8	136.2	0	0	0
总计	6306.0	15404.5	21710.5	1822.8	7501.5	9324.3

由表 1-5 的数据可知，对于发展中国家的农民来说，为该技术支付的总费用相当于从该技术获得总收入的 20%；对于发达国家的农民来说，这一比例则为 36%（Brookes and Barfoot，2017b）。虽然不同国家之间的具体情况有所不同，但总的情况是：对于因采用转基因技术而获得的收入占新增的农业种植总收入的比例，发展中国家的农民高于发达国家的农民；这一情况反映了某些现实因素，如发展中国家在知识产权保护方面的法律规章与执法力度较弱。其中，获取该技术而需要支出的成本是指农民购买转基因种子所需支付的溢价（与对应的传统品种的种子相比，转基因种子售价高出的部分）。

2. 转基因农作物产量分析

1996～2015 年间，转基因技术的应用，使得大豆、玉米、棉花和油菜增产分别为 1.803 亿吨、3.577 亿吨、2520 万吨和 1060 万吨（James，2015）。抗虫棉花和抗虫玉米的种植减少了虫害所造成的损失，从而持续提高了作物产量。从 1996 年到 2015 年，种植这类生物技术作物的农户都获得了增产；与常规的作物品种相比，抗虫玉米的产量平均提升了 13.1%，而抗虫棉花则达 15%。自 2013 年以来，商业化种植抗虫大豆的南美洲农户获得的平均增产率为 9.6%（Brookes and Barfoot，2017b）。

在一些国家，抗除草剂作物的种植实现了更有效的杂草控制，进而提高了农作物产量。例如，通过种植抗除草剂的大豆，玻利维亚的大豆产量增加了 15%（Brookes and Barfoot，2017b）。在阿根廷，抗除草剂作物帮助农民在同一个种植季中实现了大豆在小麦之后的轮种。

此外,种植转基因作物的农民可以在不增加种植面积的情况下获得更高产量。例如,在未能种植转基因作物的假设条件下,要在 2015 年实现与当年实际供应量相同的农产品产量,那么大豆、玉米、棉花和油菜的新增种植面积就分别要达到 840 万公顷、740 万公顷、300 万公顷和 70 万公顷。这相当于美国的可耕地面积增加约 11%,巴西的可耕地面积增加约 31%,中国的作物面积增加约 13%(Brookes and Barfoot, 2017b)。

3. 环境效益分析

农民通过采用更具可持续性的种植方法,使种植转基因作物大大减少了因农业生产带来的温室气体排放。例如,少耕作业法减少了化石燃料的消耗,使更多的碳被保留在土壤中。如果没有种植生物技术作物,那么 2015 年的二氧化碳排放量就将比实际值多出 267 亿千克,相当于公路上多了 1190 万辆汽车(James, 2015)。从 1996 年到 2015 年,全球因作物生物技术而减少的植保产品喷洒量为 6.19 亿千克,全球减幅达 8.1%。这比中国每年的植保产品总用量还要多。对于种植生物技术作物的农民而言,他们将因植保作业而使对环境造成的不良影响降低 18.6%(Brookes and Barfoot, 2017a)。2005~2015 年累计因燃料使用量减少导致的二氧化碳减排量见图 1-4,累计节约的耕地见图 1-5。

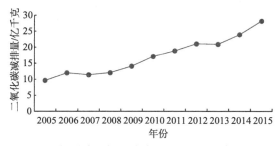

图 1-4　2005~2015 年累计二氧化碳减排量(以燃料使用量减少来计算)

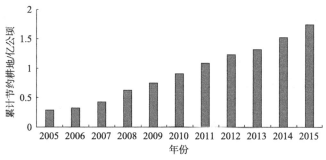

图 1-5　2005~2015 年累计节约的耕地

1.3.2　转基因食品的益处分析

转基因作物所带来的社会经济和环境方面的效益也给消费者带来了间接的益处，例如，提高的产量增加了供应，从而平抑了市场的价格，使消费者直接从中获益。随着社会的发展，人们越来越关注营养健康，转基因食品的研究也正朝这个方向转移，如富含维生素 A 前体的基因重组水稻，即"黄金大米"。这种水稻的开发成功有望解决发展中国家儿童因缺乏维生素 A 而致盲的问题。大豆是全球普遍种植的油料作物，据统计，2015～2016 年全球大豆产量约为 3.13 亿吨（USDA，2018b）。中国是世界上最大的大豆消费国，也是全球最大的大豆进口国，2017年中国大豆进口量超过 9000 万吨，占全球大豆进口贸易的 64%。高油酸大豆和 Omega-3 大豆的开发也显示出转基因食品在改善食品品质和增加食品营养方面给消费者带来的益处。

1. 高油酸大豆

大豆油是食品加工行业应用最广泛和用量最大的植物油之一。由于大豆油多不饱和脂肪酸的含量比较高，所以在加工时必须进行氢化处理，以提高大豆油的氧化稳定性。而氢化处理的加工过程会导致反式脂肪酸的产生。反式脂肪酸对健康的主要危害是增加心血管疾病的风险，世界卫生组织建议停止使用反式脂肪酸，并且发布最新指南草案要求将反式脂肪酸摄入比例控制在 1%，对于成年人来说大约是 2.2 g 反式脂肪酸。

油酸是脂肪酸合成的一个重要代谢物，用于生成芥酸、亚油酸、亚麻酸等不饱和脂肪酸，对种子中不同脂肪酸的组成和比例进行调配。*fad2* 基因是编码 Δ12 脂肪酸脱氢酶（FAD2）使植物产生多聚不饱和脂肪酸的关键基因。通过将编码 Δ12 脂肪酸脱氢酶的基因 *gm-fad2-1* 导入大豆中，导致内源 *fad2* 基因沉默，阻断脂肪酸生物合成途径，引起油酸的积累可得到高油酸大豆。美国杜邦先锋公司将大豆 *gm-fad2-1* 和 *gm-hra* 基因通过共转化方法导入大豆中，开发得到转基因高油酸大豆。据美国杜邦先锋公司公开资料，该大豆自 2002 年开始田间试验，并于 2009年允许商业化种植，预计 2023 年种植面积约达 120 万公顷。图 1-6 是大豆中脂肪酸的生物合成途径。

高油酸大豆提高了单不饱和脂肪酸（C18:1 油酸）的含量，降低了多不饱和脂肪酸的含量，使得不饱和脂肪酸的组成成分与橄榄油或菜籽油相似。因此不需要加氢处理也可以提高大豆油的氧化稳定性。同时还降低了饱和脂肪酸的含量，提高了营养价值。如图 1-7 所示，与常规对照大豆油相比，其饱和脂肪酸（C16:0 棕榈酸和 C18:0 硬脂酸）的含量降低，占全部脂肪酸的 12%（常规对照大豆油为 15%）；而 C18:1 单不饱和脂肪酸（油酸）的含量提高，占 75%（常规对照大豆油为 22%）；由此导致多不饱和脂肪酸（C18:2 亚油酸）含量降低，占 7%（常规对照大豆油为 55%）。高油酸大豆也因此更适合用于生产加工瓶装植物油、沙拉酱、人造黄油和其他类似食品。

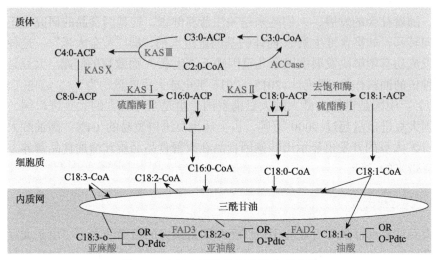

图 1-6　大豆中脂肪酸的生物合成途径

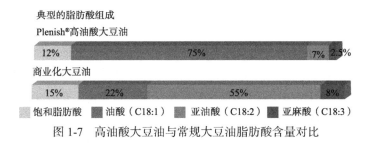

图 1-7　高油酸大豆油与常规大豆油脂肪酸含量对比

2. SDA Omega-3 大豆

Omega-3 脂肪酸，是一类不饱和脂肪酸，最重要的 3 种为 α-亚麻酸（ALA，存在于植物油中）、二十碳五烯酸（EPA）和二十二碳六烯酸（DHA，EPA 和 DHA 存在于海洋动植物油中）。人体内无法从头合成 Omega-3 脂肪酸，但可以用 ALA 作为原料，通过人体内的酶延长碳链合成 EPA，再由 EPA 合成 DHA，但是 ALA 合成 EPA 时，要先转化为硬脂四烯酸（SDA），此过程转化效率极低。采用基因改造得到的 SDA Omega-3 大豆压榨后的大豆油，将使体内脂肪酸直接由 SDA 转化成 EPA，绕开 ALA 合成路径，从而提高 DHA 的转化效率，如图 1-8 所示。

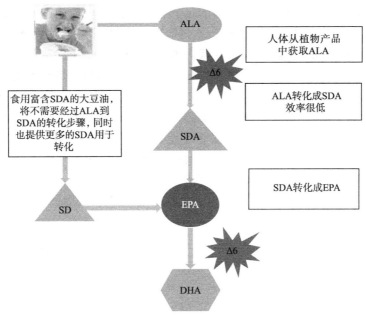

图 1-8 DHA 体内合成示意图

此外，试验数据也表明，如表 1-6 所示，与普通食用大豆油相比较，SDA Omega-3 大豆油中 SDA 含量高达 20%。美国南达科他大学（University of South Dakota）也对 SDA 大豆油进行了为期 16 周的双盲评估试验，试验对象为 21～70 岁的健康成年男性和女性。结果表明，SDA 大豆油使红细胞中 EPA 功效提高了 16.6%，而对照组采用常规大豆油添加 ALA，其功效还不到 0.1%。

表 1-6 SDA Omega-3 大豆油与普通食用大豆油脂肪酸含量对比

项目	脂肪酸含量/%					
	C16:0 棕榈酸	C18:0 硬脂酸	C18:1 油酸	C18:2 亚油酸	C18:3 亚麻酸	C18:4 SDA Omega-3
普通食用大豆油	15	4	22	55	8	0
SDA Omega-3 大豆	11	4	20	24	10	20

3. 新型生物技术产品的益处

1）复合性状技术产品

据 ISAAA 统计，2016 年复合性状技术产品已占全球生物技术作物种植面积的 41%，达到 7000 多万公顷，比 2015 年增长 29%。复合性状技术产品的快速增长表明这一新型生物技术产品深得种植者的喜爱，其中以抗虫抗除草剂复合性状大豆在巴西的推广种植贡献最大。据统计，2016～2017 年巴西种植的大豆中，50%

为该复合性状大豆,比前一年增长 10%,产量增加约 19%。该抗虫抗除草剂大豆是由美国孟山都公司通过常规育种技术将抗虫性状和抗除草剂性状聚合在一起而得到的复合性状产品。其中,抗虫性状表达 Cry1Ac 蛋白,抗除草剂性状表达 CP4 EPSPS 蛋白,均通过农杆菌介导转化法获得。由于巴西地处热带和亚热带地区,大豆生产因虫害造成的减产可以达到 1%以上,严重的年份减产可以达到 50%。因此抗虫抗除草剂复合性状大豆自 2013 年获准在巴西上市种植以来,推广速度非常快,对提高巴西整体的大豆产量发挥了重要作用。

巴西是全球大豆第二大生产国,2011 年超越美国成为全球大豆第一大出口国。2017 年,我国进口大豆 9000 多万吨,超过 5000 万吨来自巴西,有效地保障了我国食用油(大豆油)供应和饲料蛋白(豆粕)来源。据统计,在巴西种植收获的大豆中,约 55%用于出口,41%用于加工业,4%为库存。在出口的大豆中,约 78%出口到中国,约占我国每年进口大豆的 50%。因此抗虫抗除草剂大豆在巴西的上市种植对于提高巴西大豆产量、保障全球大豆供应量、平抑大豆市场价格至关重要。

其他的复合性状技术产品还包括对杂草广谱防控的抗草甘膦和麦草畏复合性状大豆、可同时抗地下和地上害虫的抗虫玉米等。这些产品的研发和推广不仅直接使种植者获益,也因降低虫害和草害造成的损失而使作物产量增加,有效地保障了全球粮食供应。

2)基因组编辑技术产品

美国麻省理工学院(MIT)2016 年把精确编辑植物基因列为年度十大突破技术之一。规律间隔成簇短回文重复序列(CRISPR)提供了一种用来改变基因的简单、精确的方法,来创造抗病性和耐旱性等特征。该技术主要是通过将序列特异核酸酶(SSN)导入植物细胞,将靶标基因进行定点修饰后,再从后代中筛选只有目标基因突变而不含有 SSN 表达载体的株系(Kim et al., 2017)。近年来,利用 CRISPR 技术在物种改良等方面取得了诸多成果,有理由相信基因编辑技术将成为农业生物技术研发过程中的一个重要工具,推动农业领域的革命(Fan et al., 2015;Feng et al., 2013)。

美国杜邦先锋公司利用 CRISPR 工具,不需要经过多代繁育筛选,也不需要引入任何外源基因,只是部分敲除一些能够产生直链淀粉酶的编码基因,就创造出了支链淀粉含量在 97%以上的糯玉米品种,而普通玉米中支链淀粉含量只有 75%左右。利用 CRISPR 技术还可以把加速苹果、蘑菇褐变的多酚氧化酶基因敲除掉,可以防止褐变,从而改良食品的品质(Malnoy et al., 2016;Xie and Yang, 2013)。来自美国和法国的研究人员利用转录激活因子样效应物核酸酶(TALEN)成功地对改变大豆油中脂肪含量的两个 *fad2* 基因进行切割,增加了大豆中油酸的比例，使大豆脂肪含量更健康（Demorest et al., 2016；Haun et al., 2014）。美国 Mars 公司联合研究人员应用 CRISPR 制造抗病可可，来解决环境变化导致可可种植越来越困难的问题，使得它们能够适应更加温暖和干燥的环境。中国科学院遗传和发育生物学研究所高彩霞研究员利用 TALEN 和 CRISPR 研制出了抗白粉病的小麦等（Gao et al., 2018）。

目前世界各国对如何监管基因组编辑作物还在讨论中，有些国家已经有明确规定，如阿根廷等（Huang et al., 2016；Jones, 2015；Whelan and Lema, 2015；Lusser and Davies, 2013）。总体来看，监管机构对基因组编辑作物遵循个案分析的原则，没有抵触情绪。2016 年美国农业部对抗褐变蘑菇免除监管（Waltz, 2016b），对美国杜邦先锋公司研发的富含支链淀粉玉米也免除监管（Waltz, 2016a）。美国农业部部长于 2018 年 3 月 28 日发布了一项声明（USDA, 2018a），对美国农业部如何监管利用植物育种新技术（包括基因组编辑技术）培育植物进行了澄清。声明指出，基因组编辑等新育种技术可以更快和更精准地培育出抗旱、抗病虫害的农作物，可为新品种培育节约数年甚至数十年时间，被越来越多的植物育种者用来培育植物新品种。根据相关生物技术法规，对没有利用植物有害物并且通过传统育种技术可以获得的育种新技术培育的植物，美国农业部将不会进行监管。

虽然其他国家和地区如欧盟等对如何监管基因组编辑技术产品还没有定论，但与传统转基因食品商业化付出的高昂监管成本相比，以上这些迹象表明基因组编辑作物将可能比以前更快地进入市场，让消费者可以更早地食用到携带更多营养物质的新一代生物技术产品。

参 考 文 献

高炜, 罗云波. 2016. 转基因食品标识的争论及得失利弊的分析与研究. 中国食品学报, 16(1): 1-9.

科学技术部. 2016. 转基因生物新品种培育科技重大专项交流材料. http://www.most.gov.cn/ztzl/ qgkjgzhy/2016/2016jlcl/2016jlzdzx/201601/t20160111_123546.htm[2018-05-23].

Blanchard T. 2014. Label without a cause. Nature Biotechnology, 32(12): 1169.

Brookes G. 2014. Weed control changes and genetically modified herbicide tolerant crops in the USA 1996—2012. GM Crops & Food, 5(4): 321-332.

Brookes G, Barfoot P. 2017a. Environmental impacts of genetically modified (GM) crop use 1996—2015: impacts on pesticide use and carbon emissions. GM Crops & Food, 8(2): 117-147.

Brookes G, Barfoot P. 2017b. Farm income and production impacts of using GM crop technology 1996—2015. GM Crops & Food, 8(3): 156-193.

Demorest Z L, Coffman A, Baltes N J, et al. 2016. Direct stacking of sequence-specific nuclease-induced mutations to produce high oleic and low linolenic soybean oil. BMC Plant Biology, 16(225): 1-8.

Fan D, Liu T, Li C, et al. 2015. Efficient CRISPR/Cas9-mediated targeted mutagenesis in populus in the first generation. Scientific Reports, 5 (12217): 1-7.

Feng Z, Zhang B, Ding W, et al. 2013. Efficient genome editing in plants using a CRISPR/Cas system. Cell Research, 23 (10): 1229-1232.

Gao W, Xu W T, Huang K L, et al. 2018. Risk analysis for genome editing-derived food safety in China. Food Control, 84: 128-137.

Haun W, Coffman A, Clasen B M, et al. 2014. Improved soybean oil quality by targeted mutagenesis of the fatty acid desaturase 2 gene family. Plant Biotechnology Journal, 12(7): 934-940.

Huang S, Weigel D, Beachy R N, et al. 2016. A proposed regulatory framework for genome-edited crops. Nature Genetics, 48(2): 109-111.

James C. 2015. Global Status of Commercialized Biotech/GM Crops: 2015. ISAAA Brief: No. 51. New York: ISAAA: 1-5.

James C. 2017. Global Status of Commercialized Biotech/GM Crops: 2016. ISAAA Briefs: No. 49-199. New York: ISAAA: 36-37.

Jones H D. 2015. Regulatory uncertainty over genome editing. Nat Plants, 1 (14011): 1-3.

Kim H, Kim S T, Ryu J, et al. 2017. CRISPR/Cpf1-mediated DNA-free plant genome editing. Nature Communications, 8(14406): 1-7.

Klümper W, Qaim M. 2014. A meta-analysis of the impacts of genetically modified crops. PLoS One, 9(11): e111629.

Li Y, Peng Y, Hallerman E M, et al. 2014. Biosafety management and commercial use of genetically modified crops in China. Plant Cell Reports, 33(4): 565-573.

Lusser M, Davies H V. 2013. Comparative regulatory approaches for groups of new plant breeding techniques. New Biotechnology, 30(5): 437-446.

Malnoy M, Viola R, Jung M H, et al. 2016. DNA-free genetically edited grapevine and apple protoplast using CRISPR/Cas9 ribonucleoproteins. Frontiers in Plant Science, 7(1904):1-9.

USDA. 2018a. Secretary perdue issues USDA statement on plant breeding innovation. https://www.aphis.usda.gov/aphis/ourfocus/biotechnology/brs-news-and-information/2018_brs_news/plant_breeding[2018-03-28].

USDA. 2018b. World agricultural supply and demand estimates. https://www.usda.gov/oce/commodity/wasde/[2018-05-23].

Waltz E. 2016a. CRISPR-edited crops free to enter market, skip regulation. Nature Biotechnology, 34(6):582.

Waltz E. 2016b. Gene-edited CRISPR mushroom escapes US regulation. Nature, 532 (7599): 293.

Whelan A I, Lema M A. 2015. Regulatory framework for gene editing and other new breeding techniques (NBTs) in Argentina. GM Crops & Food, 6(4): 253-265.

Xie K, Yang Y. 2013. RNA-Guided genome editing in plants using a CRISPR-Cas system. Molecular Plant, 6 (6): 1975-1983.

第2章 转基因食品的安全监管体系研究分析

提要
- ■ 转基因食品主要生产国安全监管体系分析
- ■ 转基因食品主要进口国安全监管体系分析
- ■ 我国对转基因食品的安全监管体系

引　言

随着转基因食品的快速发展和应用，世界各国也纷纷对转基因食品建立了相应的安全监管体系。不同国家和地区具体的安全监管体系不尽相同，但主要来看，对积极促进生物技术商业化的国家和地区，其对转基因食品采取促进型的管理；对转基因技术的应用持谨慎态度的国家和地区，其对转基因食品一般采取保守甚至禁止型政策；而采取折中态度的国家和地区则一般对进口和本土商业化转基因食品采取不同的政策。

2.1　美国对转基因食品的安全监管体系

美国是世界上转基因技术应用最为广泛的国家，同时也是世界上最主要的农产品出口国。在美国，转基因的监管主要由美国农业部（U.S. Department of Agriculture, USDA）、食品药品监督管理局（Food and Drug Administration, FDA）和环境保护局（Environmental Protection Agency, EPA）共同负责。USDA 主要负责保证转基因生物的农业和生态安全。FDA 的主要职责是监管转基因生物制品在食品、饲料以及医药等领域中的安全性。EPA 则主要是监管转基因作物的杀虫特性及其对环境和人的影响。

1986 年 6 月，美国白宫科技政策办公室正式颁布了《生物技术管理协调框架》（Coordinated Framework for Regulation of Biotechnology，简称《协调框架》），形成了美国转基因监管的基本框架。该《协调框架》以"实质等同性原则"和"个案分析原则"作为监管的指导原则，主要目的是保证公众健康，同时也确保生物技术产业能持续发展（佘丽娜等，2012）。但由于生物技术的快速发展迅速改变了产品的面貌，而且目前生物技术产品监管体系的复杂性也令公众难以了解如何评估生物技术产品的安全性，给中小型企业在通过这些产品的监管流程时带来了挑战（刘旭霞等，2010）。2015 年 7 月 2 日，美国总统行政办公厅（EOP）发布了一份备忘录，指示监管生物技术产品的主要机构 EPA、FDA 和 USDA 更新《协调框架》，阐明当前的角色和职责，制定一项长期战略，以确保联邦生物技术监管体系为未来的生物技术产品做好准备，并委托专家对生物技术产品的未来前景进行分析，以支持这些努力。这项工作的目标是增强公众对监管体系的信心，并防止对未来创新和竞争力造成不必要的障碍。

在历时 14 个月、征求审阅了 900 个公众评论和 3 次公众听证会后，2017 年 1 月，美国白宫科技政策办公室发布了《2017 生物技术管理协调框架》（2017 Update to the Coordinated Framework for the Regulation of Biotechnology）最终修改版以及附件《现代化生物技术产品法规的国家战略》（National Strategy for Modernizing the Regulatory System for Biotechnology Products）。最终修改版的《协调框架》共 74 页，包含了各种生物技术产品及相关部门管辖的产品和法规及详细的审批监管流程图解（USDA，2017）。1986 年《协调框架》和最终修改版的《协调框架》是在法律体系之下以管辖产品为基础的，而不是由产品制造工艺触发的。因此，EPA、FDA 和 USDA 这三个主要的联邦机构在监管时要对产品进行合理、科学的评估，同时要考虑到产品开发或制造过程中工艺可能会引入、减轻或避免的风险。这三家机构在审查生物技术产品的过程中相互咨询，并制定了谅解备忘录，以加强各机构之间的协调并实现信息共享。

2.1.1　美国农业部

美国农业部下属的动植物卫生检疫局（Animal and Plant Health Inspection Service，APHIS）主要负责监管转基因植物的种植、进口以及运输。根据《动物健康保护法》（AHPA）和《植物保护法》（PPA），USDA 监管可能会对农业植物和动物健康构成风险的生物技术产品。APHIS 宣布其监管行动，并在《联邦公报》上提供相关文件。公众可以通过常规邮件和各种公开会议就其拟议行动提出意见。APHIS 生物技术网站公开了广泛的信息，包括开放供评论的文件、正式文件、转基因开发者指南、受监管活动的申请状况、新闻以及即将发生的相关事件等。APHIS 主要采取两种程序来监管转基因生物安全，包括备案程序（notification process）和许可程序（permitting process）（Belson，2000）。

备案程序是最快捷的审批程序，主要提供对象为普通的转基因作物。满足 APHIS 标准，被认为可以安全引入、基因插入稳定以及蛋白表达不会引发植物病害的作物，备案程序能使申请快速获得批准。当申请人提出申请备案程序时，APHIS 将在给定的时间内及时给予批准与否的回复。如果申请被驳回，申请人可申请许可程序。

许可程序较为复杂，主要适用于不满足 APHIS 标准的作物。在递交申请后
90 天内，APHIS 完成完整性检查。如果数据不充足，则退回给申请人，并要求其
在 30 天内补充完整。如果数据充足，则针对该申请征询公众意见。征询意见的结
果分为转基因生物不存在实质性问题和转基因生物存在实质性问题两种。如果征
询意见不存在实质性问题，USDA 发布初步裁定，如果在 30 天的公示期内，收到
实质性问题的建议，则进行修改。初步裁定生效后，将在 USDA 网站上予以公布。
若征询意见存在实质性问题，USDA 将拟定环境评估和植物虫害风险评估，并征
询公众意见。在评估报告及公众意见的基础上，USDA 决定接受或驳回申请。如
果申请人提供充足的信息证明转基因生物与自然界中非转基因生物无本质区别，
不会对自然界生物造成更大的危害，则 APHIS 可对转基因生物解除管制。一旦转
基因作物处于解除管制的状态，该转基因作物的商业种植、运输及进口则不再受
USDA 的进一步监管。

2.1.2　美国食品药品监督管理局

FDA 对各种各样的产品进行监管，包括人类和动物食品（包括膳食补充剂）、
化妆品、人用药品和兽药及人用生物制品和医疗器械。FDA 监管的主要依据是《联
邦食品、药品与化妆品法案》（Federal Food, Drugs and Cosmetic Act, FFDCA）第
402 条（a）（1）款和第 409 条来确保食品（人类和动物食品）及食品配料（包
括使用基因工程技术生产的食品和食品配料）的安全。这两条规定明确了食品中
添加有毒有害物质的法律责任和使用化学添加剂须向 FDA 证明其安全性。"一般
被认为是安全"（generally recognized as safe, GRAS）的新成分和添加剂可以直接
上市进行销售，而不需要经过 FDA 的检测和审查。

1992 年，美国 FDA 颁布《关于源自新植物品系的食品的政策申明》，解释
了现有的法律要求如何适用于利用生物技术开发的植物源食品。该申明认为用于
传统植物育种作物食品的监管办法也同样适用于转基因食品，在审查安全问题时
考虑的关键因素应该是食物产品的特性，而不是关注制造过程中使用了何种方法
（Evaluation, 2007）。FDA 同时建立了一个自愿咨询程序，以帮助确保与源自该
植物品种的食品相关的任何安全或其他监管问题在商业流通之前得到解决。其中
包括源自该植物的食品中任何新引入的蛋白质的潜在致敏性和毒性，无论源自该
植物的食品中任何新引入的物质是否需要作为食品添加剂在上市前获得批准，也
无论内源性毒物和重要营养素或抗营养素水平是否在与食品安全或营养相关的方
式方面发生了改变。自愿咨询程序分为早期食品安全评估（early food safety
evaluation, EFSE）和生物技术上市前备案（pre-market biotechnology notification,
PBN）。在美国上市的转基因产品都会经过 FDA 的咨询，即使这是自愿咨询程序。

此外，FDA 还建议技术开发者在转基因生物研发的早期与 FDA 就转入的新蛋白质进行早期食品安全评估。如果认为新转入的蛋白质是安全的，当这个蛋白质被转入其他植物中时，就不再需要进行早期食品安全评估。

在生物技术产品上市前的通知阶段，申请人需要提供国际食品法典委员会（Codex Alimentarius Commission, CAC）指南中所要求的数据信息，食品添加剂安全办公室（Office of Food Additive Safety, OFAS）评价人类食品安全的数据，兽药中心（Center for Veterinary）评估动物饲料的安全数据。在评估人类食品和动物饲料安全中，最受关注的成分数据包括氨基酸、脂肪酸、基本组分和抗营养物质，对于某些作物（如大豆）还需进行内源性致敏原评估。在负责产品咨询的生物技术小组确认转基因产品没有安全问题后，FDA 将会撰写咨询备忘录并公示。

2.1.3　美国环境保护局

EPA 负责保护人类健康和环境。在 EPA 中，具体负责监管转基因作物的机构是生物杀虫剂污染防治处（Biopesticides and Pollution Prevention Division, BPPD）。根据《联邦杀虫剂、杀菌剂和杀鼠剂法案》（Federal Insecticide, Fungicide and Rodenticide Act, FIFRA），EPA 对所有农药，包括通过基因工程生产的农药的生产、销售和使用进行监管。这包括拟用作农药的化学农药、微生物、生化制品，以及一种拟在活植物中生产和使用的杀虫剂——植物嵌入式杀虫剂（plant-incorporated protectants, PIPs）。根据《联邦食品、药品和化妆品法案》第 408 条，EPA 确定了食品中可能存在的农药化学残留物的量。需要指出的是，EPA 的监管对象是转基因作物中含有的杀虫和杀菌等农药性质的成分，而不是作物本身。例如，Bt 玉米能产生 Bt 杀虫蛋白，但对环境产生了影响。因此根据 FIFRA，EPA 有权监管 Bt 基因及其蛋白，而不是玉米作物。

EPA 通过如下几种方式进行监管：试验用途许可（experimental use permit）、注册程序（registration process）、注册程序豁免（exemption from registration）、食物中农药的限量（pesticide food tolerance）和植物嵌入式杀虫剂监管（Belson, 2000）。

2.2　巴西对转基因食品的安全监管体系

2.2.1　管理条例

巴西于 1995 年制定了第一个关于转基因的法律，但 1995 年以后，由于一些非政府组织（NGO）的反对，导致在 1999～2004 年间没有一种新的转基因作物通过审批。情况于 2005 年开始发生转变，2005 年 3 月 25 日《巴西生物安全法》（第 11105 号立法）由巴西国会核准通过，该法是对 1995 年及以前的生物安全法的全面修订，由此结束了巴西国内围绕转基因生物的立法争议。

《巴西生物安全法》中，转基因生物是指其遗传物质（DNA/RNA）经过分子生物学/遗传工程技术修饰的生物体，而转基因副产物是由转基因生物得来的产物，无自主复制能力，不含活体转基因成分。该法基于对生物安全与生物技术、人类健康以及动植物健康等领域科学进展的认知和对环境保护中"预防原则"遵守（祁潇哲等，2013；刘铮，2012；连庆等，2010），规范了生物技术的研究，细化了宪法提出的有关生物技术方面的原则，并建立了针对转基因生物及其副产品监管的安全标准和机制。同时该法界定了违法行为，并制定了具体制裁措施，如警告、罚款、停止转基因生物的相关活动、中止或吊销注册、许可或授权以及禁止在 5 年内与公共管理机关签订任何协议等。除此之外，如果没有告知并得到相关监管部门授权的情况下，将转基因生物释放或排放到环境、进行商业化应用等违规行为，将会被处以监禁。如果环境或第三方受到损害，可增加监禁时间。

《巴西生物安全法》通过设立新的监管部门，对转基因生物及其副产品进行风险评估和行政监督，使相关的政府机构都承担了相应的责任。同时，该法也制定了生物安全的指导方针（Nepomuceno et al., 2014）。

2.2.2　监管机构

依据《巴西生物安全法》，巴西成立了国家生物安全理事会（CNBS），重组了国家生物安全技术委员会（CTNBio），拟定了《巴西生物安全政策》（PNB）。这些措施针对转基因生物及其副产品的相关活动设立了安全准则与监督机制。巴西转基因生物安全监管的机构主要包括生物安全内部委员会（CIBio）、巴西国家生物安全技术委员会、巴西国家生物安全理事会和注册与监督机构（OERF）。

生物安全内部委员会（CIBio）是任何从事转基因相关研究或商业化应用的公私营机构都应该设立的内部组织。由在生物技术相关领域受到专业训练和教育的人员组成，并由指定的项目负责人对其负责。

巴西国家生物安全技术委员会（CTNBio）隶属于巴西科技创新部（MCTI），主要是为国家生物安全政策提供协助与技术支持，对转基因生物及其副产品的科研相关活动和商业化应用从动植物检疫、人体健康与环境风险等方面进行评估并建立安全技术规范。CTNBio 为 OERF 提供技术支持，并监测生物安全、生物技术、生物伦理及相关领域取得的科技进展。依据《巴西生物安全法》，所有组织，不管是外资还是内资，也不分组织性质（公立或私营），只要从事的活动涉及《巴西生物安全法》中所描述的，则都要在活动开始前获得"生物安全许可证"（CQB），该证由 CTNBio 负责发放。获得 CQB 之后，由 CIBio 承担相关法律责任，并确保整个设施的生物安全状况。

CTNBio 分为植物、动物、人体卫生和环境等 4 个分委员会，科技创新部委派委员会主席，委员会由 27 位委员及替补委员组成，所有成员包括主席任期皆为 2 年，最多任期 6 年。CTNBio 成员都必须有博士学位，且是在科学团体中参与度得到公认的巴西公民，并且积极活跃在生物安全、生物技术、生物学、人畜健康及环境或相关领域。其中科技创新部直接委派 12 名来自科学界的成员，其他成员由农业、畜牧业和食品供应部等部委选派。

CTNBio 每月召开一次例会，由 CTNBio 执行秘书处组织，参会人数必须达到法定最少参会人数 14 名（半数人员多 1 名），同时每个分委员会应至少包括 1 名代表。也可以邀请科学界代表和民间团体，但不能参加投票。CTNBio 的所有决议都会在联邦刊物中发表，同时在一定时间内征集公众意见，相关的文档也会公布于网站供公众浏览。在审议转基因生物新品种商业许可证及投票表决之前，还会召开公开听证会。

巴西国家生物安全理事会（CNBS）是依据新《巴西生物安全法》创立的，由 11 位部长组成，直接为巴西总统府服务，主要是行使咨询职责，为总统制定和实施国家生物安全政策时提供咨询。如果要批准任何相关事宜，则必须达到至少 6 位以上部长的同意。2008 年 6 月 18 日，CNBS 决定由 CTNBio 提供关于转基因生物商业应用生物安全的技术性决议。在 CTNBio 发布技术性决议之后，如果在一定时间内 CNBS 没有驳回，则该产品自动获得商业化应用的授权。

注册与监督机构（OERF）包括巴西卫生部下属的国家卫生监督局、环境部下属的环境协会以及农业、畜牧业和食品供应部下属的转基因生物安全协调会。OERF 在 CTNBio 的技术性决议与评估基础上，负责管理转基因生物及其副产品。主要包括监督科研活动、注册并监督转基因生物的商业化应用、协助 CTNBio 确定生物安全评估的参数并向公众发布、注册和授权转基因生物的商业化应用以及监督检查使用转基因生物的机构及其设施与田间试验等。同时也对一些违规违法行为进行执法并执行处罚。该机构同时也负责确定制裁标准、规定罚金数额。根据对人畜健康及对环境危害的严重程度，处以一定数目的罚金，有时依据情节还会累积或加倍处罚。

2.3　欧盟对转基因食品的安全监管体系

欧盟一直主张对转基因产品采取预防原则，必须在得到官方授权的情况下，转基因产品才可以投放到欧盟市场。即便对转基因食品采取如此保守的态度，据统计，欧盟也种植转基因作物，如抗虫玉米，并且同时进口转基因农产品，进口数量达 3000 多万吨，包括转基因大豆和玉米（James，2017）。

2.3.1　法规框架

20 世纪 80 年代末，欧盟就建立了新的法规框架以对转基因生物进行管理，各成员国根据相关法规框架，结合各自国情制定本国相关的法律法规，同时组织相应的机构对本国转基因生物进行管理。转基因产品审批在欧盟的层面进行，审批的结果适用于所有成员国（郭铮蕾等，2015；佘丽娜等，2012；李宁等，2010；连庆等，2010；金芜军等，2004）。

欧盟对转基因生物进行管理的法律体系主要包括横向的一般性法规和针对产品的纵向法规。横向的法规对转基因生物监管进行了一般的规定，纵向的法规则对不同产品（如新食品、种子等）的管理进行了相应的具体规定。欧盟法律框架形成初期，由欧盟第十一总司（环境、核安全和民用保护）负责转基因生物安全管理横向法规的制定，并于 1990 年经欧盟理事会通过了《关于转基因生物有意环境释放的指令》（90/220/EEC）。针对产品的纵向法规的制定和管理则涉及多个机构，包括工业总司、农业总司和运输总司。

欧盟现行的转基因生物管理法规框架主要基于两部法规：《关于转基因生物有意环境释放的指令》（2001/18/EC，替代了 90/220/EEC）和《转基因食品和饲料管理条例》（No 1829/2003）。《关于转基因生物有意环境释放的指令》对转基因生物环境释放审批的一般流程进行了规定，明确了环境风险评估的指导原则和环境释放后的监控原则，以及在出现环境风险时对已批准环境释放的转基因生物的管控机制等。指令同时还对转基因生物的田间试验、商业化种植、进口过程等进行了规范。《转基因食品和饲料管理条例》则规定了转基因生物用于食品和饲料的审批流程以及进行食用和环境风险评估的原则等。此外，一些其他的法规也对转基因生物的商业化和流通做出了规定，如《关于转基因生物的可追踪性和标识及含有转基因生物成分的食品和饲料的可追踪性条例》（No 1830/2003）。该条例对转基因食品和饲料的标识以及整个生产链中的可追溯性做了规定，要求含有转基因成分的食品和饲料从生产到销售过程中的每个环节都要提供所含转基因成分的信息。另外，商业化种植前转基因种子也要经过一般的品种审查。欧盟于 2014 年在《关于转基因生物有意环境释放的指令》（2001/18/EC）的基础上，对种植申请法规流程进行了修改（指令 EU 2015/412），在欧盟委员会组织成员国投票前，是否在本国领土上种植转基因作物是由成员国自行来决定的，这一指令已被批准并于 2015 年 4 月 2 日生效。这项新指令将在转基因植物的种植问题上赋予成员国更多的自主权，同时有望在欧盟层面提高审批的效率（郭铮蕾等，2015）。

2.3.2　监管机构

欧盟采用复杂的转基因审批流程和监管体系，这是由于欧盟在转基因监管方面一直保持着审慎的态度。欧盟以及各成员国的多个不同机构参与转基因生物审批过程中科学层面的评估和政治层面的决策，同时也负责日常的管理（胡加祥，2015）。

欧洲食品安全局（EFSA）成立于 2002 年，负责欧盟食品饲料安全的科学评估，为欧盟委员会、欧盟议会和欧盟成员国的政治决策提供科学意见。欧洲食品安全局设有不同的专家组，由不同领域的科学家组成，其中的转基因生物专家组负责对转基因生物安全进行科学评估，制定科学评估的指导文件以及对临时性的风险管理问题提供科学建议等。在转基因生物的审批过程中，欧洲食品安全局对转基因生物进行风险评估，并将评估意见提供给欧盟委员会。对于通过审批并在欧盟商业化的转基因生物，技术开发商需要进行商业化后的监控，并由欧洲食品安全局对监控报告进行审查。

欧盟委员会是欧盟的执行机构，负责欧盟各项法律文件的贯彻执行，并可以建议法律文件，并为欧盟议会和欧盟理事会准备法律文件。在转基因审批过程中，欧盟委员会基于欧洲食品安全局的科学意见准备决议草案，经成员国部长级会议上投票，决策是根据投票结果做出的。因此可以看出，转基因的政治决策权主要受控于欧盟委员会和成员国的部长级会议。

成员国主管部门在各个成员国内部，各政府也组织或指派相关机构负责转基因生物的管理工作，包括审批过程初期的一些安全评估、本国商业化的批准，以及商业化之后的监控和标识管理等。例如，在西班牙，国家生物安全委员会和转基因生物部级理事会是两个主要管理机构，国家生物安全委员会是负责评估全国或区域范围内的种植、封闭环境的使用以及商业化申请的咨询机构，而转基因生物部级理事会是负责全国范围内种植、封闭环境的使用和商业化批准的主管机构；此外，一些其他政府机构也参与转基因生物的日常管理，如西班牙植物品种办公室负责转基因种子的注册和监控。在英国，健康与安全执行局负责管理封闭环境及实验室中的转基因生物；环境、食品及农村事务部负责管理环境释放的转基因生物；而食品标准局负责食用和饲用的转基因食物安全评估，以及用于消费的转基因食品的标识管理。

2.4　日本对转基因食品的安全监管体系

日本的生物安全管理分为实验室研究阶段的安全管理、环境安全评价、饲料安全评价和食用安全评价。

文部科学省（Ministry of Education, Culture, Sports, Science and Technology, MEXT）负责转基因生物安全的评估，制定了《重组 DNA 实验指南》（陈俊红，2004），该指南不仅对实验室及封闭温室内转基因生物的研究进行了规范，而且规避了转基因生物的潜在风险。研究单位会依据相关规定，成立专门的转基因生物安全管理委员会（小组）。例如，东京大学针对转基因生物研究成立了委员会来负责项目审查，同时制定了《东京大学转基因生物使用实施规则》，对学校的职责和任务、如何设置安全管理委员会以及对试验研究项目的审查等方面都进行了详细的规范。

厚生劳动省（Ministry of Health, Labor and Welfare, MHLW）负责转基因产品食用安全的评估，农林水产省（Ministry of Agriculture, Forestry and Fisheries, MAFF）负责饲用和环境安全的评估。内阁食品安全委员会负责为厚生劳动省和农林水产省提供食品和饲料安全风险评估，是日本内阁府的一部分、依据食品的安全基本法案正式成立的、完全独立的负责风险评估的政府部门。

对饲料和饲料添加剂进行安全评价是依据《转基因饲料安全评价指南》和《转基因饲料添加剂安全评价指南》。申请者向农林水产省提交申请请求审批，农林水产省受理申请后，会向食品安全委员会提出咨询请求，然后食品安全委员会实施风险评估，得出技术建议后通知农林水产省，最后由农林水产省向技术申请者提供结果。其中安全评价的内容主要包括转基因饲料表达新蛋白对家畜的毒性，以及转基因饲料表达新蛋白在家畜体内变为有害物质的可能性等。农林水产省还负责与公众进行信息交流。

对食品和食品添加剂实施安全评价则是依据《转基因食品和食品添加剂安全评价指南》，基本程序与转基因饲料和饲料添加剂的类似，负责受理申请的政府机构是厚生劳动省。厚生劳动省受理审批的申请后，向食品安全委员会提出咨询请求，然后食品安全委员会负责进行安全评价，得出风险评估结果后通知厚生劳动省，最后由厚生劳动省向申请者提供结果。食品安全评价的内容包括转基因植物外源基因的特性、新表达蛋白的特性、新表达蛋白的安全性及转基因食品的营养变化和加工过程等；食品添加剂安全评价的内容，除了转基因微生物产生的酶之外，还需要对高纯度的非蛋白产品进行评价。

对于转基因生物的环境安全评价主要依据《卡塔赫纳议定书》，农林水产省负责实施。评价主要包括两个阶段，第一阶段是隔离条件下的试验，相当于我国转基因生物安全评价的中间试验阶段；第二阶段是开放环境下的栽培，获得批准后可申请用作食品和饲料。评价的内容主要是转基因生物的生存竞争能力以及转基因生物和野生近缘种的基因漂移等。

截至 2014 年 7 月 1 日，日本通过食用安全评价的转基因转化事件 290 个，通过饲用安全评价的转化事件 121 个，通过环境安全评价的转化事件 100 个。另外，有 17 个由转基因原料加工生产的添加剂批准商业化应用。

2.5 中国对转基因食品的安全监管体系

我国从 1989 年开始着手制定重组 DNA 工作的安全管理条例，在反复讨论和修改的基础上，于 1993 年 12 月 24 日颁布了我国第一部基因工程安全管理的法规《基因工程安全管理办法》。农业部在这部法规的基础上，于 1996 年颁布了《农业生物基因工程安全管理实施办法》。国务院于 2001 年 5 月颁布了《农业转基因生物安全管理条例》，并在 2011 年 1 月和 2017 年 10 月分别对其进行了修订（祁潇哲等，2013）。该条例涵盖了我国境内从事农业转基因生物的研究、试验、生产、加工、经营、进口和出口活动的各个环节，明确了相应的管理规定。同时还确立了国务院农业行政主管部门负责全国农业转基因生物安全的监督管理工作，而转基因食品卫生安全的监督管理工作则由卫生行政主管部门依照《中华人民共和国食品卫生法》的有关规定进行管理。

卫生部于 1990 年颁布了《新资源食品卫生管理办法》来加强对新资源食品的管理，其中新资源食品就包括转基因食品。卫生部依照《中华人民共和国食品卫生法》和《农业转基因生物安全管理条例》于 2002 年制定颁布了《转基因食品卫生管理办法》，涵盖了我国境内从事转基因食品生产或者进口等活动，同时制定了相应的管理规定。在此管理办法基础上，卫生部于 2007 年颁布了《新资源食品管理办法》，首次引用了国际上通用的"实质等同原则"对新资源食品进行评价，同时废止了 1990 年和 2002 年颁布的相关管理办法。为了进一步明确新资源食品原料许可职责、程序和要求等事项，国家卫生和计划生育委员会于 2013 年 10 月颁布了《新食品原料安全性审查管理办法》，并于 2017 年 12 月对该审查管理办法进行了修改，同时废止了 2007 年颁布的管理办法。

依据相关法规要求，我国建立了农业转基因生物的安全评价制度，对于农业转基因生物及其副产品的食用安全性评价依据国际食品法典委员会的指导原则，以实质等同性为基本原则，结合个案分析原则、分阶段管理原则、逐步完善原则和预防为主原则等制定。只要是在我国境内从事农业转基因生物研究、试验、生产、加工及进口的单位和个人，都要按照相关规定，根据农业转基因生物的类别和安全等级，分阶段向农业部报告或提出申请。通过国家农业转基因生物安全委员会安全评价，由农业部批准进入下一阶段或颁发农业转基因生物安全证书（Li et al., 2014）。

参 考 文 献

陈俊红. 2004. 日本转基因食品安全管理体系. 中国食物与营养, (1): 20-22.

郭铮蕾, 汪万春, 饶红, 等. 2015. 欧盟转基因生物安全管理制度分析. 食品安全质量检测学报, (11): 4277-4284.

胡加祥. 2015. 欧盟转基因食品管制机制的历史演进与现实分析——以美国为比较对象. 比较法研究, 28(5): 140-148.

金芜军, 贾士荣, 彭于发. 2004. 不同国家和地区转基因产品标识管理政策的比较. 农业生物技术学报, 12(1): 1-7.

李宁, 付仲文, 刘培磊, 等. 2010. 全球主要国家转基因生物安全管理政策比对. 农业科技管理, 29(1): 1-6.

连庆, 付仲文, 李华锋. 2010. 欧盟转基因生物安全管理及对中国的启示. 世界农业, (3):1-3.

刘旭霞, 李洁瑜, 朱鹏. 2010. 美欧日转基因食品监管法律制度分析及启示. 华中农业大学学报(社会科学版), (2): 23-28.

刘铮. 2012. 巴西法规助跑全球转基因. 科学新闻, (3):80-81.

祁潇哲, 贺晓云, 黄昆仑. 2013. 中国和巴西转基因生物安全管理比较. 农业生物技术学报, 21(12): 1498-1503.

佘丽娜, 李志明, 潘荣翠. 2012. 美国与欧盟的转基因食品安全性政策演变比对. 农业科学与技术, (9): 1-6.

Belson N A. 2000. US regulation of agricultural biotechnology: an overview. AgBioForum, 3(4): 15.

Evaluation C F D. 2007. Food and Drug Administration (FDA). New York: Springer: 681-683.

James C. 2017. Global Status of Commercialized Biotech/GM Crops: 2016. ISAAA Briefs: No. 49-199. New York: ISAAA: 36-37.

Li Y, Peng Y, Hallerman E M, et al. 2014. Biosafety management and commercial use of genetically modified crops in China. Plant Cell Reports, 33(4): 565-573.

Nepomuceno A L, Lopes M A, Finardi-Filho F. 2014. Biosafety legislation and the use of GM crops in Brazil. Journal of Huazhong Agricultural University, 33(6):40-45.

USDA. 2017. Modernizing the regulatory system for biotechnology products: final version of the 2017 update to the coordinated framework for the regulation of biotechnology. https://www.aphis.usda.gov/ biotechnology/downloads/2017_coordinated_framework_update.pdf [2018-05-23].

第3章 转基因食品标识管理与检测标准体系

提要

■ 各国对转基因食品标识管理的现状和体系
■ 转基因食品标识管理体系的不同阶段
■ 转基因食品标识管理不同阶段变迁的原因
■ 未来转基因食品标识管理的发展趋势
■ 生物技术食品检测技术标准发展概况

引　言

由于转基因食品在人们日常生活中日益普遍的应用，各国针对转基因食品是否进行标识以及如何标识都建立了相应的管理体系。总体来看，转基因食品标识管理是随着转基因技术的不断发展而变化的，不同的技术发展阶段，不同的国家和地区，对转基因食品标识采取的管理体系差异较大。具体体现在标识类型、标识对象以及标识方法上的差异。随着生物技术的进一步发展，如基因编辑技术的出现，对转基因食品标识管理也提出了挑战，或将促进相应的管理更趋科学合理。

3.1　转基因食品标识管理现状

3.1.1　美国转基因食品标识管理现状

美国的食品监管包括转基因食品监管迄今已经建立了一个比较完善的以科学实证为原则的监管体系。根据《生物技术管理协调框架》，美国食品药品管理局（FDA）主要负责监管使用生物技术生产的食物产品。在 1992 年美国 FDA 颁布的《关于源自新植物品系的食品的政策申明》也适用于转基因食品的售前审批和标识并一直沿用至今。FDA 在该申明中认为培育新植物品种的方法（包括使用重组 DNA 技术在内的新技术）通常不会被要求在食品标识中公布（陈可，2016；颜旭雯，2015），主要原因是 FDA 认为制造过程通常是不需要在标签上显示的"实质性"事实。

FDA 认为通过转基因生产的食物和传统食物没有实质性的区别，因此无须对转基因食品进行标识，其在 2001 年发布的指导草案允许行业自愿标识不包含任何转基因成分的标签。这份指导草案禁止声称食品是"非转基因的"。指导草案还指出，"标识某食品是非转基因的，可能会表达或暗示该食品的优越性（更安全或更高质量），从而将会对消费者产生误导"。1996～2016 年，FDA 审查了超过100 起转基因事件，然而没有任何证据或数据使其改变立场（高炜和罗云波，2016）。

但是在某些特殊情况下，FDA 也明确可能需要转基因标识。具体来说，"如果一个新的植物品种制成的某种食品与其传统对照物不同，以至于通用或常用的名称不再适用，或者，如果存在必须提醒消费者注意的安全或使用问题"，则会要求标识。例如，可能存在致敏风险或某些因宗教信仰而不能食用的食物成分等。

自 2011 年起，关于转基因食品是否需要强制标识在全美开始引起讨论与争议，一些州开始跃跃欲试要对此自行立法（Blanchard，2014）。为避免各州不同法案带来的繁杂和高成本，同时保证每个州的消费者都能了解到食品中的转基因成分信息，2016 年 7 月 29 日一项有关转基因食品销售的全国性法律被签署，要求生产商在食品包装上对其是否含有转基因成分进行标注。按照要求，农业部的市场服务部门，而不是 FDA，必须在两年内建立一个强制的国家生物工程食品公开标准以及实施国家标准的必要流程。该标准要点在于，在国家标识标准中不包括以下内容：①餐厅或类似的食品零售店提供的食品；②"小型"的食品生产商，将通过制定规章来定义的食品；③食用转基因饲料的家畜肉、家禽肉和蛋制品；④包含家畜肉、家禽肉和鸡蛋的食品，如果其主要成分不属于《联邦食品、药品和化妆品法案》（FFDCA）食品标识的范畴，或如果主要成分是汤、汤料、水或相类似的溶液且第二大主要成分不属于 FFDCA 食品标识的范围（胡加祥，2017）。

3.1.2　巴西转基因食品标识管理现状

巴西司法部于 2003 年发布相关法律法规并建立了该国的食品标识体系。该体系明文规定采用强制标识措施，进行强制标识的阈值为 1%，即人体食用或饲料用食品或食品成分若含有超过 1%的转基因生物或其副产品，必须在商标上注明相关信息，同时需要附上"转基因"标志（黄色三角形，正中间含有字母 T）。标识法规适合于所有包装的、散装的和冷冻的食品以及以转基因产品作为饲料的动物源性食品（祁潇哲等，2013）。

3.1.3　加拿大转基因食品标识管理现状

加拿大的转基因食品标识管理与美国相似，采取自愿标识制度。2004 年加拿大国家标识委员会发布《转基因与非转基因技术生产的食品的标识和广告》标准，根据该标准，加拿大实施自愿标识制度，要求其标识必须真实准确，而且不能误导消费者。加拿大对转基因食品标识实行的阈值为5%，如果食品原料中的转基因原料超过5%可以标识，否则不用标识。此外，食品原料中的转基因原料低于5%时，才允许标识"非转基因"（徐蕾蕊等，2015）。

3.1.4 澳大利亚转基因食品标识管理现状

澳大利亚在2001年就开始实施食品标准法典中的《利用基因工程技术生产的食品》标准。该标准规定了用于销售的使用转基因技术生产的食品目录，目录里包括了玉米、大豆、甜菜、马铃薯、棉籽和油菜籽在内的转基因作物生产的食品。如果需要标识，则阈值为1%，如果食品中的转基因原料低于1%时，被视为意外混入或不可避免的混入，标识可豁免。另外，当成品中已经不含转基因表达成分时，如食用油，也不需要进行标识（杨桂玲等，2011）。

3.1.5 欧盟转基因食品标识管理现状

因20世纪90年代的疯牛病等食品安全事件频繁发生，欧洲人对食品安全问题很敏感，消费者也对新技术持怀疑态度，因此对转基因食品异常慎重。此外，欧盟出于消费需求，每年要进口大量的农产品，这些农产品大多来自北美或南美。由于这些地区转基因作物的种植比例很高，因此欧盟每年进口的农产品基本都是转基因产品。欧盟不是农业生产地区，因此出于保护本地区的食品贸易和保障消费者的食品安全等因素，欧盟对转基因食品的监管持一种审慎的态度，采取"预防原则"。

早在1997年，欧盟就通过有关规定（258/97号条例），要求对转基因食品进行强制标识管理，适用于欧盟范围的所有转基因产品，不仅是食品，还包括饲料。2003年，欧盟又通过1829/2003号令，修订了转基因标识管理政策。在新的政策中，在转基因成分来源获得欧盟批准的情况下，只要转基因成分超过0.9%，就需要进行标识，低于0.9%则不需要标识；此外，如果转基因成分来源没有获得欧盟批准，则超过0.5%需要进行标识，低于0.5%则不需要标识（Sosa-Núñez, 2014）。

欧盟制订强制标识政策的初衷是为了最大限度地尊重消费者的知情权和选择权。实际上，欧盟的一些超市、商场和食品店因为出售有转基因标识的产品遭到了反对人士的攻击，所以选择不出售转基因成分超过0.9%而需要标识的产品。从强制标识执行的实际效果来看，那些想要购买转基因食品群体的选择权却没有得到保障和满足（Devos et al., 2009）。

3.1.6　日本转基因食品标识管理现状

日本也是世界上转基因农产品的进口大国之一，但是其对转基因食品标识管理既不同于欧盟的预防原则，也不同于美国的科学原则，而是介于两者之间。早在 2001 年，日本就颁布实施了《转基因食品标识法》，采取按目录定量强制标识的方法。对于主要成分已经通过安全评价、加工后仍然残留重组 DNA 或由其编码的蛋白质的食品，如果在食品原料构成中位列前 3 位并占 5% 以上，就需要进行强制标识，但是低于 5% 则不需要标识（岳花艳，2015；刘旭霞等，2010；金芜军等，2004）。

日本的标识管理基本符合该国国情，一方面是因为日本耕地面积非常有限，而转基因技术的应用对保障粮食供应贡献巨大，因此部分公众力挺转基因；另一方面是围绕转基因技术的争议使得转基因技术呈现负面属性，这让部分公众对转基因食品仍然心存疑惑。基于此，日本采取了折中的管理办法。

3.1.7　中国转基因食品标识管理现状

我国《农业转基因生物安全管理条例》在第一条表明了转基因生物安全管理的目的是：“为了加强农业转基因生物安全管理，保障人体健康和动植物、微生物安全，保护生态环境，促进农业转基因生物技术研究。”依据此条例，农业部于 2002 年 1 月 5 日颁布了《农业转基因生物标识管理办法》（以下简称《办法》），并分别于 2004 年 7 月 1 日和 2017 年 12 月 1 日进行了修订，由此确立了转基因食品标识制度。另外，《中华人民共和国食品安全法》（2015 年版）也明确要求生产经营转基因食品应当按照规定显著标识。我国的标识管理规定《办法》中详细规定了我国转基因食品的标识要求，具体包括以下内容。

凡是列入标识目录的农业转基因生物，在销售时必须标识，未标识和不按规定标识的，不得进口或销售。通过目录可以控制转基因标识制度的实施范围和实施力度。截至目前，列入标识目录的产品包括以下 5 类 17 种产品。

（1）大豆种子、大豆、大豆粉、大豆油、豆粕。

（2）玉米种子、玉米、玉米油、玉米粉（含税号为 11022000、11031300、11042300 的玉米粉）。

（3）油菜种子、油菜籽、油菜籽油、油菜籽粕。

（4）棉花种子。

（5）番茄种子、鲜番茄、番茄酱。

根据《办法》的规定，我国目前对转基因食品实行按目录定性标识，还没有对转基因食品实行定量标识管理。没有设定阈值，或者也可以理解为零容忍。

3.2 转基因食品标识管理体系的阶段变迁

3.2.1 转基因食品标识管理的准备阶段

以 DNA 重组技术为标志的现代生物技术为遗传育种和分子遗传学研究开辟了崭新的途径。在 1983 年，第一株转基因植物——抗病毒转基因烟草的研究成功标志着转基因技术已经开始用于对农作物的改良。到了 20 世纪 80 年代后期，转基因技术研究更是得到了飞速发展，大量转基因植物进入大田试验，其中很多成果已达到商业化应用的程度。

早在 20 世纪 70 年代早期，科学家就开始讨论重组 DNA 潜在的（假设）风险，呼吁在科学界建立安全标准。在美国国家科学院的敦促下，阿西洛马（Asilomar）会议于 1975 年举行，科学家综述了 DNA 重组工作和安全经验，讨论并建立了指导如何安全使用这项技术进行试验的原则。这次会议标志着科学和公众讨论科学政策的特殊时代的开始。在准则建立之前，美国所有的重组 DNA 工作基本上都停止了。1976 年美国颁布了《重组 DNA 分子研究准则》，这是出于对预期风险的周密考虑（Goodman, 2014）。

美国转基因监管的基本框架是 1986 年 6 月白宫科技政策办公室正式颁布的《生物技术管理协调框架》。该协调框架确立了以"实质等同性原则"和"个案分析原则"作为监管的指导原则，在保证公众健康同时，确保美国的生物技术产业可以得到持续的发展。在此指导原则下，美国在医药、农业、能源、生物制造和环保等领域开发和产业化了很多生物技术产品，确保了其在这些领域的世界领先地位，同时为美国的经济发展做出了贡献。同年，经济合作与发展组织（OECD）出版了《重组 DNA 安全关注因素》，作为转基因生物在工业、农业、环境等方面应用的安全指南（于洲, 2011）。欧盟在 20 世纪 80 年代末期也建立了生物技术工作框架，包括横向立法和纵向立法。主要里程碑事件如图 3-1 所示。

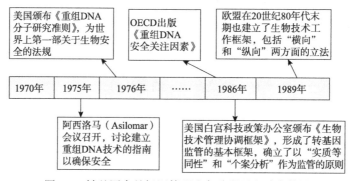

图 3-1　转基因食品标识管理准备阶段里程碑事件图

3.2.2　转基因食品标识管理的初建阶段

在这一阶段，现代生物技术的研究在向农业和食品中的开发应用转移。例如，1990 年 Curtiss 等首次报道了植物中抗原的表达，1996 年全球第一例转基因作物商业化，2000 年 *Science* 公开报道了瑞士联邦技术院植物科学研究所成功开发了富含维生素 A 前体的基因重组水稻"黄金大米"（罗云波，2016）。

为了更好地对转基因食品进行安全性评估，第一届 FAO/WHO 联合专家咨询会议于 1990 年召开。此次会议对转基因食品的安全评价策略进行了非常明确的阐述，即"转基因食品及食品成分的安全评价策略是基于对产品加工过程的充分了解，以及产品本身的详细特征描述"（雍克岚，2008）。1992 年联合国环境与发展大会上签署了《生物多样性公约》（Convention on Biological Diversity, CBD），这是世界上最重要的保护生物多样性的国际公约。1993 年 OECD 首次提出了实质等同性原则，这是在 OECD19 个国家大约 60 位专家花费两年多的时间共同讨论的基础上确定的。实质等同性原则的含意是，"在评价生物技术产生的新食品和食品成分的安全性时，现有的食品或食品来源生物可以作为比较的基础"。1995 年《生物多样性公约》缔约国大会第二次会议上确定制定《生物安全议定书》，特别关注由现代生物技术产生的改性活体动物的越境转移。1996 年 FAO/WHO 联合专家咨询会议建议"以实质等同性原则为依据的安全性评价，可以用于评价转基因生物衍生的食品和食品成分的安全性"。国际食品法典委员会（CAC）下属的食品标签委员会（Codex Committee on Food Labelling, CCFL）负责转基因食品标识标准的制定。1997 年，CCFL 开始正式讨论转基因食品的标识问题，并形成了一个《转基因食品标识大纲》作为研究转基因食品标识问题的基础。2000 年，《卡塔赫纳生物安全议定书》经过多年漫长的努力和政府间谈判之后终于通过。这是有关转基因产品管理的国际法规。

在国际相关组织为转基因食品安全性评估和管理提出指导原则时，世界上一些国家和地区也纷纷出台了相关规定。美国 FDA 于 1992 年发布了植物新品种（包括通过重组 DNA 技术获得的新品种）来源食品的安全评价流程的政策申明，并于 1994～1995 年第一次依据该评价流程对转基因作物进行了安全评价。2000 年美国白宫宣布了《食品和农业生物技术举措》（Food and Agricultural Biotechnology Initiatives）来加强科学化监管和消费者对信息的获取权，授权：①FDA 为其监管下的食物产品自愿标识工作制定指导方针，引导各方诚实守信、简洁明了地标识食物产品包含或不包含生物工程配料，同时遵守《联邦食品、药品和化妆品法案》的要求；②USDA 与农民和行业合作，促进创建可靠的测试程序和质量保证方案以区别非生物技术商品，从而更好地满足市场需求。

为了协调欧盟各国向环境中释放和向市场投放转基因生物，欧盟早在 1990 年就颁布了关于故意向环境中释放转基因生物的指令。随后，转基因技术应用飞速发展，1998 年欧盟批准了转基因玉米在欧盟种植和上市。2000 年又颁布了《外源性污染物标识条例》（2000/49/EC），设定阈值为 1%，当转基因材料总量超过该阈值时，就需要加以标签进行标识（于洲，2011）。

我国则早在 1990 年就颁布了《新资源食品卫生管理办法》来加强对新资源食品的管理。由于新资源食品包括转基因食品和其他类型的食品，因此该办法不是一部专门针对转基因食品安全的法规。1993 年颁布了《基因工程安全管理办法》，这是我国第一部对于转基因工程工作进行管理的法规。1996 又颁布了《农业生物基因工程安全管理实施办法》（李宁等，2010）。转基因食品标识管理体系的初建阶段里程碑事件见表 3-1。

表 3-1　转基因食品标识管理体系初建阶段里程碑事件表

年份	里程碑事件
1990	第一届 FAO/WHO 联合专家咨询会议在转基因食品的安全性评估方面迈出第一步
	中国颁布《新资源食品卫生管理办法》，说明了新资源食品审批工作程序。新资源食品包括转基因食品
	欧盟《关于封闭使用基因修饰微生物的 90/219/EEC 指令》《关于向环境有意释放基因饰变生物的 90/220/EEC 指令》严格规定了转基因生物的批准程序，为世界上第一个有关管理基因工程试验和转基因生物的区域性专门立法，属于欧盟的横向立法
1992	《生物多样性公约》签署
	经济合作与发展组织修订出版了《生物技术安全因素 1992》
	FDA 根据美国《联邦食品、药品和化妆品法案》（FDA 联邦登记第 57 卷，第 104 号，案卷编号 92N-139）发布了植物新品种（包括通过重组 DNA 技术获得的新品种）来源食品的安全评价流程
1993	经济合作与发展组织公布《现代生物技术食品的安全评估概念和原理》，首次提出实质等同性原则
	中国颁布《基因工程安全管理办法》，针对转基因工程工作进行专门管理
1994~1995	第一例获批的转基因作物在美国依据其安全评价流程进行了安全评价
	1995 年《生物多样性公约》缔约方大会第二次会议上确定制定生物安全议定书
1996	FAO 与 WHO 正式确立了转基因产品的安全性检测要遵循"实质等同性"的原则，认为现代生物技术生产的食品安全性从本质上而言不低于传统技术生产的食品
	中国颁布《农业生物基因工程安全管理办法》
1997	《国际植物保护公约》（IPPC）的管理机构是植物检疫措施委员会（ICPM），负责评估全球植物保护现状
	国际食品法典委员会下属的食品标签委员会开始正式讨论转基因食品的标识问题，并形成了《转基因食品标识大纲》
	欧盟《新食品和新食品成分的管理条例》（258/97 号令）规定新食品定义与成分、上市前的安全评估机制及标签要求

续表

年份	里程碑事件
1998	欧盟批准转基因玉米在欧盟种植和上市
2000	《生物多样性公约》缔约方会议通过《卡塔赫纳生物安全议定书》
	国际食品法典委员会生物技术食品特别工作组召开了关于转基因食品的第一次专门会议
	经济合作与发展组织召开了"转基因食品安全性检测"研讨会
	欧盟《外源性污染物标识条例》(2000/49/EC)设定因技术的原因而不可避免地存在豆类和玉米转基因成分的含有值为 1%,当转基因材料总量超过这种食品的成分阈值时,就需要加以标签进行标识
	美国宣布《食品和农业生物技术举措》来加强科学化监管和消费者对信息的获取权

3.2.3 转基因食品标识管理改进和完善阶段

在这一阶段,转基因技术在农业和食品上的应用开始得到迅猛发展,转基因食品逐渐进入消费者视野。2009 年,我国发放了 Bt 水稻和转植酸酶玉米的安全证书,虽然没有大规模商业化种植,但仍引发了公众对转基因食品的担忧和顾虑(Li et al., 2014)。

自 2001 年以来,针对转基因食品的管理法规也不断出台,转基因食品标识管理体系作为监管中重要的一环,也得到了各国监管部门的重视。目前世界上已有包括欧盟在内的 60 多个国家和地区建立了转基因标识管理体系。根据所采取的标识制度,大致可以按照以下特点进行分类。

根据是否要求强制标识,分为三类:强制型、自愿型、自愿与强制混合型。根据最终产品是否检测到转基因成分,分为过程关注型和产品关注型。根据豁免标识的转基因成分最低含量是否具有阈值规定,分为定性标识型和定量标识型。根据转基因标识制度的严格程度可以分为三类。第一类是以欧盟为代表的严格型。这类制度实行"过程为基础"的转基因食品强制标识,"过程为基础"是指只要采用了转基因原料,无论最终产品中是否含有转基因成分都必须标识。第二类是以美国为代表的宽松型。这类制度实行"产品为基础"的转基因食品自愿标识,具有实质等同性的转基因食品允许自愿标识。第三类是中间型,实行以"产品为基础"的转基因食品强制标识制度,这类国家和地区在最终食品中不再含有转基因成分时允许自愿标识。这三类标识制度特点及分类归纳整理见表 3-2。

表 3-2　各国和地区转基因食品标识制度特点及分类

	国家和地区	标识类型	产品/过程	产品范围	豁免	阈值
第一类	欧盟	强制	过程	食品、饲料、添加剂、调味料、源自转基因生物的产品、餐馆制品	肉和动物制品	0.9%
	巴西	强制	过程	食品、饲料、源自转基因生物的产品、肉制品	无	1%
	中国大陆	强制	过程	标识目录	标识目录之外	0%
第二类	阿根廷	自愿	产品	所有产品	无	无
	南非	自愿	产品	所有产品	无	无
	菲律宾	自愿	产品	所有产品	无	3%
	加拿大	自愿	产品	所有产品	无	5%
	美国	自愿	产品	所有产品	无	无
第三类	澳大利亚	强制、自愿	产品	标识目录	不含转基因成分	1%
	日本	强制、自愿	产品	标识目录	不含转基因成分	5%
	印度尼西亚	强制	产品	标识目录	标识目录之外	5%
	俄罗斯	强制	产品	标识目录	饲料	0.9%
	沙特阿拉伯	强制	产品	标识目录	标识目录之外及餐馆制品	1%
	韩国	强制、自愿	产品	标识目录	不含转基因成分	3%
	中国台湾	强制、自愿	产品	标识目录	标识目录之外	3%
	泰国	强制	产品	标识目录	标识目录之外	5%

3.2.4　转基因食品标识管理的变革阶段

自 1996 年转基因作物大规模商业化以来,取得了巨大的社会经济效益和环境效益,转基因生物技术成为农业史上推广最为迅速的科学技术。但近些年来,随着转基因作物种植面积和种植国家的不断增加,围绕着转基因作物安全问题的争论也在不断升温,尤其是围绕转基因食品标识的讨论得到了各方的持续关注。其中以美国转基因食品标识体系的重大转变影响最为深远。作为世界上最大的转基因作物种植国、转基因农产品消费国和出口国,美国转基因食品标识体系的转变将会影响到全球转基因食品标识体系的变革。

美国对转基因食品监管的原则是实质等同性,因此从 1992 年起就坚持自愿标识，只要转基因食品的成分与其常规对应的食品成分没有变化，就不需要对转基因食品进行强制标识。2014 年，FDA 更新了并再次强调自愿标识原则结合产品准入前的安全评估足以保障转基因食品的安全（高炜和罗云波，2016）。

数年来美国国会虽然多次收到立法提案，建议强制执行转基因标识，但是并没有取得太大进展，如 1999 年就有提案向众议院提议强制标识含有生物技术成分的食品（Golan et al., 2001）。随后，至少有 25 个州曾提出过要求强制标识的建议，但是大多数没有通过。加利福尼亚州曾于 2012 年 11 月提出 37 号提案，要求对转基因食品进行强制标识，但以 51.4%对 48.6%失败（Ling and Lakatos, 2013）。科罗拉多州在 2014 年 11 月由 67%对 33%拒绝了类似的 105 号提案。然而，2013 年 6 月，康涅狄格州成为首个颁布广泛转基因食品标识法案的州，但是有附加条件，即只有当东北部的其他 4 个州（其中 1 个必须与康涅狄格州接壤）采取类似要求，该法案方可生效。同时 2014 年 5 月，佛蒙特州通过法案 H.112，要求在该州销售的、用基因工程技术生产的食品贴上转基因标识，该法案没有任何附加条件，并于 2016 年 7 月 1 日生效（Blanchard, 2014）。为了禁止各州和地方政府对转基因食物进行强制标识，2015 年 7 月 23 日，美国众议院批准了一项名为《安全和准确的食品标识法案 2015》（Safe and Accurate Food Labeling Act of 2015）的法律草案（编号 H.R.1599），旨在由联邦设置全国统一的转基因标识政策，禁止各州自行设置相关政策。该法案于 2015 年 3 月首次在众议院进行介绍，之后分别在 7 月 16 日和 21 日经过众议院农业委员会的修订和补充，于 7 月 23 日获得众议院通过，赞成与反对票数为 275：150（高炜和罗云波，2016）。但该法律草案并没有在参议院获得多数通过。

2016 年 7 月 29 日，美国总统奥巴马签署了一项有关转基因食品销售的全国性法律，要求生产商在食品包装上标注其是否含有转基因成分，以此来保证消费者对转基因成分信息的知情权，同时解决各州因不同法案带来的繁杂和高成本。该强制性的国家生物工程食品公开标准以及实施国家标准的必要流程为《美国生物工程食品信息公开标准》，按照规定，该标准将于 2018 年 7 月 29 日公布生效。值得注意的是，该标准是由美国农业部的农业市场服务部门制定的，而不是负责食品安全的 FDA。同时，标准会对食品中生物工程物质的含量以及阈值进行讨论，通过这个阈值判断其是否为生物工程食品。该标准中提及的食品不包括餐厅或食品零售店的食品和食用转基因饲料的动物的肉和蛋制品等，其中有相关规定对"小型"食品生产商进行定义（胡加祥，2017）。美国转基因食品标识变革里程碑事件如图 3-2 所示。

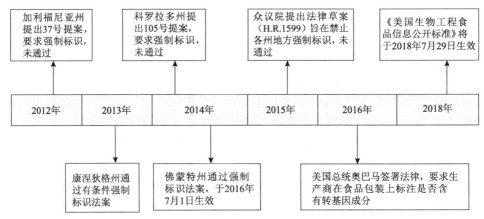

图 3-2　美国国内的转基因食品标识变革里程碑事件图

3.3　转基因食品标识管理体系变迁的解析

3.3.1　进化博弈论的提出及使用范围

进化博弈论（evolutionary game theory）起源于生物学的进化论，作为制度比较分析的基本工具，由经济学家梅纳德·史密斯和哈密尔顿提出，是近年来经济学常用的博弈论（Gokhale，1997）。传统博弈论假定参加博弈的游戏者具有博弈理论家对博弈进行理论分析时所具有的理性，而进化博弈论则是在传统博弈论和生态理论研究基础之上，研究有限理性的博弈参与群体，同时利用动态分析方法把影响博弈参与群体行为的各种因素都纳入到其模型中，然后以系统论的观点考察参与群体行为的演化趋势（曲振涛和周正，2004）。

进化博弈论的基本特征包括：研究对象是有限理性的群体，主要通过分析动态的演化过程，从而来解释群体是如何达到这一状态的；在这个过程中，群体的演化既有选择也有突变；经群体选择下来的行为是具有一定惯性的（Friedman，1998）。

由于人类是具有有限理性的，不可能如传统博弈论描述的那样通过复杂的计算获得最佳反应战略，这一点是与生物的进化没有区别的，而且，人类行为演化的趋势过程中既有选择也有突变。因此从这个角度来看，进化博弈论适用于人类的相关研究。国外许多经济学者纷纷应用该理论分析社会制度形成、行业发展趋势、社会习俗演化等。例如，青木昌彦利用进化博弈论分析社会经济体制的变迁，通过分析研究得出结论，认为任何一种经济体制的产生都具有一定的惯性，并且是一个随着经济所处的外部环境与所积累的内部环境的变化一起逐渐进化的过程（Feng and Meng，2011）。

进化博弈论假定一个社会中存在着许多参与者，这点与传统博弈论有所区别

（Weibull，1995）。就转基因食品标识管理体系而言，前文分析的变迁涉及政府管理者、技术研发者、生产和加工者以及消费者等多个利益主体。这些利益主体均为有限理性的群体，同时存在着多重博弈，而且经历了一个从不均衡到均衡的反复调整的动态演化过程。其中的多重博弈和动态演化过程构成了转基因食品标识管理体系变迁的反应动力。

3.3.2　国家政策间的进化博弈

从转基因食品标识管理体系的变迁和目前世界上主要的标识管理类型可以看出，各国对转基因食品的态度和接受程度不尽相同。美国是世界上转基因作物种植面积最大的国家，也是转基因农产品的出口大国，转基因食品给美国带来了大量利润。由于美国政府的大力鼓励，其转基因技术研发、相关技术和检验体系也比较规范和健全。但对于欧盟大多数国家来说，粮食问题并不是很紧迫，因此为了维护其在国际农产品贸易中的地位和利益，保护欧盟各国农民的利益不受冲击，对转基因食品持小心谨慎的态度。尤其是疯牛病等事件使得欧洲消费者对新技术更加怀疑。欧盟在 1998 年 10 月～2004 年 6 月，没有批准过美国和加拿大转基因产品的申请，受此政策影响，美国农场主损失非常惨重，达数亿美元之多。之后欧盟重新审议并开放了转基因产品的进口申请，每年都从北美或南美进口大量的转基因农产品，但欧盟制定了非常严格的转基因食品强制标识制度，来强调其倡导的预防原则，导致公众对转基因食品的接受度并不高。这种标识制度的制定也体现了欧盟通过各种技术性贸易壁垒为转基因食品设置障碍，试图减少转基因食品在欧盟的销售。因为受 WTO 规则的约束，欧盟无法借助常规的手段来限制转基因食品。实际上截止到 2016 年，据统计，欧盟每年约进口 3000 多万吨转基因大豆（高炜和罗云波，2016）用作饲料和食品加工原料进入食物链。

巴西是发展中国家里转基因作物种植面积最大的国家。由开始的零星非法种植，到后来转基因技术的大面积推广，巴西 93%以上的大豆种植面积中种植的是转基因大豆，大豆产量现位居世界第二，2016 年 50%左右的大豆出口到中国、欧盟等国家和地区。巴西虽然采用转基因食品强制标识制度，但由于公众接受度高，强制标识并未对转基因食品销售产生任何负面影响，超市里到处可见标有转基因食品标识的包装食品。作为最大的发展中国家，我国则是目前世界上最大的转基因农产品进口国，据统计，2017 年我国进口大豆约 9000 万吨，基本都是转基因大豆。而我国采用零容忍按目录定性标识，在实际执行中难度较大，另外转基因食品公众接受度较低，在公众科普教育方面还有待更多的科学宣传。

由上可以看出转基因标识管理体系的多样性，而这种多样性是由文化、政治和社会等因素的不同所导致的。为保障国家未来的粮食安全，我国一方面要积极推进转基因技术的研究和应用，缩小与世界领先的差距，占领技术的制高点；另一方面还需要积极与国际接轨，吸纳发达国家甚至包括如巴西在内的发展中大国先进的技术和管理经验，在国际农产品贸易战中掌握一定的主动权，并根据我国的转基因技术和产业的发展现状以及国情来制定适宜的转基因食品标识制度。

3.3.3　政府与企业间的进化博弈

政府可以决定哪些信息必须在标识上提供，尤其是当市场并未提供足够的信息使消费者按照其喜好做出消费选择即信息不对称时，或者是当市场上未反映的某种信息影响到社会福利即外部效应时，最可能发生这种情况。但是政府在做关于标识的相关决策时，其相关的成本和收益会比企业涉及的更为广泛。成本可能包括政府的行政费用、更高的消费品价格，以及行业的合规成本等。因此政府决策者必须平衡标识的收益和成本以及收益和成本的分配，从而确定标识是否为一个具有成本效益的政策选项。但有时某种关于标识的决策收益超过了成本，有可能也不是最好的决策选项，这时政府可以动用政策工具来矫正信息不对称并控制外部效应包括税收、教育计划和生产管制等。

从前文分析的美国佛蒙特州强制转基因标识法案的出台可以看出，当地州政府为确保强制标识决策的收益超过成本，不要求对用转基因饲料喂养的奶牛所产的牛奶进行标识，也不要求对用转基因凝乳酶生产的奶酪进行转基因标识，只因为该州是奶业比较发达的州，因此要确保奶业不受该标识决策的影响。但其要求对食品中含有转基因作物压榨的油或者糖进行标识，即使已检测不出任何外源基因，而且化学组成与常规作物没有任何区别。在该法案出台后，许多食品公司都停止了一些商品在该州的销售，一些食品生产、加工和销售商甚至联名将该州司法部长、州长告上美国联邦第二巡回法院，质疑该法案的合宪性。但美国联邦第二巡回上诉法院做出的判决部分支持了法案的合宪性，于是该法案在 2016 年 7 月 1 日正式生效。此举直接导致了各州标识法案的不统一，加大了食品公司的运营成本，并扰乱了市场秩序，甚至威胁到整个国家的食品供销。食品公司根据其产品的市场分布等因素采取了不同的应对措施。一些食品公司如金汤宝决定进行标识，而另一些食品公司则直接放弃该州市场。

作为发展中国家，我国虽然制定了关于转基因食品标识的相关法律规范，但是生产企业，往往会寻找制度的漏洞和薄弱环节以削弱制度对它的约束，从而使自身利益最大化。例如，有些企业没有按照国家相关规定进行转基因食品成分检测，没有如实标识等。相反政府作为制度的制定者，会不断完善制度来最大限度地减少企业搭制度便车的可能性。

在进化博弈论中，演化过程有时也是一种试错的过程，行为主体会在过程中尝试各种不同的行为策略。在转基因食品标识管理体系中，政府与企业之间的进化博弈充分体现了该特征。另外也可以看到，对于转基因技术的争议导致转基因食品呈现负面属性时，企业不会进行自愿标识。强制标识则可能会导致小企业要承担比大企业更高的额外成本，而且市场价格可能还无法弥补小企业的额外标识成本。

3.3.4 政府与消费者间的进化博弈

近年来，政府干预标识已经开始指向一个新的目的，即影响个人消费选择使其与社会目标相一致。政府在设计制度时需要充分尊重消费者的知情权、选择权和健康权。从这个角度来看，欧盟采用强制标识体系，认为消费者对食品的知情权是消费者所享有的基本权利，因此要求对超过阈值的转基因食品进行强制标识，让消费者充分知晓，并自行决定是否购买。同时还对转基因食品标识的形式规范性有着极高的要求，如标识应当标在"食品成分"栏内或在商标上清晰标出。

美国转基因食品标识管理体系的变革，从自愿标识到强制性信息公开。虽然还没有看到最终的相关规定，但这个变革的趋势也体现了对消费者知情权和选择权的尊重。加利福尼亚州在 2012 年 11 月提出 37 号提案要求进行强制标识时，曾有一项调查显示，强制标识规定会造成平均每个家庭每月多支出 348 美元（Ling and Lakatos, 2013），即便如此，也有人愿意为此买单。因此可以看到，当市场需要提供足够的信息来使消费者做出个人选择时，或者个人的消费选择会影响到社会福利时，企业是不太可能进行自愿标识的。

作为发展中国家，改革开放使得我国人民生活水平日益提高，随着人们对健康生活的追求，公众的知情权和选择权也需要得到更多的保障。政府同时也在转基因技术方面投入了大量的资源来资助研发，并积极开展科学普及活动，提高公众对转基因技术的理解和接受。政府的决策一方面要最大限度保障消费者知情权和选择权，另一方面也要促进转基因技术的推广和应用，使消费者最终从技术的进步和发展中获取最大利益，这最终将在两者之间达到均衡。

3.3.5 企业与消费者间的进化博弈

对于食品生产企业来讲，与标识决策相关的成本和收益会直接反映在其资产负债表中，因此不难猜测，一家企业为实现利润最大化，只要每条额外信息产生的收入计入成本，就一定会给产品包装添加更多的信息。企业会为值得付出成本的所有正面属性提供相关信息。同时，消费者的怀疑以及企业间的竞争都会有助于揭露产品的许多负面属性。所以即使没有政府干预，大量的产品信息也会被企业公开。但是企业有时无法让消费者相信标识信息的有效性，那么这种情况下，标识的价值就被削弱，有时甚至还造成不正当竞争，扰乱市场秩序。例如，非转基因花生油等产品的标识和宣传就对消费者造成一定误导。实际上并没有转基因花生商业化种植，转基因花生油就更无从谈起。

由于目前消费者对转基因食品实际不是很了解，有些甚至带有一些负面情绪，因此导致部分企业会认为转基因食品带有负面属性，从而不主动提供相关信息。只有在强制标识体系中，才会对转基因食品按照相关要求进行标识。但是随着转基因技术和新的生物技术的开发应用，消费者对生物技术产品的认知有可能会发生改变，当负面情绪转向正面情绪时，企业甚至会对转基因成分等相关信息进行积极主动地标示。

上述多重博弈分析可以看到，国家政策之间、政府与企业、政府与消费者以及企业与消费者这四对博弈关系之间是互相关联和互补的，标识管理体系在各参与方之间博弈内生，包括自我实施。转基因食品标识管理是转基因技术发展的需求，标识管理制度存在不同国家和地区间的差异。自愿标识还是强制标识是由政府、企业和消费者之间博弈内生并自我实施的。而强制标识适合缓解信息不对称，阈值设定则与博弈群体选择行为惯性有关。当消费者对产品属性无法检验时，不规范的阴性标识（如"非转基因"）会误导消费。

3.4　转基因食品标识管理变迁趋势及展望

3.4.1　标识制度的变迁趋势

到底是采用强制标识还是自愿标识，这是一个极具争议性的问题，而且随着转基因产品向食物链的蔓延，争议性也越来越大。对于生产企业来说，强制标识是指由法律规定必须对转基因食品进行标识，否则将承担不利的法律后果；自愿标识则是指生产者或销售者自行决定是否对其产品加以转基因食品标识。

分析食品标识的经济学意义，采用自愿标识的国家，其认为市场将提供正确的标识时机，并实现产品间最佳程度的区分，并且无需付出因强制标识带来的不必要成本。选择强制标识的国家，其认为强制标识是一项恰当的政策工具来保障消费者有知情权。在强制标识下，所有产品均须检测，而在自愿标识下，只有想要在自己产品上贴此标签的生产商需要检测。赞成自愿标识的经济观点正是基于此差异。

Dannenberg 等（2011）发表在 *Agricultural Economics* 上的一项研究表明，当市场上只有一种标识的和一种未标识的产品时，消费者能够正确阅读和信任标识信息。但同时也发现，消费者偏好具有环境依赖性。如果市场上多出一个标识（非转基因标识）产品，则消费者对未标识产品的评价便不同于没有此标识产品时的评价。该选择只在强制标识下存在，强制标识下对标识为非转基因产品的偏好（相比未标识的非转基因产品），不仅表明对标识缺乏信任，也出人意料地表明，相比政府标识，人们更信任私人标识。缺乏对强制标识的信任也可能影响消费者对整体食品标识（如营养成分和添加剂）的信任。相反，在自愿标识情景下，无论是否存在第二种标识，消费者均能够正确读取信息。消费者对未标识产品（是转基因的概率是 50%）的评价恰好介于其对标识为非转基因和转基因产品的评价之间，即评价表明风险为中性。

　　从食品标识的经济学意义得知，转基因食品的强制标识要求最适合缓解信息不对称问题，但是却很难有效地解决与食品生产和消费有关的环境或其他溢出效应。只有在一定情况下，强制标识才可能是一个恰当的政策工具，反之，自愿标识将更会被决策者使用。首先，政府必须提供标准、检测、认证和执行来确保标识的可靠性；其次，对于消费者来说，标识的信息不能复杂模糊，不会增加信息的搜索成本；最后，如果强制标识是解决外部效应的最优政策工具时，通过资助和推动转基因强制标识有可能会让转基因食品退出市场，反而让消费者缺少选择。欧洲就是一个实例，由于推行强制标识，食品生产商和销售商不愿承担额外的成本和责任风险，选择生产销售非转基因食品，反而缩小了欧洲消费者的选择范围。

　　美国转基因标识管理体系的转变将立法层次从部门规定上升到联邦法律层面，增加了政府的执行力。但是美国现有的转基因食品安全监管体系仍以实质等同性为基本原则，因此现有标识体系的转变与该基本原则相悖。另外标识体系的转变带来的不仅仅是制度表面上的变化，也会影响到人们对转基因食品的认知。由于美国是转基因食品生产和销售的大国，因此其标识管理体系的转变将可能对其他国家的转基因食品安全管理产生巨大的影响。原来采取自愿标识或自愿与强制相结合的国家和地区有可能会重新审视并调整现有的管理体系，由此会对转基因技术的进一步应用和推广造成一定影响，尤其是在转基因技术研发上投入巨大、某些领域还处于世界领先地位的发展中国家，如中国。

3.4.2　标识阈值的变迁趋势

　　目前世界各国对于转基因产品标识阈值的设定缺乏统一的标准。转基因标识的阈值是指某一产品中含有转基因成分的比例。标识阈值一般有两种表述方式：一种是某一食品中转基因成分占该食品的质量百分数（如转基因大豆质量/总的大豆质量）。例如，某一含有大豆成分的食品中，其转基因大豆的含量占该食品中大豆成分总量的比例超过阈值，则需要对该食品进行标识。另一种是外源基因拷贝数与内参基因拷贝数的比值（如转基因大豆外源基因拷贝数/大豆内参基因拷贝数）。例如，某一含有大豆成分的食品中，当转基因大豆外源基因（如 *EPSPS* 基因）的拷贝数与大豆内源参照基因（*lectin* 基因）的拷贝数比值超过阈值时，则需要对该食品进行标识。由于转基因组分的质量和基因拷贝数不存在严格的线性比例关系，所以依据不同的表述方式计算出的阈值会出现不一致的情况。

由于不同标识政策对于阈值的定义缺乏统一性，所以对产生的阈值不对接情况会衍生出一些争议。目前实行定量强制标识的国家中，除欧盟采用拷贝数之比计算阈值之外，其他各国或地区均以质量比计算。阈值的数值有 0.9%、1%、3% 和 5%。目前并没有科学研究分析表明 3% 与 5% 有何经济效益上的差异，也不清楚这个值是如何计算得来的。2002 年欧盟将转基因标识的阈值从 1% 降低到 0.9%，但并没有任何证据表明，转基因成分含量 0.9% 的食品与含量为 1% 的食品安全性有任何差异。美国于 2018 年 7 月 29 日生效的《美国生物工程食品信息公开标准》中，虽然没有直接采用阈值这一概念，但是在其授权美国农业部确定需要标识转基因成分的规定中暗含了这一概念。

3.4.3　标识类型的变迁趋势

转基因食品的阳性标识是指正面积极标识，即明确标出食品中含有转基因成分或利用转基因原料生产。阴性标识是指标注"非转基因（non-GMO）"或者"无转基因（GMO free）"等字样，告知该产品不含转基因成分。目前现有的各转基因食品标识管理体系，以阳性标识要求为主，无清晰的阴性标识要求规定，但大部分要求不能误导消费者或在一定阈值以内自愿进行阴性标识。

美国现行仍是对转基因食品自愿标识，在 2018 年 7 月 29 日通过相关的信息公开标准，对超过一定阈值的生物技术食品进行信息公开。这其实是阳性标识的一种，同时也并没有阴性标识的相关说明，只是要求不能误导消费者导致不正当竞争。实际上，美国农业部实施有机食品认证，在美国超市里随处可见标注有机认证的食品。因为食品不含有转基因成分或不使用转基因为原料进行加工是有机认证的条件之一，所以可以认为美国的有机认证在某种程度上成了转基因阴性标识的代名词。

我国实行按目录定性标识，也即阳性标识，无阴性标识的要求。但在日常生活中，随处可见各种打着"非转基因"旗号的食品充斥市场。绝大部分所谓的"非转基因"食品是商家炒作所为，如非转基因葵花籽油。根据 ISAAA 统计，目前全球还没有商业化种植的转基因葵花籽，所以转基因葵花籽油更无从谈起。在市场不成熟、欠规范的发展中国家，如果没有阴性标识的具体要求，那么"非转基因"可能会成为商家进行不正当竞争、误导消费者的噱头。表 3-3 是对不同的标识制度在标识要求和阴性标识方面进行的比较分析。

表 3-3 不同标识制度在标识要求和阴性标识方面的比较分析

国家和地区	标识要求	阴性标识
欧盟	所有批准的转基因食品及成分都实施强制标识，不管终产品中是否有转基因成分。对于包含转基因成分的预包装产品，需要在标签上标识"此产品含有遗传修饰生物"或"此产品含有遗传修饰生物名称"	无阴性标识规定。但要求不能误导消费者
中国大陆	未对包装和非包装食品进行区分，对 5 类转基因作物（大豆、玉米、油菜、棉花和番茄）的 17 种产品进行强制标识。对来自潜在致敏食物的转基因产品，要标注"本品转××食物基因，对××食物过敏者注意"	无阴性标识规定
美国	未对包装和非包装食品进行区分，于 2018 年 7 月 29 日生效的《美国生物工程食品信息公开标准》，要求超过阈值的强制公开	不得误导消费者
加拿大	未对包装和非包装食品进行区分，实行自愿标识，当有健康或安全风险时（如来自过敏原）或有重大的营养或组成改变时必须进行强制标识	建议自愿标识，以 5%为阈值，低于 5%时可以阴性标识
澳大利亚	以实质等同性为依据，根据是否存在新 DNA 或/和新蛋白质进行标识。如果食品"特性改变"涉及伦理、文化、宗教问题时，应该按照相关要求标注额外信息	非转基因声明必须真实可靠
日本	未对包装和非包装食品进行区分，标识制度基于食品中存在新的 DNA 或/和新蛋白质。强制标识范围为转基因大豆、玉米和土豆等 44 种食品，任何一个转基因成分的质量超过 5%时必须标识	如果非转基因食品实施了"IP"处理，可自愿标识为"非转基因"
韩国	包装食品法规适用于非包装食品，但要求在单独的显示牌上注明食品信息。标识要求基于食品中存在的新 DNA 或/和新蛋白质。大部分食品（玉米、大豆、豆芽、土豆）以及加工食品（包含转基因大豆、玉米、豆芽作为最主要 5 种配料之一的）要求强制标识	当不能证实产品原料来源时，可标识为"可能包含转基因"
俄罗斯	未对包装和非包装食品进行区分，标识要求基于食品是否含有新 DNA 或/和新蛋白质，所有转基因食品要求强制标识	法令未对阴性标识做规定
中国台湾	未对包装和非包装食品进行区分，对于含转基因大豆、玉米成分超过质量 5%的食品必须进行标识（包括未加工的大豆和玉米，大豆粗粉、细粉，玉米粗粒、粗粉、细粉；加工过的产品如豆腐、豆奶、冷藏玉米、罐装玉米、大豆蛋白；精加工的大豆和玉米制品）	无其他可用详细信息

注：IP 表示非转基因认证。

3.4.4 新技术给标识带来的挑战及未来展望

随着技术的发展，越来越多采用新一代生物技术的产品已经或即将上市。例如，基因组编辑技术受到很多关注和研究，其在作物上的应用研究也越来越多。鉴于基因组编辑技术起步较晚，目前世界各国还没有明确的、针对性的关于基因组编辑技术监管的法律法规，对于这类产品的安全管理很大程度上还处于讨论阶段或者是发布初步的管理建议。表 3-4 是不同国家和地区对源自基因组编辑技术产品的监管考量（Gao et al., 2018；USDA, 2018；Conko et al., 2016；Wolt et al., 2016）。

表 3-4　　不同国家和地区对源自基因组编辑技术产品的监管考量

	阿根廷	加拿大	中国	欧盟	美国
监管方式	遵循个案分析原则	以产品为基础,不考虑过程,遵循个案分析原则	遵循个案分析原则	以过程为基础	遵循个案分析原则
法规	法规 NO. 173/15	现有转基因产品的监管框架	还在制定中	欧盟法院 2018 年 1 月做出解释,认为源自 CRISPR/Cas9 基因编辑的生物产品,不适用于传统转基因生物法规	美国农业部 2018 年 3 月发表声明,不修改现有 USDA-APHIS 生物技术法规(7CFR Part 340),不打算对删除、单一碱基对替换等进行监管
案例	源自基因编辑的生物技术产品没有按照转基因监管	采用寡核苷酸定点诱变(ODM)技术获得的油菜,因有新的性状,所以适用现有转基因产品监管框架	无案例	采用寡核苷酸定点诱变技术获得的油菜在瑞典、芬兰、英国、西班牙、德国、比利时和荷兰按照转基因作物监管,但捷克不视其为转基因作物	采用 CRISPR 技术获得的抗褐变蘑菇和富含支链淀粉的玉米免除监管

由于基因组编辑技术为基因修饰作物的构建提供了更为准确、便利的方法,因此在改良作物(如获得有益性状或消除不良性状)方面得到了快速应用,同时给标识管理体系也带来了挑战。例如,根据一些国家的监管规定,只是简单碱基缺失的基因组编辑技术产品不属于转基因产品,如果与传统产品无成分上的差异,就不应该按照转基因食品安全监管的要求去管理。但同样的产品在其他一些国家,可能是属于转基因食品范畴,则需要按照转基因食品的监管要求进行管理。考虑到全球贸易,这将会使一些国家处于监管的两难境地,如果进口已有基因编辑作物种植的国家的产品,要么不把可能运过来的没有获准的产品当作基因修饰作物,要么就得全部禁止从这些国家进口商业化作物,不管是否掺杂基因编辑的产品。这将会对相关技术发展势头十足的发展中国家如中国带来很大的挑战,并有可能引发转基因食品贸易大战。按照我国《农业转基因生物安全管理条例》中对农业转基因生物的定义,利用基因工程技术改变基因组构成,用于农业生产或者农产品加工的动植物、微生物及其产品都属于农业转基因的范围。从字面上看,基因组编辑技术应在农业生物转基因管理的范围框架内。以玉米为例,美国现行的做法是对利用基因组编辑技术改良品质的玉米免除监管。但该产品如在我国上市则需要按照转基因生物的流程进行安全证书申请并标识为转基因。而我国现有的申请转基因生物安全证书的流程繁杂、耗时漫长并且花费巨大,给研发者带来了沉重的负担。自 2008 年转基因重大专项启动至今,还没有一例转基因作物大规模商业化种植。如果基因组编辑技术产品按照现有转基因生物同样的流程进行监管,势必将严重打击我国研发者将其产业化的信心和希望。最终可能导致的结果将是

巨额研发经费的投入，但所获得的研究成果却只停留在纸面上，同时我国目前世界领先的技术和研发优势将可能会被超越并被拉开差距。由于我国的种子公司绝大部分都是小公司，无法与国外大公司竞争抗衡。如果植物基因编辑的监管法规足够科学合理，那将会利于中国的小公司去创新，实现我国育种产业的弯道超车。

此外，基因组编辑技术产品主要分为三类：基因敲除、少数核苷酸精确替换和基因定点插入，前两类都没有外源基因插入，第三类有外源基因插入。其中，前两类终产品与传统育种所得产品难以区分。在此情况下，研发者是否会如实将相关资料信息提交监管者进行申报，以及监管者如何对市场上相关产品进行管理，这些都将会是管理体系和检测技术面临的极大挑战。

基因组编辑技术在农业上的快速应用和发展，可以更快、更精准地培育出优良的作物品种，消费者会因此获得比传统转基因产品种类更多的选择（Gao et al., 2018）。与转基因技术不同的地方是，基因组编辑技术在农业上的应用，还没有负面属性，因此公众接受度相对会比较高。公众一般会对存疑的事物要求知情权和选择权，但对于接受度较高的事物不会过多要求。随着公众对基因组编辑技术产品的认知了解和接受，对整个生物技术的理解也会慢慢加强。新一代生物技术食品也会使消费者直接从中获益，因此对转基因食品的顾虑会越来越少，接受度也会得到提高。届时政府与企业之间、企业和消费者以及消费者与政府之间关于转基因食品标识的博弈将会随之减少，这将促使转基因食品监管和标识管理体系趋向于更科学合理。

3.5 生物技术食品检测技术标准发展概况

为了满足生物技术食品标识和安全评价的管理要求，就需要对生物技术食品进行检测和安全评价。目前国际上没有统一的转基因生物安全标准体系，转基因生物的安全标准形式非常多样化，包括标准、指南、指导文件和共识文件等，主要制定机构包括国际组织和行业协会。其中，国际标准化组织（ISO）制定的《转基因生物产品成分检测标准》、国际食品法典委员会（CAC）制定的《转基因食品安全评价指南》，以及经济合作与发展组织（OECD）制定的《植物生物学特性和新资源食品营养成分共识文件》等，已得到多数国家的认可和广泛采用，起到了国际标准的作用。与此同时，一些国际上具有影响力的行业协会如欧洲生物技术工业协会（EuropaBio）、美国分析化学家协会（AOAC）等制定的行业标准，也被各主要生物技术公司广泛采用，在实际操作中起到了标准的作用。

3.5.1　ISO 转基因生物产品成分检测标准

ISO 下设技术委员会 ISO/TC34，负责农产食品类国际标准的制修订工作。ISO 制定的转基因生物安全标准以产品检测方法为主，主要是参考和引用欧盟技术标准。目前为止，ISO 制订了 6 项转基因生物产品检测标准，包括通用要求和原则、抽样、核酸提取、定性核酸检测、定量核酸检测和蛋白质检测方法等，在定性核酸检测、定量核酸检测标准中除规定了检测通用的程序和方法，还在附录中分物种特异性、筛选方法、构建特异性、转化体特异性 4 个层次列出具体检测方法。在此基础上，以附录的形式不断增补新品系的检测方法。

此外，对于转基因实验室的要求，可以参考 ISO/IEC 17025:2017《检测和校准实验室能力的通用要求》。对于聚合酶链反应（PCR）方法验证，根据 PCR 检测方法的性质（定性或定量），定性方法要求建立检测限（LOD），定量方法建立定量限（LOQ）。实验室除了提供循环认证报告，还应提供特异性引物、验证参数和性能标准、分子特异性数据、扩增产物确认数据、PCR 检测限、定量限和定量范围内的线性验证数据。ISO 生物技术食品检测方法汇总见表 3-5。

表 3-5　ISO 生物技术食品检测方法汇总表

文件编号	中文名称	英文名称
ISO/IEC 17025:2017	检测和校准实验室能力的通用要求	General Requirements for the Competence of Testing and Calibration Laboratories
ISO 24276:2006/AMD 1:2013	食品——转基因生物及其产品的检测分析方法——通用要求和原则	Foodstuffs—Methods of Analysis for the Detection of Genetically Modified Organisms and Derived Products—General Requirements and Definitions
ISO 21571:2005/AMD 1:2013	食品——转基因生物及其产品的检测分析方法——核酸提取 附件 A. DNA 提取方法 附件 B. 提取 DNA 定量方法	Foodstuffs—Methods of Analysis for the Detection of Genetically Modified Organisms and Derived Products—Nucleic Acid Extraction
ISO 21569:2005/AMD 1:2013	食品——转基因生物及其产品的检测分析方法——定性核酸检测方法 附件 A. 物种特异性检测方法 附件 B. 筛选检测方法 附件 C. 构建特异性检测方法 附件 D. 转化事件特异性检测方法	Foodstuffs—Methods of Analysis for the Detection of Genetically Modified Organisms and Derived Products—Qualitative Nucleic Acid Based Methods
ISO/TS 21569-2—2012	分子生物标志物分析的通用方法——检测转基因生物及其衍生产品的检测分析方法——第 2 部分：亚麻籽和亚麻籽产品中 FP967 构建特异性定量 PCR 方法	Horizontal Methods for Molecular Biomarker Analysis—Methods of Analysis for the Detection of Genetically Modified Organisms and Derived Products—Part 2: Construct-specific Real-time PCR Method for Detection of Event FP967 in Linseed and Linseed Products

续表

文件编号	中文名称	英文名称
ISO/TS 21569-3—2015（将被 ISO/PRF TS 21569-3 替代）	分子生物标志物分析的通用方法——检测转基因生物及其衍生产品的检测分析方法——第 3 部分：P35S-pat 序列构建特异性定量 PCR 方法用于遗传筛选	Horizontal Methods for Molecular Biomarker Analysis — Methods of Analysis for the Detection of Genetically Modified Organisms and Derived Products — Part 3: Construct-specific Real-time PCR Method for Detection of P35S-pat-sequence for Screening Genetically
ISO/TS 21569-4:2016	分子生物标志物分析的通用方法——检测转基因生物及其衍生产品的检测分析方法——第 4 部分：基于实时荧光定量 PCR 的 P-nos 和 P-nos-npt Ⅱ 基因序列的筛选检测方法	Horizontal Methods for Molecular Biomarker Analysis — Methods of Analysis for the Detection of Genetically Modified Organisms and Derived Products — Part 4: Real-time PCR Based Screening Methods for the Detection of the P-nos and P-nos-npt Ⅱ DNA Sequences
ISO/TS 21569-5:2016	分子生物标志物分析的通用方法——检测转基因生物及其衍生产品的检测分析方法——第 5 部分：基于实时荧光定量 PCR 的 FMV 启动子 (P-FMV) 基因序列的筛选检测方法	Horizontal Methods for Molecular Biomarker Analysis — Methods of Analysis for the Detection of Genetically Modified Organisms and Derived Products — Part 5: Real-time PCR Based Screening Method for the Detection of the FMV Promoter (P-FMV) DNA Sequence
ISO/TS 21569-6:2016	分子生物标志物分析的通用方法——检测转基因生物及其衍生产品的检测分析方法——第 4 部分：基于实时荧光定量 PCR 的 cry1Ab/Ac 和 Pubi-cry 基因序列的筛选检测方法	Horizontal Methods for Molecular Biomarker Analysis — Methods of Analysis for the Detection of Genetically Modified Organisms and Derived Products — Part 6: Real-time PCR Based Screening Methods for the Detection of cry1Ab/Ac and Pubi-cry DNA Sequences
ISO 21570:2005/AMD 1:2013	食品——转基因生物及其产品的检测分析方法——定量核酸检测方法；修正案 1 附件 A. 物种特异性检测方法 附件 B. 筛选检测方法 附件 C. 构建特异性检测方法 附件 D. 转化事件特异性检测方法	Foodstuffs — Methods of Analysis for the Detection of Genetically Modified Organisms and Derived Products — Quantitative Nucleic Acid Based Methods; Amendment 1
IWA 32:2019	棉花和纺织品中转基因生物的筛选	Screening of Genetically Modified Organisms (GMOs) in Cotton and Textiles

3.5.2　CAC 转基因生物食品安全评价指南

CAC 在 2000 年成立的生物技术食品政府间特别工作组（cx-802，TFFBT）负责组织制定生物技术食品安全评价的相关标准。在日本召开的 CAC 转基因食品政府间特别工作组第一届会议上，确定了生物技术食品安全评价的"实质等同性原则"。2001～2003 年，工作组讨论了生物技术食品安全评价的内容和其他相关原则，并制定了三个准则，即现代生物技术食品风险分析原则、重组 DNA 植物食品安全评价准则（包括附件 1 潜在过敏性评估）和重组 DNA 微生物食品安全评价准则。

2005 年，CAC 政府间特设生物技术食品工作组重新成立，启动三项标准制定工作，包括重组 DNA 动物食用安全评价准则、营养或健康改良型重组 DNA 植物的食用安全评估附则、食品中低水平混杂重组 DNA 植物原料的食用安全评估附则，后两项作为附件纳入重组 DNA 植物食品安全评价准则。截至 2008 年，CAC 完成了转基因生物食品安全评价指南共 4 个。

此外，CAC 还颁布了与外源 DNA 和蛋白质检测标准建立相关的《食品中特定 DNA 序列和特定蛋白质的检测、鉴定和定量方法的性能标准和验证指南》（2010）和与生物技术食品标识有关的《与现代生物技术食品标识有关的法典文本汇编》（2011）。CAC 生物技术食品安全评价指南汇总见表 3-6。

表 3-6　CAC 生物技术食品安全评价指南汇总

文件编号	中文名称	英文名称
CAC/GL 44—2003（2011 修订）（SN/T 4145—2015）	由现代生物技术获得的食品的风险分析准则	Principles for the Risk Analysis of Foods Derived from Modern Biotechnology
CAC/GL 45—2003（2008 修订）	重组 DNA 植物食品的食用安全评估指南	Guideline for the Conduct of Food Safety Assessment of Foods Derived from Recombinant-DNA Plants
	附件 1. 潜在致敏性评估	Assessment of Possible Allergenicity
	附件 2. 营养或健康改良型重组 DNA 植物的食用安全评估	Food Safety Assessment of Foods Derived from Recombinant-DNA Plants Modified for Nutritional of Health Benefits
	附件 3. 食品中低水平混杂重组 DNA 植物原料的食用安全评估	Food Safety Assessment in Situations of Low-level Presence of Recombinant-DNA Plant Material in Food
CAC/GL 46—2003	重组 DNA 微生物食品的食用安全评估指南	Guideline for the Conduct of Food Safety Assessment of Foods Produced Using Recombinant-DNA Microorganisms
CAC/GL 68—2008	重组 DNA 动物食品的食用安全评估指南	Guideline for the Conduct of Food Safety Assessment of Foods Derived from Recombinant-DNA Animals
CAC/GL 74—2010	食品中特定 DNA 序列和特定蛋白质的检测、鉴定和定量方法的性能标准和验证指南	Guidelines on Performance Criteria and Validation of Methods for Detection, Identification and Quantification of Specific DNA Sequences and Specific Proteins in Foods
CAC/GL 76—2011	与现代生物技术食品标识有关的法典文本汇编	Compilation of Codex Texts Relevant to the Labelling of Foods Derived from Modern Biotechnology

资料来源：http://www.fao.org/fao-who-codexalimentarius/thematic-areas/biotechnology/it/.

3.5.3　OECD 转基因生物共识文件与指南

OECD 早在 1984 年就发表了《重组 DNA 注意事项（蓝皮书）》[*OECDs Recombinant*

DNA Considerations (Blue Book)]，是第一份提出转基因生物环境风险及安全评估的国际性文件，其中许多原则和概念被应用到很多国家的法律法规和指导框架中。1993 年，OECD 发表了"现代生物技术食品的安全性评价：概念和原则"的报告，提出了"实质等同性"的概念，并在转基因生物的安全性评价中被广泛采用。2000 年 3 月，OECD 在爱丁堡召开了转基因食品科学和健康会议，建立了一个国际性的咨询专家小组来解决转基因食品相关的争议并对转基因食品的安全进行评估。

OECD 在转基因生物技术方面的工作主要包括了以下几个方面的内容。

（1）生物学特性共识文件：OECD 先后出版了 28 种作物的生物学特性共识文件（表 3-7），此外还对大西洋鲑鱼的生物学特性进行了讨论，并制定了生物学特性共识文件编制指南。生物学特性共识文件重点介绍了作物的起源中心和多样性。

表 3-7 OECD 生物学特性共识文件

序号	出版时间	中文名称	英文名称
1	1997 年	马铃薯亚种（马铃薯）生物学的共识文件	Consensus Document on the Biology of *Solanum tuberosum* subsp. *tuberosum* (Potato) (1997)
2	1999 年	小麦（面包小麦）生物学的共识文件	Consensus Document on the Biology of *Triticum aestivum* (Bread Wheat) (1999)
3	1999 年	关于挪威云杉生物学的共识文件	Consensus Document on the Biology of *Picea abies* (L.) Karst (Norway Spruce) (1999)
4	1999 年	关于白云杉生物学的共识文件	Consensus Document on the Biology of *Picea glauca* (Moench) Voss (White Spruce) (1999)
5	1999 年	关于水稻生物学的共识文件	Consensus Document on the Biology of *Oryza sativa* (Rice) (1999)
6	2000 年	关于大豆生物学的共识文件	Consensus Document on the Biology of *Glycine max* (L.) Merr. (Soybean) (2000)
7	2000 年	关于杨树属生物学的共识文件	Consensus Document on the Biology of *Populus* L. (Poplars) (2000)
8	2001 年	关于甜菜生物学的共识文件	Consensus Document on the Biology of *Beta vulgaris* L. (Sugar Beet) (2001)
9	2002 年	关于西加云杉生物学的共识文件	Consensus Document on the Biology of *Picea sitchensis* (Bong.) Carr. (Sitka Spruce) (2002)
10	2002 年	关于五针松属（东方白松）生物学的共识文件	Consensus Document on the Biology of *Pinus strobus* L. (Eastern White Pine) (2002)
11	2002 年	关于樱桃属（石果）生物学的共识文件	Consensus Document on the Biology of *Prunus* spp. (Stone Fruits) (2002)
12	2003 年	关于玉米亚种（玉米）生物学的共识文件	Consensus Document on the Biology of *Zea mays* subsp. *mays* (Maize) (2003)
13	2003 年	关于欧洲白桦生物学的共识文件	Consensus Document on the Biology of European White Birch (*Betula pendula* Roth) (2003)
14	2004 年	关于油葵（向日葵）生物学的共识文件	Consensus Document on the Biology of *Helianthus annuus* L. (Sunflower) (2004)

续表

序号	出版时间	中文名称	英文名称
15	2005 年	关于木瓜（番木瓜）生物学的共识文件	Consensus Document on the Biology of Papaya (*Carica papaya*) (2005)
16	2005 年	关于杏鲍菇菌生物学的共识文件	Consensus Document on the Biology of *Pleurotus* spp. (Oyster Mushroom) (2005)
17	2006 年	关于栽培植物生物学的共识文件观点	Points to Consider for Consensus Documents on the Biology of Cultivated Plants (2006)
18	2006 年	关于辣椒属生物学的共识文件	Consensus Document on the Biology of *Capsicum annuum* Complex (Chili Peppers, Hot Peppers and Sweet Peppers) (2006)
19	2006 年	经济合作与发展组织关于大西洋鲑鱼生物学的专家研讨会摘要	Abstracts of the OECD Expert Workshop on the Biology of Atlantic Salmon (2006)
20	2006 年	关于班克松（杰克松）生物学的共识文件	Consensus Document on the Biology of *Pinus banksiana* (Jack Pine) (2006)
21	2007 年	关于北美原住民落叶松的亚高山华北落叶松、西部落叶松、塔马拉克生物学的共识文件	Consensus Document on the Biology of the Native North American Larches: Subalpine Larch (*Larix lyallii*), Western Larch (*Larix occidentalis*), and Tamarack (*Larix laricina*) (2007)
22	2008 年	生物学共识文件编制指南	Guide for Preparation of Biology Consensus Documents (2008)
23	2008 年	关于西方白松生物学的共识文件	Consensus Document on the Biology of Western White Pine (*Pinus monticola* Dougl. ex D. Don) (2008)
24	2008 年	关于道格拉斯冷杉生物学的共识文件	Consensus Document on the Biology of Douglas-Fir [*Pseudotsuga menziesii* (Mirb.) Franco] (2008)
25	2008 年	关于黑松生物学的共识文件	Consensus Document on the Biology of Lodgepole Pine (*Pinus contorta* Dougl. ex. Loud.) (2008)
26	2008 年	关于棉花生物学的共识文件	Consensus Document on the Biology of Cotton (*Gossypium* spp.) (2008)
27	2009 年	关于香蕉和大蕉（香蕉）生物学的共识文件	Consensus Document on the Biology of Bananas and Plantains (*Musa* spp.) (2009)
28	2010 年	关于云杉 B.S.P(黑云杉)生物学的共识文件	Consensus Document on the Biology of *Picea mariana* [Mill.] B.S.P. (Black Spruce) (2010)
29	2012 年	关于南瓜属（南瓜、西葫芦、葫芦）生物学的共识文件	Consensus Document on the Biology of *Cucurbita* L. (Squashes, Pumpkins, Zucchinis and Gourds) (2012)
30	2012 年	关于芸苔属作物（芸苔属）生物学的共识文件	Consensus Document on the Biology of the Brassica Crops (*Brassica* spp.) (2012)

（2）新资源食品和饲料的营养成分共识文件：OECD 先后出版了 22 种作物的营养成分共识文件，包括甜菜、土豆、玉米、小麦、水稻、棉花、大麦、苜蓿与其他饲料作物、双孢蘑菇、向日葵、番茄、木薯、高粱、甘薯、木瓜、甘蔗、

油菜、大豆、平菇、菜豆、豇豆、苹果，如表 3-8 所示。主要介绍了各类作物作为食品和饲料需要检测的主要营养成分及抗营养因子、天然毒素、次级代谢产物及过敏原等，为转基因食品及饲料的安全检测提供参考数据。

表 3-8　OECD 新资源食品和饲料的营养成分共识文件

文件号	出版时间	中文名称	英文名称
3	2002 年	甜菜新品种组成成分的共识文件：食品和饲料的关键营养成分和抗营养成分	Consensus Document on Compositional Considerations for New Varieties of Sugar Beet: Key Food and Feed Nutrients and Anti-nutrients
4	2002 年	土豆新品种组成成分的共识文件：食品和饲料的关键营养成分、抗营养成分和毒物	Consensus Document on Compositional Considerations for New Varieties of Potatoes: Key Food and Feed Nutrients, Anti-nutrients and Toxicants
6	2002 年	玉米新品种组成成分的共识文件：食品和饲料的关键营养成分、抗营养成分和次生植物代谢产物	Consensus Document on Compositional Considerations for New Varieties of Maize (*Zea mays*): Key Food and Feed Nutrients, Anti-nutrients and Secondary Plant Metabolites
7	2003 年	面包小麦（小麦）新品种组成成分的共识文件：食品和饲料的关键营养成分、抗营养成分和毒物	Consensus Document on Compositional Considerations for New Varieties of Bread Wheat (*Triticum aestivum*): Key Food and Feed Nutrients, Anti-nutrients and Toxicants
11	2004 年	棉花新品种组成成分的共识文件：食品和饲料的关键营养成分和抗营养成分	Consensus Document on Compositional Considerations for New Varieties of Cotton (*Gossypium hirsutum* and *Gossypium barbadense*): Key Food and Feed Nutrients and Anti-nutrients
12	2004 年	大麦新品种组成成分的共识文件：食品和饲料的关键营养成分和抗营养成分	Consensus Document on Compositional Considerations for New Varieties of Barley (*Hordeum vulgare* L.): Key Food and Feed Nutrients and Anti-nutrients
13	2005 年	苜蓿和其他温带牧草豆类新品种组成成分的共识文件：食品和饲料的关键营养成分、抗营养成分和次生植物代谢产物	Consensus Document on Compositional Considerations for New Varieties of Alfalfa and Other Temperate Forage Legumes: Key Feed Nutrients, Anti-utrients and Secondary Plant Metabolites
14	2006 年	对新型食品和饲料安全特别小组的食品/饲料安全共识文件的介绍	An Introduction to the Food/Feed Safety Consensus Documents of the Task Force for the Safety of Novel Foods and Feeds
15	2007 年	双孢蘑菇栽培蘑菇新品种组成成分的共识文件：食品和饲料的关键营养成分、抗营养成分和毒物	Consensus Document on Compositional Considerations for New Varieties of the Cultivated Mushroom Agaricus Bisporus: Key Food and Feed Nutrients, Anti-nutrients and Toxicants
16	2007 年	向日葵新品种组成成分的共识文件：食品和饲料的关键营养成分、抗营养成分和毒物	Consensus Document on Compositional Considerations for New Varieties of Sunflower: Key Food and Feed Nutrients, Anti-nutrients and Toxicants
17	2008 年	番茄新品种组成成分的共识文件：食品和饲料的关键营养成分、抗营养成分、毒物和过敏原	Consensus Document on Compositional Considerations for New Varieties of Tomato: Key Food and Feed Nutrients, Anti-nutrients, Toxicants and Allergens

续表

文件号	出版时间	中文名称	英文名称
18	2009 年	木薯新品种组成成分的共识文件：食品和饲料的关键营养成分、抗营养成分、毒物和过敏原	Consensus Document on Compositional Considerations for New Varieties of Cassava (*Manihot esculenta* Crantz): Key Food and Feed Nutrients, Anti-nutrients, Toxicants and Allergens
19	2010 年	高粱新品种组成成分的共识文件：食品和饲料的关键营养成分、抗营养成分	Consensus Document on Compositional Considerations for New Varieties of Grain Sorghum [*Sorghum bicolor* (L.) Moench]: Key Food and Feed Nutrients and Anti-nutrients
20	2010 年	甘薯新品种组成成分的共识文件：食品和饲料的关键营养成分、抗营养成分、毒物和过敏原	Consensus Document on Compositional Considerations for New Varieties of Sweet Potato [*Ipomoea batatas* (L.) Lam.]: Key Food and Feed Nutrients, Anti-nutrients, Toxicants and Allergens
21	2010 年	木瓜新品种组成成分的共识文件：食品和饲料的关键营养成分、抗营养成分、毒物和过敏原	Consensus Document on Compositional Considerations for New Varieties of Papaya (*Carica papaya* L.): Key Food and Feed Nutrients, Anti-nutrients, Toxicants and Allergens
23	2011 年	甘蔗新品种组成成分的共识文件：食品和饲料的关键营养成分、抗营养成分和毒物	Consensus Document on Compositional Considerations for New Varieties of Sugarcane (*Saccharum* spp. hybrids.): Key Food and Feed Nutrients, Anti-nutrients and Toxicants
24	2011 年	（修订）低芥酸油菜新品种组成成分的共识文件：食品和饲料的关键营养成分、抗营养成分和毒物	Revised Consensus Document on Compositional Considerations for New Varieties of Low Erucic Acid Rapeseed (Canola): Key Food and Feed Nutrients, Anti-nutrients and Toxicants
25	2012 年	（修订）大豆新品种组成成分的共识文件：食品和饲料的关键营养成分、抗营养成分、毒物和过敏原	Revised Consensus Document on Compositional Considerations for New Varieties of Soybean[*Glycine max* (L.) Merr]: Key Food and Feed Nutrients, Anti-nutrients, Toxicants and Allergens
26	2013 年	平菇新品种组成成分的共识文件：食品和饲料的关键营养成分、抗营养成分和毒物	Consensus Document on Compositional Considerations for New Varieties of Oyster Mushroom (*Pleurotus ostreatus*): Key Food and Feed Nutrients, Anti-nutrients and Toxicants
27	2015 年	菜豆新品种组成成分的共识文件：食品和饲料的关键营养成分、抗营养成分、毒物和过敏原	Consensus Document on Compositional Considerations for New Varieties of Common Bean (*Phaseolus vulgaris* L.): Key Food and Feed Nutrients, Anti-nutrients and Toxicants
28	2016 年	（修订）水稻新品种组成成分的共识文件：食品和饲料的关键营养成分、抗营养成分、毒物和过敏原	Revised Consensus Document on Compositional Considerations for New Varieties of Rice (*Oryza sativa*): Key Food and Feed Nutrients, Anti-nutrients, Toxicants and Allergens
30	2018 年	豇豆新品种组成成分的共识文件：食品和饲料的关键营养成分、抗营养成分、毒物和过敏原	Consensus Document on Compositional Considerations for New Varieties of Cowpea (*Vigna unguiculata*): Key Food and Feed Nutrients, Anti-nutrients and Other Constituents
31	2019 年	苹果新品种组成成分的共识文件：食品和饲料的关键营养成分、抗营养成分、毒物和过敏原	Consensus Document on Compositional Considerations for New Varieties of Apple (*Malus × domestica* Borkh.): Key Food and Feed Nutrients, Anti-nutrients and Other Constituents

　　（3）转基因微生物环境安全共识文件：OECD 共出版了 4 种转基因微生物环境应用的共识文件，包括假单胞菌、杆状病毒、氧化亚铁硫杆菌和不动杆菌属，见表 3-9；并出版了 4 种转基因微生物环境安全相关的评价指导文件，内容涉及微

生物分类学、检测方法、基因水平转移和致病因素评估等。

表3-9　OECD微生物安全共识文件

序号	出版时间	中文名称	英文名称
1	1997年	关于假单胞菌的环境应用评价的共识文件	Consensus Document on Information Used in the Assessment of Environmental Applications Involving Pseudomonas (1997)
2	2002年	关于杆状病毒的环境应用评价的共识文件	Consensus Document on Information Used in the Assessment of Environmental Applications Involving Baculoviruses (2002)
3	2003年	对微生物（细菌）进行风险评估的分类学指导文件	Guidance Document on the Use of Taxonomy in Risk Assessment of Micro-organisms: Bacteria (2003)
4	2004年	引入环境中的微生物（细菌）的检测方法的指导文件	Guidance Document on Methods for Detection of Micro-organisms Introduced into the Environment: Bacteria (2004)
5	2006年	关于氧化亚铁硫杆菌的环境应用评价的共识文件	Consensus Document on Information Used in the Assessment of Environmental Application involving Acidithiobacillus (2006)
6	2008年	关于不动杆菌属的环境应用评价的共识文件	Consensus Document on Information Used in the Assessment of Environmental Applications Involving Acinetobacter (2008)
7	2010年	细菌间基因水平转移的指导文件	Guidance Document on Horizontal Gene Transfer between Bacteria (2010)
8	2011年	评估微生物细菌潜在的致病因素影响的指导文件	Guidance Document on the Use of Information on Pathogenicity Factors in Assessing the Protential Adverse Health Effects of Micro Organisms: Bacteria (2011)

（4）转基因作物安全性的共识文件：OECD对转基因作物的安全性共颁布了5个共识文件，包括转外壳蛋白抗病毒作物、抗除草剂作物、转 *Bt* 基因作物的安全性，以及抗草甘膦及草铵膦的基因和酶的安全性。此外，OECD还发布了1个转基因饲料的安全评估指南。转基因作物安全性共识文件见表3-10。

表3-10　OECD转基因作物安全性共识文件

序号	出版时间	中文名称	英文名称
1	1996年	关于通过外壳蛋白基因介导保护抗病毒的作物生物安全性的共识文件	Consensus Document on General Information Concerning the Biosafety of Crop Plants Made Virus Resistant through Coat Protein Gene-mediated Protection (1996)
2	1999年	关于抗草甘膦除草剂的基因及酶基本信息的共识文件	Consensus Document on General Information Concerning the Genes and Their Enzymes that Confer Tolerance to Glyphosate Herbicide (1999)
3	1999年	关于抗草铵膦除草剂的基因及酶基本信息的共识文件	Consensus Document on General Information Concerning the Genes and Their Enzymes that Confer Tolerance to Phosphinothricin Herbicide (1999)

续表

序号	出版时间	中文名称	英文名称
4	2002 年	模块Ⅱ：转基因植物-草铵膦的生物化学、代谢及残留	Module Ⅱ: Herbicide Biochemistry, Herbicide Metabolism and the Residues in Glufosinate—Ammonium (Phosphinothricin)—Tolerant Transgenic Plants (2002)
5	2003 年	来源于转基因植物的动物饲料安全性评估的注意事项	Considerations for the Safety Assessment of Animal Feedstuffs Derived from Genetically Modified Plants
6	2005 年	经济合作与发展组织关于生物技术协调的生物安全共识文件导论	An Introduction to the Biosafety Consensus Documents of OECD's Working Group for Harmonisation in Biotechnology (2005)
7	2007 年	关于转基因植物表达苏云金芽孢杆菌抗虫蛋白的安全信息的共识文件（2007）	Consensus Document on the Safety Information on Transgenic Plants Expressing *Bacillus thuringiensis*—Derived Insect Control Protein (2007)

（5）转基因作物唯一性标识系统、环境安全、分子特征等指南：OECD 建立了转基因作物全球唯一性标识系统（http://www2.oecd.org/biotech/default.aspx），并制定了转基因植物分子特征共识文件，于 2013 年提出了低水平混杂作物的环境安全性评估方案。

除此之外，OECD 针对化学品毒理学试验制定的《良好试验室操作指南（GLP）》体系以及急性毒性和亚慢性毒性试验等毒理学试验方法，也在转基因生物的食用安全性评价中广泛应用。

3.5.4　EuropaBIO 转基因生物试验指南

EuropaBIO 的技术咨询小组（Technical Advisory Group, TAG）依据欧盟对转基因生物环境释放的要求（Council Directive 90/220/EEC 和 Directive 2001/18/EC）以及安全性评价的要求[Regulation (EC) No 258/97]，为成员公司制定了一系列的生物技术食品评价文件（表 3-11），主要包括营养成分实质等同性分析（玉米、油菜、甜菜、大豆）、转基因生物检测与鉴定方法、转基因作物的环境监测方法（Bt 抗虫作物与抗除草剂作物）、分子特征、基因表达、蛋白质安全性评价、结合传统育种的转基因作物评价以及动物喂养试验等。这些评价文件是对法规的解读和细化，虽然没有设置具体的参数和操作方法，但是对于生物技术公司在进行相关的试验时具有很强的指导性和参考价值。例如，进行营养等同性分析时各类作物需要考虑哪些指标，在进行动物喂养试验时建议选用何种动物、如何考虑对照的设置等。评价文件既有明确的要求，又留有一定自由发挥的空间。

表 3-11　EuropaBIO 生物技术食品评价文件

文件编号	中文名称	英文名称
Document 1.1	实质等同性分析——玉米	Substantial Equivalence — Maize
Document 1.2	实质等同性分析——油菜	Substantial Equivalence — Oilseed Rape
Document 1.3	实质等同性分析——甜菜	Substantial Equivalence — Sugar Beet
Document 1.4	实质等同性分析——大豆	Substantial Equivalence — Soybean
Document 2	转基因生物检测与鉴定	GMO Detection and Identification
Document 3.1	监测	Monitoring
Document 3.2	Bt 作物昆虫抗性监测	Monitoring of insect-resistant Bt-crops
Document 3.3	抗除草剂作物监测	Monitoring of Herbicide-tolerant Crops
Document 4.1	分子特征	Molecular Characterisation
Document 4.2	基因表达	Gene Expression
Document 4.3	蛋白质安全性评价	Protein Safety Evaluation
Document 5	结合传统育种的转基因作物评价	Evaluation of Crops Containing GM Events Combined by Traditional Breeding
Document 6	动物喂养试验	Animal Feeding Studies

3.5.5　其他农业转基因生物安全标准

许多国家和地区致力于研究与制定适合本国国情的农业转基因生物安全标准。在转基因生物分子检测方面，欧洲标准化组织食品分析技术委员会于 1997年成立工作组开展转基因生物和食品检测标准制定工作。欧盟标准参考实验室（CRL）和欧盟转基因产品检测网络实验室（ENGL）主要负责标准验证等方面的工作。欧盟的转基因生物检测技术标准制定工作开展较早，标准制定程序相对成熟，建立了成熟的转基因产品检测标准化体系，制定了一整套转基因生物和食品检测技术标准。根据 ISO 和欧洲标准委员会（CEN）在 1991 年签订的"维也纳协议"，ISO 不重复 CEN 的工作，并统一采用 CEN 所取得的成果。日本也制定了转基因生物检测技术标准，其标准体系和 ISO 标准体系类似。沙特阿拉伯、新加坡等国家大多采用 ISO 标准体系制定检测标准。在化学成分检测标准方面，国际上主要依据的是 AOAC 确认的方法；在毒理学检测标准方面，主要参考的是OECD 的化学品毒理学试验方法。此外，在转基因生物安全评价申请书的准备方面，美国由农业部动植物检验检疫局生物技术管理处发布了《向生物技术管理服务处（BMS）提交申请的文件准备指南》。

参 考 文 献

陈可. 2016. 美国转基因食品标识制度研究及其对我国的借鉴. 法制博览, (33): 21-23.

高炜, 罗云波. 2016. 转基因食品标识的争论及得失利弊的分析与研究. 中国食品学报: 16(1): 1-9.

胡加祥. 2017. 美国转基因食品标识制度的嬗变及对我国的启示. 比较法研究, (5): 158-169.

金芜军, 贾士荣, 彭于发. 2004. 不同国家和地区转基因产品标识管理政策的比较. 农业生物技术学报, 12(1): 1-7.

李宁, 付仲文, 刘培磊, 等. 2010. 全球主要国家转基因生物安全管理政策比对. 农业科技管理, 29(1): 1-6.

刘旭霞, 李洁瑜, 朱鹏. 2010. 美欧日转基因食品监管法律制度分析及启示. 华中农业大学学报(社会科学版), (2): 23-28.

罗云波. 2016. 生物技术食品安全的风险评估与管理. 北京：科学出版社: 273-276.

祁潇哲, 贺晓云, 黄昆仑. 2013. 中国和巴西转基因生物安全管理比较. 农业生物技术学报, 21(12): 1498-1503.

曲振涛, 周正. 2004. 对我国当前税收政策的分析和思考. 学习与探索, (2): 85-89.

徐蕾蕊, 魏海燕, 汪万春, 等. 2015. 加拿大转基因食品监管体系简介. 食品安全质量检测学报, (11): 4285-4288.

颜旭雯. 2015. 美国转基因食品标识制度对我国的启示研究. 上海：上海交通大学.

杨桂玲, 张志恒, 袁玉伟, 等. 2011. 澳大利亚转基因食品溯源管理体系研究. 江苏农业科学, 39(4): 371-374.

雍克岚. 2008. 食品分子生物学基础. 北京：中国轻工业出版社: 13-20.

于洲. 2011. 各国转基因食品管理模式及政策法规. 北京：军事医学科学出版社: 22-45.

岳花艳. 2015. 日本转基因农产品安全追溯监管制度研究. 世界农业, (12):128-131.

Blanchard T. 2014. Label without a cause. Nature Biotechnology, 32(12): 1169.

CAC. 2015. Codex alimentarius commission: procedural manual, 24 edition, Food & Agriculture Organization. Joint FAO/WHO Food Standards Programme. http://www.fao.org/3/a-i5079e.pdf [2020-06-29].

Conko G, Kershen D L, Miller H, et al. 2016. A risk-based approach to the regulation of genetically engineered organisms. Nature Biotechnology, 34(5): 493-503.

Dannenberg A, Scatasta S, Sturm B. 2011. Mandatory versus voluntary labelling of genetically modified food: evidence from an economic experiment. Agricultural Economics, 42(3): 373-386.

Devos Y, Demont M, Dillen K, et al.2009. Coexistence of genetically modified (GM) and non-GM crops in the European Union. A review. Agronomy for Sustainable Development, 29(1): 11-30.

Feng L, Meng L L. 2011. A study on the stability of ecological industry chain based on the evolutionary game theory. Science Technology & Industry, 149(2): 274-293.

Friedman D. 1998. On economic applications of evolutionary game theory. Journal of Evolutionary Economics, 8(1): 15-43.

Gao W, Xu W T, Huang K L, et al. 2018. Risk analysis for genome editing-derived food safety in

China. Food Control, 84: 128-137.

Gokhale C. 1997. Evolutionary Game Theory. Cambridge, MA: MIT Press: 11-14.

Golan E, Kuchler F, Mitchell L, et al. 2001. Economics of food labeling. Journal of Consumer Policy, 24(2): 117-184.

Goodman R E. 2014. Biosafety: evaluation and regulation of genetically modified (GM) crops in the United States. International Workshop on Global Status of Transgenic Crops, 33(6): 85-114.

Li Y, Peng Y, Hallerman E M, et al. 2014. Biosafety management and commercial use of genetically modified crops in China. Plant Cell Reports, 33(4): 565-573.

Ling H G, Lakatos J P. 2013. Will California Proposition 37 affect genetically modified food labeling policy in the United States. China-USA Business Review(ISSN 1537-1514), 12(6): 608-617.

Sosa-Núñez G S. 2014. Direction of policy convergence in the EU: the case of genetically modified maize labelling policies. Romanian Journal of European Affairs, 14(3): 36-49.

USDA. 2018. USDA statement on plant breeding innovation. https://www.aphis.usda.gov/aphis/ourfocus/ biotechnology/brs-news-and-information/plant_breeding[2018-03-28].

Weibull J W. 1995. Evolutionary game theory. Current Biology: CB, 9 (14): 503-505.

Wolt J D, Wang K, Yang B. 2016. The regulatory status of genome-edited crops. Plant Biotechnology Journal, 14(2): 510-518.

第二部分　转基因生物食用安全风险评估实践

转基因生物包括转基因植物、转基因动物和转基因微生物。生物技术的进步以及转基因生物独特的优势促使转基因生物快速发展。2018 年转基因作物的种植面积达 1.917 亿公顷，全球共有 26 个国家或地区批准了转基因作物的种植，44 个国家或地区批准了转基因作物的进口。转基因技术已被广泛地应用于作物抗除草剂、抗虫、抗逆、营养改良和增加产量等方面的研发，正成为未来农业发展的重要保障。

　　随着转基因技术的发展，转基因生物食用安全性问题日渐成为公众关注的焦点。转基因技术作为一项新型的农业生物技术，在食品领域应用的时间比较短，转基因食品在遗传学和营养成分的非预期改变、对生态环境的影响以及对人类健康的影响还难以估计，因此有必要对转基因生物以及这些生物表达的转基因蛋白质进行比较全面的安全评价，对转基因食品是否造成食物中毒、导致癌变和畸变，是否具有潜在致敏性以及营养成分是否发生非预期改变等方面的问题做出科学的回答。同时，转基因生物安全性问题也是国际社会广泛关注的焦点问题，转基因生物安全性评价水平也是反映国家综合国力特别是农业生物技术水平的关键因素之一，并直接关系到现代化农业和未来生物技术产业的发展。因此，全面地对转基因生物及其产品进行安全性评价刻不容缓，这不仅有利于保护国民健康，同时也具有重要的战略意义。

第4章 转基因植物食用安全评价研究进展

提要

- 截至 2018 年转基因作物商业化 23 周年，全球转基因作物种植面积累积达 25 亿公顷
- 我国已经建立一套相对完善的安全评价体系，达到国际水准
- 我国转基因安全评价遵循实质等同性原则、个案分析原则
- 安全评价涉及营养、毒理、过敏和非期望效应等评价内容

引　言

转基因技术作为现代生物技术最重要的组成部分之一，很大程度上解决了世界人口的吃饭问题。随着城市化程度不断提高，可耕地面积不断缩减，世界性的粮食危机不断加剧。发展转基因作物来缓解粮食危机已经成为解决资源紧缺问题的一条重要途径。转基因作物的抗逆性强，能够增加粮食产量；其可以适当延长货架期，减少粮食浪费，保障了全世界的粮食供应。通过生物技术手段还可以改造食品食用部分的蛋白质、氨基酸、维生素等含量或组成，使形成的转基因食品的营养价值提高。现已有不少关于营养改善型粮食的报道，如最出名的"黄金大米"（富含维生素 A）等。对于转基因技术，既要确保安全，又要自主创新。也就是说，在研究上要大胆，在推广上要慎重。转基因农作物产业化、商业化推广，要严格按照国家制定的技术规程规范进行，稳扎稳打，确保不出闪失，涉及安全的因素都要考虑到。2016 年，中央一号文件提出加强农业转基因生物技术研究，并首次提出安全管理和科学普及，为未来商业化打造外部条件奠定基础。2017 年，《"十三五"国家科技创新规划》中明确表明，要加大转基因棉花、玉米、大豆研发力度。可以看出，我国对于生物技术食品的态度一直是非常积极的，也一直在为其商业化做好准备。

4.1　全球转基因植物发展状况

根据国际农业生物技术应用服务组织（ISAAA）2019 年的全球生物技术食品发展报告，2018 年全球共有 26 个国家或地区批准了转基因作物的种植，44 个国家或地区批准了转基因作物的进口。2018 年转基因作物的种植面积达 1.917 亿公

顷，其中美国（7500 万公顷）、巴西（5130 万公顷）、阿根廷（2390 万公顷）、加拿大（1270 万公顷）和印度（1160 万公顷）是主要种植国，占全球转基因作物种植面积的 91%，且这些国家的转基因作物采用率接近饱和，美国为 93.3%，巴西为 93%，阿根廷接近 100%，加拿大为 92.5%，印度为 95%。在所有转基因作物中，转基因大豆是最主要的转基因作物，全球转基因大豆的种植面积达 9590 万公顷，占全球转基因作物种植面积的 50%。此外，转基因作物的种类和性状更加多样化，2019 年批准了新一代抗除草剂棉花和大豆、低酚棉、抗草甘膦和低木质素苜蓿、Omega-3 油菜以及抗虫豇豆等（James，2019）。转基因植物已经成为现代农业史上发展速度最快的产业。转基因植物的产业化发展给人类带来了巨大的经济和环境效益。目前，中国批准商业化种植的转基因植物主要有棉花和木瓜两种，批准进口用作加工原料的转基因植物有大豆、玉米、棉花、油菜和甜菜 5 种，尚未批准转基因粮食品种的商业化种植。转基因是一项新技术，也是一个新产业，具有广阔发展前景。

转基因食品伴随着争论一路发展而来。1996 年第一例转基因玉米商业化生产，随后的 1998 年发生了普兹泰事件，当时科学家普兹泰（A. Pusztai）声称食用转基因马铃薯可引起大鼠生长发育异常、免疫系统受损等，这一结果虽然没有得到科学界的认可，但却将民众对转基因食品的质疑态度推上了风口浪尖。关于转基因食品的安全问题也从未停歇，科学界关于转基因食品的安全性始终众说纷纭，也是造成现在消费者比较困惑的原因之一。目前人们对转基因食品食用安全性的担忧主要有以下几个方面。

（1）转基因食品的毒性问题。常有人将转基因抗虫作物与化学农药相比，提出"虫子不能吃，人能吃吗"的疑问。

（2）转基因食品的过敏性问题。转基因操作转入的蛋白质可能成为一种过敏原，从而使原来不具有过敏性的食品成为新的过敏原。例如，巴西坚果研发者曾将坚果中的 2S 清蛋白转入大豆中，结果对巴西坚果过敏的人对这种大豆也发生过敏。

（3）转基因食品的非期望效应。之前的研发手段只是将基因随机插入到基因组中，通过筛选得到具有目的性状的植株，无法精确控制，因此可能会产生非预期效果，如引起某些基因沉默，从而导致某种营养成分的减少，或者激发某种抗营养因子水平的增加。

4.2　转基因安全评价体系发展情况

为了促进生物技术产业的健康发展、对转基因进行有效的监管，有关国际组织如世界卫生组织（WHO）、联合国粮食及农业组织（FAO）、国际食品法典委员会（CAC）、国际生命科学学会（ILSI）及经济合作与发展组织（OECD）等多次召开专家咨询会议，研究制定有关条例。1993年，OECD提出了"实质等同性"的概念（OECD，1993）；此后，FAO/WHO多次召开联合专家咨询会讨论"实质等同性"概念与实施情况、过敏性评价内容（FAO/WHO，1996，2000，2001）；在此基础上，CAC成立了"转基因食品政府间特别工作组"，开展了转基因食品安全性检测标准的制定，并于2003年7月1日，通过了有关转基因植物安全检测的标准性文件《重组DNA植物食品的食用安全评估指南》（CAC/GL 45—2003）。这是一份参考价值很高的指南，在CAC制定的转基因植物食用安全性评价指导框架的基础上，各国政府均在风险和效益的综合考量下，依据自身情况制定了不同的转基因植物安全政策。以欧盟为代表的部分国家和地区为了规避转基因生物可能存在的风险，制定了比较苛刻的转基因植物安全政策，但这种政策会阻碍转基因技术的发展和应用所可能带来的收益；而以美国为代表的一些国家则为了获得转基因生物的应用所带来的收益，制定了比较宽松的转基因植物安全政策，但这种政策的实施也有可能导致一些潜在风险的提升。

　　我国转基因植物食用安全性管理体系在CAC制定的转基因植物食用安全性评价指导框架的基础上，吸取了各国际组织和各国政府管理经验，综合考虑了风险和效益的情况下，制定了符合我国国情的详细的转基因植物安全管理体系，主要包括法规体系、安全评价体系、技术检测体系、监测体系及标准体系。

　　（1）法规体系。2001年，国务院颁布了《农业转基因生物安全管理条例》（以下简称《条例》），该《条例》以国家法律法规的形式规定了国家对农业转基因生物安全的管理；2002年，农业部颁布了《农业转基因生物安全检测管理办法》、《农业转基因生物进口安全管理办法》和《农业转基因生物标识管理办法》，这三者是与《条例》配套的规章，是对《条例》的细化；2004年，国家质量监督检验检疫总局颁布的《进出境转基因产品检验检疫管理办法》，是对进出口贸易转基因产品的检验检疫进行的管理。

　　（2）安全评价体系。对农业转基因生物进行安全评价，是世界各国的普遍做法，也是国际《生物安全议定书》的要求。安全评价是利用现有的科学知识、技术手段、科学试验与经验，对转基因生物可能对生态环境和人类健康构成的潜在风险进行综合分析和评估，在风险与收益利弊平衡的基础上做出决策。我国对农业转基因生物实行分级管理安全评价制度，凡在中国境内从事农业转基因生物的研究、试验、生产、加工、经营和进出口活动，应依据《条例》进行安全检测。通过安全检测，采取相应的安全控制措施，将农业转基因生物可能带来的潜在风险降到最低程度，从而保障人类健康和动植物、微生物安全，保护生态环境。同时，也向公众表明，农业转基因生物的研究和应用建立在安全检测的基础之上，符合科学、透明的原则。而进行安全评价，就需要有专门的评价机构，为此，我国建立了国家农业转基因生物安全委员会。委员会的成员来自不同的部门和不同的专业，每届任期三年。2002 年 7 月 8 日，第一届国家农业转基因生物安全委员会成立。这届安全委员会由 58 名委员组成，分为植物、植物用微生物、动物与动物用微生物和水生生物 4 个专业组，分别来自农业部、卫生部、国家质量监督检验检疫总局、国家环境保护总局、对外贸易经济合作部、科学技术部、教育部和中国科学院等多个部门，涉及农业转基因生物研究、生产、加工、检验检疫、卫生、环境保护和贸易等多个领域，其中中国科学院和中国工程院院士 6 名。2005年 6 月 22 日，第二届国家农业转基因生物安全委员会成立。这届安全委员会由74 位委员组成。这些委员主要来自农业部、国家发展与改革委员会、科学技术部、卫生部、商务部、国家质量监督检验检疫总局、国家环境保护总局、教育部、国家食品药品监督管理总局、国家林业局、中国科学院和中国工程院等部门及其直属单位。第二届安全委员会在原来涉及转基因技术研究、生产、加工、检验检疫、卫生、环境保护和贸易等专业领域的基础上，增加了食用安全、环境安全、技术经济、农业推广和相关法规管理方面的专家。通过各个领域、各种知识背景的专家从不同角度对转基因产品进行风险与收益的评估，保证转基因产品的安全性评价的全面性与公平性。

（3）技术检测体系。技术检测体系由农业转基因生物安全技术检测机构组成，服务于安全检测与执法监督管理。检测机构按照动物、植物、微生物三种生物类别，转基因产品成分检测、环境安全检测和食用安全检测三类任务要求设置，并根据综合性、区域性和专业性三个层次进行布局和建设。为此，2003年农业部确定了第一批农业转基因生物技术检测机构筹备单位，分别是中国农业大学、中国疾病预防控制中心营养与食品安全所、天津卫生防病中心承建的转基因生物及其产品食用安全检测中心。

（4）监测体系。监测体系以安全评价及检测为技术平台，由行政监管系统、技术检测系统、信息反馈系统和应急预警系统组成。按照《条例》的要求，开展对从事农业转基因生物的研究、试验、生产、加工、经营和进口、出口活动的全程跟踪及长期的监测和监控工作，并为安全检测出具环境安全方面的技术监测报告。2005 年 1 月 26 日，国务院第 79 次常务会议讨论通过了《国家突发公共事件总体应急预案》。2006 年国务院又颁布了《国家突发环境事件应急预案》。在此背景下，农业部为了有效应对农业转基因生物安全突发事件，保障人类身体健康和动植物、微生物、生态环境安全，维护社会稳定，促进农业生物技术健康发展，制定了《农业转基因生物安全突发事件应急预案》。

（5）标准体系。标准体系由全国农业转基因生物安全管理标准化技术委员会、标准研制机构和实施机构组成。为了保持农业转基因生物安全管理的规范化，农业部在 2004 年成立了全国农业转基因生物安全管理标准化技术委员会。它由41 名委员组成，秘书处设在农业部科技发展中心。按照《中华人民共和国标准化法》的规定和《农业转基因生物安全管理条例》的要求，开展农业转基因生物安全管理、安全检测，以及技术检测的标准、规程和规范的研究、制定、修订和实施工作，为安全管理体系、检测体系、监测体系和开展执法监督管理工作提供标准化技术支持。其主要负责转基因植物、动物、微生物及其产品的研究、试验、生产、加工、经营、进出口及与安全管理方面相关的国家标准制修订工作，对口CAC 的政府间特设生物技术食品工作组（CX-802）等技术组织以及负责与农业转基因生物安全管理有关的标准制定工作。

4.3 转基因植物食用安全性评价的原则

虽然对转基因植物的安全性评价存在着许多不确定因素，但是各国际组织、各国政府与科研人员一直致力于在现有科技水平的基础上尽最大可能保证转基因产品的安全性，以使其发挥最大的经济与社会效益，更好地为人类服务。对转基因植物的食用安全性评价已经制定出一套较为完整的评价体系，其主要的评价依据是科学原则、实质等同性原则、预先防范原则、个案评价原则、逐步评价原则和熟悉性原则等。

4.3.1 科学原则

科学原则是指在对转基因生物进行生物安全评价的过程中应该持科学的态度，采用科学的方法，利用科学试验获得的数据和试验结果对转基因生物的安全性进行科学和客观的评价。转基因生物的商品化应用是否会带来不可预测的生物安全问题和风险，这要靠事实来说话，要靠相关的科学数据对转基因生物的安全性客观地做出判断和评价，而不是采取臆断的或没有科学数据支撑的主观评价，否则便会失去安全评价的意义。

4.3.2 实质等同性原则

实质等同性原则是 OECD 于 1993 年在其重组 DNA 的安全考虑文件中提出的，主要用于转基因生物及其产品的食品安全评价。它的含义是：若某一转基因食品和传统食品具有实质等同性，即该转基因食品的特性与其非转基因亲本生物或同类传统产品，除转基因所导致的性状以外，在营养成分、毒性以及致敏性等食品安全方面没有实质性差异，则认为是安全的；否则便需进行严格的安全性评价，包括对转基因产物的结构、功能和专一性的评价及由转基因产物催化产生的其他物质（脂肪、碳水化合物或小分子化合物）的安全性评价。若某一转基因食品和传统食品不具有实质等同性，则需要从营养性和安全性等各方面进行更全面的评价和分析。

4.3.3　预先防范原则

英文"precautionary principle"在我国有各种不同的翻译，有的称为"预防原则"，有的称为"警惕原则"或"预防和预警原则"等，均是指对于转基因生物可能带来的生物安全及风险应该给予充分的重视，并对转基因生物可能带来的风险有充分的预见性而采取必要的安全评价和防范措施。即使目前没有确实的证据证明该危害必然发生，也应该采取必要的评价和预防措施。由于科学证据无法充分证明转基因技术的安全性，因此决策者在做出政策决定时，通过预防性措施将该风险消除或降至可接受的程度之内；这种不待相关科学知识的发展而先行采取措施的决定，即属"预防原则"。

4.3.4　个案评价原则

个案分析原则即个案评价原则，是指对不同的转基因生物（材料）应进行逐个评估的一种原则。这意味着，不能将某一类特定转基因生物或产品进行生物安全评价的结果和结论，任意和无原则地拓展到其他类型的转基因生物及其产品上。

由于转基因生物的受体生物（材料）种类不同，转入的外源基因的来源、功能、表达的产物以及转基因操作的方式均各不相同；同时，转基因生物释放的环境也可能存在较大的差异，对不同的转基因生物个案评价的结果并不能完全代表所有转基因生物在不同释放环境下会产生的结果。因此，必须对不同的转基因生物以及在不同的释放环境中的生物安全性进行逐个评价。即使是相同的基因转入相同的受体生物种类，如果采用了不同的基因操作方法，也会导致不同转基因事件的基因插入位点不同，从而引起转基因生物基因的变化以及对受体原基因组的影响发生变化，可能会导致不同生物安全结果，因此转基因生物安全评价决不能一概而论。

4.3.5　逐步评价原则

转基因生物及其产品的释放，其带来的生物安全后果在时空方面有较大的差异，因此转基因生物的评价过程需要在不同的时空水平上进行，包括转基因生物在实验室、中间试验、环境释放和生产性试验水平的生物安全评价几个环节。逐步评价原则要求对转基因生物及其产品依次在每个环节上进行风险评价，并以每一步试验累积的相关数据和结果作为是否进入下一步安全评价的基准。根据逐步评价的原则，每一步的生物安全评价均可能有三种结果：第一，转基因生物可以进入下一阶段的评价；第二，转基因生物暂不能进入下一阶段的评价，需要进一步在本阶段补充必要数据和信息；第三，转基因生物由于生物安全性问题不能继续进行评价。

4.3.6　熟悉性原则

所谓"熟悉"是指对转基因生物受体种类的有关生物学性状、食用历史的背景知识以及与其他生物种类或环境的相互作用等方面情况的熟悉和了解程度，同时也要求对转入的目的基因在上述各方面有相当程度的了解。这样才能在安全评价过程中对转基因生物是否会导致风险进行有效及合理的预测。由于对转基因生物及其产品的生物安全风险评价可以在相对较短的时间内完成，但可能需要进行长时间安全监测，这主要取决于对转基因生物的相关背景信息的熟悉程度。熟悉性原则并不表示所评价的转基因生物完全无害，而是表明在生物安全评价之前应该对被评价的对象充分地熟悉和了解，以便对该转基因生物可能导致的风险有合理的预测。"熟悉"也是一个动态的过程，不是绝对的，随着人们对转基因生物及其产品的知识和经验的不断积累，对其熟悉性也会逐步加深（许文涛等，2011）。

4.4　转基因安全评价主要内容

转基因植物的安全评价主要内容包括毒理学评价、致敏性评价、关键成分分析、全食品安全性评价、肠道微生物菌群的评价和非期望效应等（盛耀等，2015），主要评价内容如下。

4.4.1　新表达物质毒理学评价

转基因产品毒性评价的关键是对新引入的外源基因的表达产物进行毒理学评价。多数情况下，外源基因的表达产物为蛋白质，也可能是脂肪、碳水化合物、核酸、维生素或由外源 DNA 表达的酶参与代谢反应而产生的新的代谢产物。对于蛋白质类产物（包括目标基因和标记基因所表达的蛋白质），安全性评价时，应该充分考查其分子和生化特征等信息，包括分子量、氨基酸序列、翻译后的修饰和功能等（表达的产物若为酶，还应评估酶活性、酶活性影响因素、底物特异性和反应产物等）。对于非蛋白质类产物，也需要提供相关理化特性及生物学功能数据。

对新表达物质进行潜在毒性评价时，应重点考查以下几个方面：①分析新表达蛋白质与已知毒蛋白和抗营养因子（如蛋白酶抑制剂、植物凝集素等）氨基酸序列相似性；②利用热稳定试验及模拟胃肠液消化试验研究新表达蛋白质的耐热性和抗消化能力，必要时研究加工过程（热、加工方式）对其影响；③考虑膳食暴露及对不同人口亚群可能产生的负面影响，测定外源基因表达产物在植物可食部位的表达量，并根据典型人群的食物消费量，估算人群最大可能暴露量；④当新表达蛋白质无安全食用历史、安全性资料不足时，必须进行急性经口毒性试验以及 28 天重复剂量暴露试验（剂量依据最大暴露量），必要时应进行免疫毒性检测评价；⑤如果新表达物质为非蛋白质，需要根据个案分析原则进行毒理学评价，可能还需要提供毒物代谢动力学、遗传毒性、亚慢性毒性、慢性毒性/致癌性和生殖发育毒性等毒理学试验数据。

4.4.2　致敏性评价

目前，国际上针对转基因产品的致敏性评价主要有两种体系：一是，2001 年 FAO/WHO 最终确定的过敏原判定树方法（decision tree）；二是，2003 年 CAC 发布的证据权重方法（weight-of-evidence approach）。《重组 DNA 植物食品安全评估指南》综合了两种评价体系，遵循全面、逐步和个案分析的原则，科学合理地提出了对外源蛋白质潜在致敏性评价的方法。

首先，对基因的来源进行判断，分析基因供体是否含有致敏原、插入基因是否编码致敏原，根据基因来源特点采取不同的评价步骤。如果新表达蛋白质为非已知致敏原，要采用生物信息学方法进行序列相似性分析，利用过敏原在线数据（http://www.allergenonline.org/）及食品安全过敏原数据库（http://allergen.nihs.go.jp/ADFS/）判断其与已知致敏原序列间的相似度。如果全序列比对 E 值小于 0.01，80 个氨基酸滑动比对大于 35%，8 个连续氨基酸序列比对为阳性，三种情况只要满足一种就应当判断新表达蛋白质与已知过敏原间具有序列同源性。然后，需要对新表达蛋白质热稳定性及抗消化能力（模拟胃肠液消化）进行体外模拟试验评估。如果供体含有致敏原，或新蛋白质与已知致敏原具有序列同源性，需要采用对基因来源生物过敏的患者血清进行特异血清筛选试验，阳性则认为该蛋白质可能引起过敏。此外，还可能需要利用致敏性动物模型评价新表达蛋白质的致敏性。最后，根据各阶段测试结果，综合评价外源蛋白质的潜在致敏性。

4.4.3　关键成分分析

对转基因植物关键成分的含量进行分析是食用安全性评价过程中非常重要的一部分，也是基于"实质等同性原则"的基本评价方法。评价过程对样品的选择非常重要，转基因植物需要与同等条件下生长和收获的受体品种（对照）进行成分等同性分析比较，一般选取同一种植地点至少三批不同种植时间的样品，或三个不同种植地点的样品。

关键成分分析主要内容包括：①营养素分析，主要对蛋白质、脂肪、碳水化合物、纤维素、矿质元素、维生素等进行分析，必要时提供蛋白质中氨基酸及脂肪中饱和脂肪酸、单不饱和脂肪酸、多不饱和脂肪酸含量分析的资料。矿质元素和维生素的测定应选择在该植物中具有显著营养意义或对人群营养素摄入水平贡献较大的矿质元素和维生素进行测定。②天然毒素及有害物质分析，植物中可能存在对健康有影响的天然有害物质，需要根据不同植物进行不同的毒素分析，如棉籽中棉酚、油菜籽中硫代葡萄糖苷和芥酸等。③抗营养因子分析，抗营养因子是对营养素的吸收和利用有影响、对消化酶有抑制作用的一类物质，如大豆中的大豆胰蛋白酶抑制剂、玉米中植酸、油菜籽中单宁、棉籽中的棉酚等。④其他成分分析，如水分、灰分、植物中的其他固有成分等。⑤非预期成分分析，对因转入外源基因可能产生的新成分进行评估。

在转基因植物关键成分分析中，任何有统计学意义的差异均应阐明是否在自然变异范围内，以确定该差异是否具有生物学意义。同时结合膳食暴露评估转基因食品是否可以为人类提供必要的营养成分，是否会对人类健康产生不利的影响。

4.4.4　全食品安全性评价

对转基因植物的毒理学评价不仅包括对新表达蛋白质的评价，还包括对可食用部位全食品的安全性评价。目前，国际通用的转基因全食品安全评价方法为大鼠 90 天喂养试验。该方法可以用来评估转基因食品的毒理学及营养学相关的非期望效应。此外，FAO/WHO 和食品科学委员会（SCF）也推荐利用大鼠 90 天喂养试验作为评价转基因食品是否与传统非转基因食品具有相同的安全性的基本评价程序。

对转基因植物全食品的安全评价一般选择 Sprague-Dawley（SD）大鼠或者 Wistar 大鼠进行 90 天试验，根据评价对象设计合理的剂量梯度，通常推荐在不影响饲料营养平衡的基础上，以能够添加的受试物的最大量为最高剂量。试验过程对动物临床行为学进行观察，监测动物体重及进食量，试验末期进行解剖学观察、脏器系数检测、血液学检测以及组织病理学等相关检测。目前，对转基因植物的 90 天喂养亚慢性毒性评价非常普遍，包括抗虫性状、抗除草剂性状、品质改良以及一些药用工业用新转基因品种。

4.4.5　肠道微生物菌群的评价

现在科学已经证明，肠道内环境与人体健康关系极为密切，这一关系在流行病学、免疫学和临床研究中备受关注。食品研究领域，益生素与宿主健康、衰老的关系也越来越受到关注。传统的转基因产品动物试验安全评价包括：体重、增长率、组织器官质量的测定、血液和尿液生化分析、组织切片的病理观察等，同时也建议寻找更多机体早期的生理信号以增加对转基因产品毒性、致敏性评价的灵敏度。肠道是一个复杂的环境，健康平衡状态受多种因素的影响，在众多的影响因素中，食物来源是重要的影响因素之一。

在食品领域，益生菌对于改善肠道生态平衡、促进身体健康的作用，已经被广泛地证实，而针对转基因产品对肠道菌群的影响，研究报道较少。国外的科学家已经开始关注转基因产品对肠道内环境的影响。Sagstad 等在用 Bt 玉米喂养鲑鱼 82 天后发现在肝脏和大肠末端超氧化物歧化酶（SOD）和过氧化氢酶（CAT）活力有明显差异；Sanden 在转基因 RRS 大豆喂养鲑鱼的试验中发现肠黏膜褶皱的厚度低于非转基因组；Poulsen 等研究了转雪莲花凝集素（PHA）大米 90 天喂养大鼠后对其肠道菌群的影响，发现 90 天后转基因喂养组小肠内总的厌氧菌、乳杆菌和肠球菌数量显著高于非转基因组，90 天喂养过程中粪便和其他肠道内容物中未发现菌群差异；Schröder 等在 90 天喂食 Wistar 大鼠转 Cry1Ab 大米试验中，发现转基因组相比亲本组十二指肠中双歧杆菌数量下降，回肠中大肠杆菌数量增加 23%，肠道菌群中的双歧杆菌和大肠杆菌与亲本比较有显著性差异；李丽婷等用 70% 抗除草剂转基因（Bar）大米 90 天喂养 SD 大鼠后，发现转基因组大鼠盲肠中乳杆菌含量较少，肠球菌含量较多；Ralf Einspanier 研究了 28 天喂养 Bt176 玉米对牛胃中微生物数量的影响，发现转基因组与亲本对照组没有差异；陈淑蓉用含有豇豆胰蛋白酶抑制剂（CpTI）的 SCK 转基因大米喂养小型猪，与亲本大米组动物相比，转基因大米组动物肠道菌群，胰腺和粪便中胰蛋白酶、糜蛋白酶和淀粉酶活性，胃肠道组织和胰腺组织均未见明显差异（$P>0.05$），也未见到明显非期望效应；Stine Kroghsbo 等 28 天喂养 Bt 大米或者含有 Bt 毒素的大米时，没有发现对总的免疫球蛋白 IgA、IgG、IgM 有影响，也没有细胞增生的现象；Liu 等结合 90 天毒理学评价，测定了空肠中两种肠道紧密结合蛋白的 mRNA 含量，并用免疫组化加以证实，发现某一转基因微生物并未对肠道紧密蛋白的变化产生影响；Yuan 等通过肠道微生物分析、肠道通透性改变、肠道黏膜结构变化、肠道中酶类活性测定和肠道免疫力改变等未发现转基因 T2A-1 水稻对大鼠肠道健康产生非期望不良影响。这些研究提示，长期进食转基因食品是否会引起肠道菌群的变化已经成为转基因安全评价的一个热点。

肠道微生物在人体健康中发挥重要作用，即影响宿主食物消化代谢又调控宿主正常生理功能及疾病的发生发展。随着人类微生物组学计划的展开，近年来对肠道微生物的研究备受关注。就目前而言，肠道微生物对人类健康的作用及机制尚需深入研究。

4.4.6 其他相关评价

1. 营养学评价

对转基因植物的营养学评价应遵从个案分析原则，对一些在营养、生理作用等方面发生改变的转基因事件，应该额外做营养素吸收利用率试验，并评估人群对营养素摄入水平以及最大摄入水平对人群膳食模式的影响，如对营养改良型转基因生物表达的蛋白质是否能够被动物体正常吸收代谢进行评价。例如，对"黄金水稻"以及转 *sb401* 基因高赖氨酸玉米的安全性评价中就需要进行植物营养学评价试验。

2. 生产加工对安全性影响的评价

转基因植物产品在生产加工、储存过程中可能会发生外源基因表达产物含量、理化性质及生物活性等改变。因此，有必要对转基因植物进行生产加工对安全性影响的评价。提供加工过程对转入 DNA 和蛋白质的降解、消除、变性等影响的资料，如油的提取和精炼、微生物发酵、转基因植物产品的加工和储存等对植物中表达蛋白质含量的影响。

4.5 展 望

食品安全是一个相对和动态的概念，没有一种食品是百分之百安全的。随着科学技术和社会进步，人们对食品安全自然提出了更高的要求。同时，食品不仅是营养和能量的来源，也是文化和传统的标志，还是经济贸易的支柱。在转基因食品展现光明前景的 21 世纪，根据国际发展趋势，综合科技、贸易等多方面因素，制定适合我国国情的转基因食品产业发展和安全管理办法，加强食品安全的科学技术研究，将有利于我国食品生物技术产业的健康发展，在新世纪的国际竞争中占据主动。

参 考 文 献

盛耀, 贺晓云, 祁潇哲, 等. 2015. 转基因植物食用安全评价. 保鲜与加工, 15(4): 1-7.
许文涛, 贺晓云, 黄昆仑, 等.2011. 转基因植物的食品安全性问题及评价策略. 生命科学, 23(2): 179-185.
农业部. 2006a. NY/T 1102—2006 转基因植物及其产品食用安全检测 大鼠 90d 喂养试验. 北京: 中国标准出版社.

农业部. 2006b. NY/T 1103.1—2006 转基因植物及其产品食用安全检测 抗营养素第 1 部分:植酸、棉酚和芥酸的测定. 北京: 中国标准出版社.

农业部. 2006c. NY/T 1103.2—2006 转基因植物及其产品食用安全检测 抗营养素第 2 部分: 胰蛋白酶抑制剂的测定. 北京: 中国标准出版社.

农业部. 2012. 农业部 1782 号公告-13—2012 转基因生物及其产品食用安全检测 棕色挪威大鼠致敏性试验方法. 北京: 中国标准出版社.

FAO/WHO. 1996. Biotechnology and Food Safety. Report of a Joint FAO/WHO Consultation, Rome, Italy. FAO Food and Nutrition Paper 61, Food and Agriculture Organisation of the United Nations, Rome.

FAO/WHO.2000.Safety Aspects of Genetically Modified Foods of Plant Origin. Report of a Joint FAO/WHO Expert Consultation on Foods Derived from Biotechnology, Geneva, Switzerland. Food and Agriculture Organisation of the United Nations, Rome.

FAO/WHO.2001. Allergenicity of Genetically Modified Foods. Report of a Joint FAO/WHO Expert Consultation on Foods Derived from Biotechnology, Rome, Italy. Food and Agriculture Organisation of the United Nations, Rome.

James C. 2019. Global Status of Commercialized Biotech/GM Crops. ISAAA Brief, No. 54, Ithaca NY: ISAAA.

OECD. 1993. Safety Evaluation of Foods Derived by Modern Biotechnology. Paris: Organisation for Economic Cooperation and Development.

第5章 转基因玉米食用安全风险评估实践

提要

- 玉米是仅次于小麦和水稻的世界第三大谷物
- 常见转基因玉米品种有抗虫玉米、抗除草剂玉米、复合性状玉米、营养改良型玉米等
- 针对以上类型的转基因玉米开展了食用安全风险评估实践
- 转基因玉米在营养成分上与传统玉米实质等同
- 新表达蛋白质未发现毒性与过敏性作用
- 转基因玉米与对照玉米具有同样的安全性

引　言

玉米是仅次于小麦和水稻的世界第三大谷物,玉米在全世界25个国家作为粮食作物种植。全球玉米年产量有60亿吨。美国和中国作为主要的生产国产量分别占43.2%和17.9%(OECD, 2002)。在过去的半个世纪里,玉米育种虽取得了巨大的进步,为确保世界粮食安全提供了重要保障,但是由于传统育种长时间没有新的突破,遗传多样性在培育品种过程中逐渐变窄,而且频发的病虫害及旱灾等自然灾害使得玉米的生产损失惨重。针对这一状况,转基因技术作为一种新兴的育种手段在培育抗逆品种、增产和改良营养品质等方面提供了有效的解决途径。

自1990年采用基因枪法成功地转化了玉米植株以来,转基因玉米已进入商品化阶段,利用转基因的途径将特定性状的转基因导入玉米,培育出了一批具有抗虫、抗病、抗除草剂、抗盐、抗旱、优质等性状的多种优良玉米品种或新种质。目前被批准商品化的转基因玉米主要有抗虫(Bt)转基因玉米、抗除草剂转基因玉米以及两种复合性状转基因玉米。

抗虫玉米:玉米螟是世界性的主要玉米害虫,每年因玉米螟危害造成的玉米损失达到玉米产量的5%左右。进入20世纪90年代,通过转基因途径将抗性基因导入玉米获得抗玉米螟的杂交种取得了突破性的进展。方法是把来源于苏云金芽孢杆菌,能特异地杀死某些昆虫,但对人畜和益虫无害的 *Bt* 基因等外源抗虫基因导入玉米的基因组中,使其正确表达,即可获得兼抗两个世代玉米螟的高抗转化体。将这种转化体直接或间接用于玉米杂交种的选育,达到了既高产又抗虫的目标。而且育种周期短,垂直抗性强,有效控制了玉米螟的危害性蔓延。Bt杀虫蛋

白的杀虫谱由鳞翅目扩大到双翅目、鞘翅目等。其中 Cry1Ac 蛋白是对玉米螟杀虫活性最好的蛋白质之一。

抗除草剂玉米：现代农业广泛使用除草剂，但是长期以来，玉米田化学除草问题比较难解决。除草剂对大型现代化农场的建立和发展起到了重要的推动作用，对节省劳动力、提高劳动生产率和保护土壤结构都有重要意义。但是玉米对除草剂比较敏感，现有的广谱性除草剂都对玉米不适用，虽然阿特拉津等少数除草剂对玉米田中的禾本科杂草和阔叶杂草杀灭效力很高，但其使用浓度对某些玉米品种来说可变范围太小，还存在一定风险。最好的解决办法是提高玉米对除草剂的耐受力，通过使用杀草能力更强的除草剂或者提高除草剂的使用浓度彻底消灭杂草。生产上应用的玉米优良自交系很多，但具有良好组织培养特性、能用于遗传转化的材料较少。采用常规育种技术尽管在产量、抗病等方面已取得巨大成效，但很难培育出抗除草剂的玉米材料，而利用转基因手段是改良玉米这一性状的有效途径。转基因育种途径的出现使人们找到了培育抗除草剂玉米品种的捷径，即利用玉米中不存在的其他生物的抗除草剂基因使玉米产生抗药性。

转基因玉米作为目前世界上最主要的转基因作物之一，自 1996 年开始被大规模地商业化种植以来，世界各国已陆续开始种植。全球转基因作物种植面积高达 185.1 百万公顷，其中转基因玉米种植面积约 61 百万公顷，其占玉米作物种植面积的 32.96%。中国目前尚未批准转基因玉米的种植，中国玉米进口量每年在 300 万吨左右，其中约有 20% 为转基因玉米。

【案例】转 *cry1Ac-m* 基因玉米食用安全风险评估实践

虽然转基因玉米优势显而易见，但转基因玉米的商品化一直困难重重。其主要原因是玉米作为主要粮食作物，人们对转基因玉米的安全性存在较大的疑虑。因此，不仅要做好转基因玉米的研究开发，还要对其安全性进行科学合理的评价。目前为止，本书针对该转基因玉米进行食用性安全评价的主要工作是从以下两个方面着手的：第一，对玉米所表达的外源蛋白质的安全性进行研究，研究将从外源蛋白质的小鼠急性毒性研究和过敏性研究着手；第二，转基因玉米本身及其加工成的食品的安全性评价，针对转 *cry1Ac-m* 基因玉米我们进行了营养学评价、亚慢性毒性评价等。

5.1　转 *cry1Ac-m* 基因玉米的营养学评价

将取自北京（BJ2010）和海南（HN2011.3、HN2011.6）的转基因玉米与其亲本对照主要营养成分（蛋白质、水分、脂肪、纤维素、碳水化合物）、氨基酸、脂肪酸、维生素和抗营养成分进行对比分析，以评价其在营养学方面是否具有实质等同性。

5.1.1 试验方法

依据我国相关标准进行检测。

5.1.2 结果与分析

1. 主要营养成分

主要营养成分检测结果如表 5-1 所示。检测结果包括水分、灰分、蛋白质、粗纤维、脂肪。碳水化合物通过公式计算：碳水化合物%=1-（蛋白质%+脂肪%+灰分%）。

表 5-1 主要营养成分检测结果 （n=4，单位：g/100g）

样品	BJ2010		HN2011.3		HN2011.6		参考范围	
	非转基因	转基因	非转基因	转基因	非转基因	转基因	OECD[a]	ILSI[b]
水分（fw）[d]	10.09±0.06	10.1±0.06	9.94±0.07	9.81±0.1	10.19±0.01	10.32±0.05	7～23	6.1～40.5
灰分（dw）[e]	1.71±0.08	1.91±0.01	2.02±0.02	2.19±0.05	1.22±0.02	1.95±0[c]	1.1～3.9	0.616～6.282
蛋白质（dw）[e]	7.29±0.09	10.28±0.03[c]	9.95±0.2	10.4±0.08	9.39±0.06	10.81±0.11[c]	6.0～12.7	6.15～17.26
粗纤维（dw）[e]	0.85±0	0.93±0.02	0.95±0.01	1.18±0.03[c]	0.94±0	1.12±0.02[c]	—[f]	0.49～3.26
脂肪（dw）[e]	4.48±0.05	5.48±0.14[c]	5.36±0.08	5.53±0.09	4.4±0.05	5.22±0.07[c]	3.1～5.8	1.742～5.9
碳水化合物（dw）[e]	86.52±0.04	82.33±0.17	82.67±0.26	81.88±0.05	84.99±0.09	82.02±0.03	82.2～82.9	77.4～89.5

a. 资料来源：OECD，2002。

b. 资料来源：ILSI Crop Composition Database（https://www.crop composition.org:28443/query/index.html）。

c. 表明非转基因样品同其相应的转基因样品之间有显著性差异（置信区间=90%）。

d. fw 表示鲜重。

e. dw 表示干重。

f. 无相应参考范围。

在转基因同非转基因组分中没有发现水分的显著性差异。在 BJ2010 组中转基因样品的蛋白质和脂肪成分同非转基因样品有显著性差异。在 HN2011.3 组中粗纤维成分在转基因同非转基因之间有显著性差异。在 HN2011.6 组中显著性差异存在于灰分、蛋白质、粗纤维和脂肪中。但是所有这些提到的显著性差异均在 OECD 和 ILSI 的参考范围之内。

2. 脂肪酸

由于 OECD（2002）参考范围中没有玉米谷粒中脂肪酸的范围，我们用 OECD

中精炼玉米油中的脂肪酸比例来代替这一参考范围。

在转基因和非转基因玉米中主要的脂肪酸是油酸（C18:1）和亚油酸（C18:2）。如表 5-2 所示，没有一种脂肪酸在所有组的转基因、非转基因玉米之间都有显著性差异。所有的显著性差异的值均在参考范围之内。

表 5-2　脂肪酸比例的检测结果　　　　　　（ $n=4$ ，单位：%）

样品	BJ2010		HN2011.3		HN2011.6		参考范围	
	非转基因	转基因	非转基因	转基因	非转基因	转基因	OECD[a]	ILSI[b]
C16:0	14.05±0.09	14.24±0.38	14±0.05	11.86±0.02	13.82±0.1	12.76±0.16	8.6~16.5	7.94~20.71
C18:0	1.58±0.05	1.24±0.01[c]	1.64±0.03	1.11±0.05[c]	1.52±0.11	1.33±0.01	0~3.3	1.02~3.4
C18:1	33.2±0.11	32.6±0.03	25.89±0.25	23.61±0.1	33.83±0	24.23±0.19[c]	20.0~42.2	17.4~40.2
C18:2	50±0.3	50.77±0.28	53.58±4.93	62.45±0.15	50.03±0.08	60.82±0.01[c]	34.0~65.5	36.2~66.5
C18:3	0.77±0	0.71±0.01	0.83±0.02	0.71±0	0.7±0.03	0.85±0.04[c]	0~2.0	0.57~2.25
其他	0.35±0	0.35±0	0.3±0.01	0.27±0.01[c]	0.2±0.03	0.19±0.02[c]	—[d]	—[d]

a. 资料来源:OECD，2002。

b. 资料来源：ILSI Crop Composition Database（https://www.crop composition.org:28443/query/index.html）。

c. 表明非转基因样品同其相应的转基因样品之间有显著性差异（置信区间=90%）。

d. 无相应参考范围。

3. 氨基酸

计算 17 种氨基酸含量和其占总蛋白的比例，如表 5-3 所示。不存在同时在三个组中有显著性差异的氨基酸。所有发现的具有显著性差异的转基因玉米氨基酸含量的平均值均在参考范围之内。

表 5-3　氨基酸含量　　　　　　　　　　（ $n=4$ ）

样品		BJ2010		HN2011.3		HN2011.6		参考范围	
		非转基因	转基因	非转基因	转基因	非转基因	转基因	OECD[a] (% dw)	ILSI[b] (% dw)
必需氨基酸/ (g/100g)	Met	0.108±0.001	0.156±0.001[c]	0.142±0.002	0.113±0.001[c]	0.13±0.004	0.142±0.001	0.10~0.46	0.12~0.47
	Lys	0.296±0.005	0.392±0.002[c]	0.363±0.002	0.351±0.002	0.267±0	0.348±0.001[c]	0.05~0.55	0.17~0.67
	Thr	0.264±0.002	0.264±0.002	0.305±0.002	0.284±0.001	0.21±0.002	0.218±0.002	0.27~0.58	0.22~0.67
	Ile	0.227±0.002	0.286±0.002[c]	0.283±0.002	0.286±0.001	0.212±0.004	0.318±0.005[c]	0.22~0.71	0.18~0.69
	Val	0.339±0.002	0.418±0.002[c]	0.401±0.002	0.406±0.001	0.314±0	0.425±0.001[c]	0.21~0.85	0.27~0.86
	Leu	0.772±0.006	0.952±0.006[c]	1.009±0.002	1.035±0.001	0.736±0	1.049±0.002[c]	0.79~2.41	0.64~2.49
	Phe	0.32±0.002	0.403±0.002[c]	0.418±0.001	0.415±0.001	0.293±0	0.464±0.002[c]	0.29~0.64	0.24~0.93

续表

样品	BJ2010		HN2011.3		HN2011.6		参考范围	
	非转基因	转基因	非转基因	转基因	非转基因	转基因	OECD[a] (% dw)	ILSI[b] (% dw)
非必需氨基酸/(g/100g) Gly	0.31 ± 0.002	0.4 ± 0.002^{c}	0.384 ± 0.002	0.364 ± 0.001	0.29 ± 0	0.279 ± 0.015^{c}	$0.26\sim0.49$	$0.18\sim0.54$
Arg	0.334 ± 0.002	0.477 ± 0.002^{c}	0.481 ± 0.001	0.451 ± 0.002	0.337 ± 0.003	0.427 ± 0.002^{c}	$0.22\sim0.64$	$0.12\sim0.64$
His	0.229 ± 0.002	0.275 ± 0.002^{c}	0.268 ± 0	0.273 ± 0.001	0.224 ± 0.002	0.277 ± 0.002^{c}	$0.15\sim0.38$	$0.14\sim0.43$
Ala	0.514 ± 0.004	0.643 ± 0.002^{c}	0.648 ± 0.002	0.643 ± 0.001	0.486 ± 0.001	0.823 ± 0.016^{c}	$0.56\sim1.04$	$0.44\sim1.39$
Asp	0.494 ± 0.005	0.354 ± 0.002^{c}	0.602 ± 0.002	0.384 ± 0.001^{c}	0.423 ± 0.003	0.366 ± 0.004	$0.48\sim0.85$	$0.33\sim1.21$
Glu	1.412 ± 0.009	1.591 ± 0.005	1.842 ± 0.002	1.731 ± 0.001	1.38 ± 0.002	1.296 ± 0.001	$1.25\sim2.58$	$0.97\sim3.54$
Pro	0.63 ± 0.006	0.593 ± 0.006	0.815 ± 0.002	0.726 ± 0.001	0.573 ± 0.002	1.11 ± 0.001^{c}	$0.63\sim1.36$	$0.46\sim1.63$
Ser	0.344 ± 0.003	0.316 ± 0.002	0.434 ± 0.001	0.317 ± 0.001^{c}	0.291 ± 0.004	0.265 ± 0.001	$0.35\sim0.91$	$0.24\sim0.77$
Tyr	0.21 ± 0.002	0.314 ± 0.002^{c}	0.306 ± 0.001	0.307 ± 0.001	0.255 ± 0.003	0.299 ± 0.002	$0.12\sim0.79$	$0.10\sim0.64$

a. 资料来源：OECD，2002。

b. 资料来源：ILSI Crop Composition Database（https://www.crop composition.org:28443/query/index.html）。

c. 表明非转基因样品同其相应的转基因样品之间有显著性差异（置信区间=90%）。

4. 维生素

没有一种维生素在三个组的转基因和非转基因样品中同样存在显著性差异。BJ2010 组转基因玉米同非转基因玉米的维生素 B_1 有显著性差异。HN2011.6 组维生素 E 在转基因和非转基因样品中有显著性差异。如表 5-4 所示，所有差异均在参考范围之内。

表5-4　维生素含量　　　　　（n=4，单位：g/100g）

样品	BJ2010		HN2011.3		HN2011.6		参考范围	
	非转基因	转基因	非转基因	转基因	非转基因	转基因	OECD[a]	ILSI[b]
维生素 B_1	0.34 ± 0.02	0.25 ± 0.00^{c}	0.24 ± 0.00	0.26 ± 0.00	0.26 ± 0.02	0.25 ± 0.01	$0.21\sim0.83$	$0.126\sim4.000$
维生素 B_2	0.0613 ± 0.0005	0.0677 ± 0.0012	0.0683 ± 0.0008	0.0591 ± 0.0005	0.0561 ± 0.0054	0.0541 ± 0.001	$0.089\sim0.470$	$0.050\sim0.236$
维生素 E	0.31 ± 0.00	0.36 ± 0.00	0.30 ± 0.00	0.27 ± 0.00	0.34 ± 0.00	0.26 ± 0.00^{c}	—[d]	$0.1537\sim6.8672$

a. 资料来源：OECD，2002。

b. 资料来源：ILSI Crop Composition Database（https://www.crop composition.org:28443/query/index.html）。

c. 表明非转基因样品同其相应的转基因样品之间有显著性差异（置信区间=90%）。

d. 无相应参考范围。

5. 抗营养成分

表 5-5 显示，在玉米中检测的抗营养成分包括植酸和胰蛋白酶抑制剂。三个组的非转基因样品同转基因样品之间均无显著性差异。

表 5-5　抗营养成分检测结果　　　　　（ n=4 ）

样品	BJ2010		HN2011.3		HN2011.6		参考范围	
	非转基因	转基因	非转基因	转基因	非转基因	转基因	OECD[a]	ILSI[b]
胰蛋白酶抑制剂/（TIU/g）	1199±11	1225±5	1247±13	1152±3	1344±10	1242±2	—[c]	1090~7180
植酸/（mg/g）	9.24±0.04	8.76±0.03	9.59±0.01	9.92±0.07	9.5±0.02	9.74±0.06	4.5~10.0	1.11~15.70

a. 资料来源：OECD，2002。

b. 资料来源：ILSI Crop Composition Database（https://www.crop composition.org:28443/query/index.html）。

c. 无相应参考范围。

5.1.3　小结

实质等同性概念的意义在于分析转基因食品与其对照组之间的差异，这有利于将来在安全和营养性方面进行更深一步的检测。由于关键营养成分和天然毒素成分的检测是实质等同性评价的基础，所以本节对转 cry1Ac-m 基因的玉米进行了比较全面的营养成分和抗营养因子分析。

数据表明，主要营养成分、脂肪酸、维生素中没有一种成分是在三个组中同时具有显著性差异的，并且具有显著性差异的成分均在参考范围之内。对于氨基酸而言，均不存在三个组的含量同时存在显著性差异的现象，所发现的显著性差异也在参考范围之内。Ridley 等认为少量的统计学上的显著性差异不大可能是生物学相关的。很多环境因素如土壤、外界压力（害虫和杂草）同样会影响到植物的生长，这些因素决定了农作物营养成分的含量。换句话说，尽管生长在同一地点同一时间段，转基因玉米的生长条件同非转基因玉米也会有着些许的不同，且转基因玉米不易受到害虫的影响。转基因食品的差异可能是自然变异所导致。自然环境对转基因玉米蛋白质组学的影响不会比单一基因插入更加重要。

研究结果证实，转 cry1Ac-m 的抗虫玉米与其亲本对照基本具有实质等同性。这一结果与其他转基因玉米营养成分的研究结果类似。

5.2　Cry1Ac-m 蛋白高效表达纯化及等同性分析

5.2.1　试验方法

1. 菌株与质粒

含有 cry1Ac-m 基因的质粒 pET-30a(+) 由中国农业大学农学与生物技术学院提

供；全基因优化合成菌株 DH5α 由北京奥科鼎盛生物科技有限公司提供；大肠杆菌 DH5α、BL21(DE3)感受态细胞购自天根生化科技（北京）有限公司；原核表达载体 pET-30a(+) (Novagen)由本实验室保存。

2. 稀有密码子分析与基因扩增

分别用三个网站 Graphical Codon Usage Analyser（http://gcua.schoedl.de/ ）、Codon Adaptation Tool(http://www.jcat.de/Start.jsp)和 Rare Codon Calculator(http://www.codons.org/) 分析稀有密码子情况。

根据大肠杆菌偏爱的基因序列设计上下游引物，按照表 5-6 中的体系进行扩增。

表 5-6　PCR 反应体系

PCR 反应体系	用量
ddH₂O	19.3μL
10×Taq buffer	3μL
DNTPs(10mmol/L)	2.4μL
上游引物 F(10μmol/L)	1.5μL
下游引物 R(10μmol/L)	1.5μL
模板	0.3μL（10ng）
Ex Taq TMDNA 聚合酶	2μL

瞬时离心混合后，按照如下反应条件进行扩增：95℃预变性，95℃变性 30s，58℃退火 30s，72℃延伸 2min，30 个循环，最后 72℃延伸 7min。

用 1%琼脂糖凝胶电泳检测并回收目的条带，通过 T4 DNA 连接酶按照表 5-7 中所示体系 16℃连接 pGEM-T easy 载体过夜。

表 5-7　PCR 基因回收产物和 pGEM-T easy 连接反应体系

PCR 反应体系	用量
10×T4 DNA 连接酶缓冲液	1μL
PCR 基因回收产物(50ng/μL)	6μL
载体双酶切回收产物 (50ng/μL)	2μL
T4 DNA 连接酶	1μL

然后转化到大肠杆菌 DH5α 感受态细胞。转化菌株经过蓝白斑筛选，再经过 PCR、双酶切验证并测序鉴定。此重组质粒命名为 pGEM-T easy/*cry1Ac-m*。

3. 构建重组表达载体

同时用内切酶EcoR I 和Xho I 对重组质粒 pGEM-T easy/*cry1Ac-m* 和大肠杆菌表达载体 pET-30a(+)按照表 5-8 体系双酶切 3h。将回收的载体片段与目的基因片段按照 1∶3 的比例按照表 5-7 中体系 16℃连接过夜。转化大肠杆菌 DH5α 感受态细胞，并对转化子进行酶切鉴定。阳性菌株送生工生物工程（上海）股份有限公司测序。

表 5-8 双酶切反应体系

双酶切体系	用量
ddH₂O	13μL
10×H buffer	2μL
pET-30a(+)/*cry1Ac-m* 重组质粒	3μL
内切酶 EcoR I	1μL
内切酶 Xho I	1μL

4. 优化密码子表达效果对比

（1）原质粒、优化前后密码子的质粒、公司合成的已优化的全序列质粒转化到大肠杆菌表达宿主 BL21(DE3)中，然后在 LB/Kan 固体培养基上涂板，分别挑选转化成功的大肠杆菌进行小量诱导表达。

（2）每一种菌株挑取 1 个含有 Kan 的抗生素平板上的阳性克隆，另外用转 pET-30a(+)空载质粒的菌株作为阴性对照，分别加入到含有 Kan(50μg/mL)的 5mL LB 培养基中，37℃振荡培养，使其光密度 OD$_{600}$ 值达到 0.5～0.6。

（3）对于每一种菌株其中一瓶加入 1mol/L 异丙基-β-D-硫代半乳糖苷（IPTG）使其终浓度达到 1mmol/L，诱导培养 4h。

（4）菌液离心，超声破碎，离心分别取上清和沉淀作样品。

（5）分别取 80μL 样品加入 20μL 10×上样 buffer，沸水浴 5min 后自然冷却，按照表 5-9 配制十二烷基硫酸钠-聚丙烯酰胺凝胶电脉（SDS-PAGE）电泳胶，电泳观察蛋白质表达及分布情况。

表 5-9 分离胶和浓缩胶配方

	15%分离胶（5mL 体系）	5%浓缩胶（5mL 体系）
ddH₂O	1.17mL	3.4mL
30%聚丙烯酰胺储液（Acr/Bis）	2.5mL	0.83mL
1.5mol/L pH 8.8 Tris-HCl 分离胶缓冲液	1.25mL	—
1.0mol/L pH 6.8 Tris-HCl 浓缩胶缓冲液	—	0.63mL
10% SDS	50μL	50μL
10%过硫酸铵（分析纯）	25μL	50μL
四甲基乙二胺	3μL	5μL

5. IPTG 诱导剂加入量及表达温度的优化

（1）将选定的菌株和空载阴性对照分别用写有 1～6 编号的 6 个 20 mL 无菌三角瓶培养，每瓶 10mL 菌液。其中 6 号为空载阴性对照，其余为阳性克隆菌株。2 号在 25℃下培养，3 号在 16℃下培养，其余菌液在 37℃下培养。

（2）当菌液 OD$_{600}$ 达到 0.6～1.0 时，在各瓶中加入 IPTG 诱导剂。4 号终浓度调整为 0.1mmol/L，5 号终浓度调整为 0.01mmol/L，其余终浓度都调整为 0.5mmol/L。

（3）诱导表达 4h，SDS-PAGE 观察表达情况。

表达条件的优化如表 5-10 所示。

表 5-10　温度和 IPTG 浓度对表达影响的优化

标号	菌株/质粒	温度/℃	诱导剂浓度/(mmol/L)	备注
1	BL21/MM	37	0.5	
2	BL21/MM	25	0.5	
3	BL21/MM	16	0.5	过夜
4	BL21/MM	37	0.1	
5	BL21/MM	37	0.01	
6	BL21/空	37	0.5	

6. 包涵体变性、复性及纯化

（1）将 3g 菌体加入 20mL 裂解缓冲液中添加溶菌酶至终浓度 1mg/mL，37℃水浴 30min，每隔 10min 搅动一次。

（2）冰浴超声破碎（超声 10s，静置 10s，30 个循环，200～300W），12000r/min 离心 30min 弃上清，得到所需要的包涵体。

（3）每克菌体（按原始量）加入 10mL 细胞洗涤液Ⅰ，重悬沉淀；超声波破碎（超声 10s，静置 10s，30 个循环，200～300W）。

（4）4℃，10000g 离心 20～30min 沉淀包涵体，弃上清。

（5）重复洗涤两次。

（6）每克菌体（按原始量）加入 10mL 细胞洗涤液Ⅱ再洗涤一次，得到纯度较高的包涵体蛋白，冻干，-80℃保存蛋白。

（7）将包涵体蛋白溶解于 20mL 含 8mol/L 尿素的结合缓冲液中，并经 0.45μm 的滤膜过滤。

（8）过柱层析。

（9）梯度透析：过柱后的变性蛋白含有较多的尿素，使用透析的方法进行复性。将溶解的蛋白质装入准备好的透析袋中，放入含有 8mol/L 尿素的透析缓冲液中 4℃进行透析，12h 后将透析液换成 6mol/L 尿素，以后每隔 12h 更换一次透析液，透析液浓度从 8mol/L、6mol/L、4mol/L、2mol/L、0mol/L 尿素依次降低。将得到透析袋内透析液冻干，−80℃保存。

7. 蛋白质印迹（Western blot）

（1）将来源于大肠杆菌表达系统和植物中的 Cry1Ac-m 蛋白经过 SDS-PAGE 电泳。

（2）经电转移将蛋白质转移到硝酸纤维素膜（NC 膜）上，将 NC 膜室温条件下在 5%脱脂奶粉中封闭 2h。

（3）之后在一抗（稀释 1000 倍）中孵育 2h，TBST 缓冲液（含有 Tris-HCl、NaCl、Tween20 三种物质）洗涤 6 次。

（4）用碱性磷酸酶标记的羊抗鼠二抗孵育 2h 后用 TBST 缓冲液洗涤 6 次。

（5）5-溴-4-氯-3-吲哚磷酸盐/硝基蓝四氮唑（BCIP-NBT）显色。

8. 液相色谱-串联质谱（LC-MS/MS）鉴定蛋白质

（1）对原核表达系统的 Cry1Ac-m 蛋白进行 SDS-PAGE。

（2）切下目的条带，用胰蛋白酶消化后进行质谱测定（由北京蛋白质组研究中心完成）。

9. 分析潜在糖基化位点

（1）利用 ExPASy 网站上的糖基化位点搜索工具 NetNGlyc 搜索目的蛋白潜在的糖基化位点。如果存在潜在糖基化位点，还需要进行（2）～（7）试验验证。

（2）SDS-PAGE。

（3）将电泳凝胶放在过碘酸钠的氧化液中，避光，轻轻振荡过夜。

（4）倒掉过碘酸钠氧化液，用洗涤液振荡洗涤 8h，其间更换溶液 3～4 次。

（5）倒掉洗涤液，加入 Schiff 溶液，4℃避光，静置 6h。

（6）倒掉 Schiff 溶液，加入洗脱液漂洗 2 次，每次 1h。

（7）去除凝胶，置于凝胶成像仪上，照相。

5.2.2 结果与分析

1. 稀有密码子分析结果

通过 Rare Codon Calculator（http://www.codons.org/）分析，结果显示总共有

精氨酸 AGG 的稀有密码子 40 个，其中两个连续的 AGG 出现 3 次；通过 Codon Adaptation Tool（http://www.jcat.de/Start.jsp）分析得到的结果如图 5-1 所示，优化前密码子适应指数（codon adaptation index，CAI）值为 0.35，经此网站优化后 CAI 值为 0.92；综合两个网站分析结果得出稀有密码子较多，可能会对蛋白质影响较大。

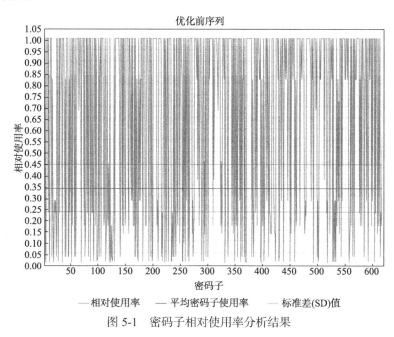

图 5-1　密码子相对使用率分析结果

2. cry1Ac-m 前后部分密码子优化及克隆

本试验通过设计 PCR 引物成功将 cry1Ac-m 基因 5′端和 3′端的大肠杆菌稀有密码子改造成大肠杆菌偏爱的密码子，目的是为了得到高效表达。修改后引物的 PCR 扩增结果如图 5-2（a）所示。修改后的目的基因通过引物加上 EcoR I 和 Xho I 酶切位点，连入 pET-30a(+) 表达载体，并转入大肠杆菌 DH5α 中，提取质粒经过双酶切验证，结果如图 5-2（b）所示。将阳性结果菌株送往生工生物工程（上海）股份有限公司测序，结果显示，全长 1849 个碱基无错配，将测序正确的质粒转入大肠杆菌 BL21(DE3) 表达菌株中表达目的蛋白。

3. 密码子优化前后表达效果对比

将未优化的表达质粒、优化前后并自己构建的表达质粒、公司全长优化并合成的表达质粒分别转化到大肠杆菌表达感受态 BL21(DE3) 中，然后通过 IPTG 对重组大肠杆菌诱导表达，并对表达菌液进行破碎离心，采用 SDS-PAGE 对比表达效果并选定效果较好的菌株作为后期大量表达的菌株。SDS-PAGE 对比如图 5-3 所示。

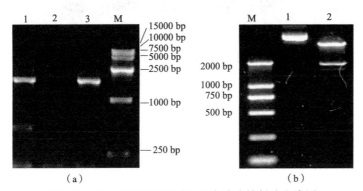

（a）　　　　　　　　　　（b）

图 5-2　优化密码子重组质粒鉴定琼脂糖凝胶电泳图

（a）修改后引物的 PCR 扩增结果；1. 阳性对照；2. 阴性对照；3. 修改后引物 PCR 产物；M. D15000 Marker

（b）重组质粒双酶切验证结果；1. 重组质粒；2. 重组质粒双酶切产物；M. D2000 Marker

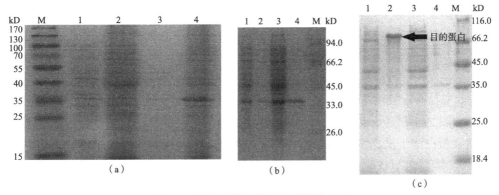

（a）　　　　　　　　　（b）　　　　　　　　　（c）

图 5-3　密码子优化前后表达效果对比

（a）未优化密码子表达；1. 空载上清；2. 空载沉淀；3. 未优化上清；4. 未优化沉淀

（b）部分优化密码子表达；1. 空载上清；2. 空载沉淀；3.部分优化上清；4. 部分优化沉淀

（c）全部优化密码子表达；1. 全优化上清；2. 全优化沉淀；3. 空载上清；4.空载沉淀

对比结果显示在未优化和部分优化密码子的诱导表达过程中没有可见的明显目的条带出现，而经过全长优化的目的基因在沉淀中有大量包涵体表达。因此，选用全长优化的目的基因进行后续大量表达。

4. 表达条件的优化

为了提高大肠杆菌在大量表达目的蛋白时的效率，对表达的 IPTG 浓度和温度进行了优化。优化后 SDS-PAGE 结果如图 5-4 所示。

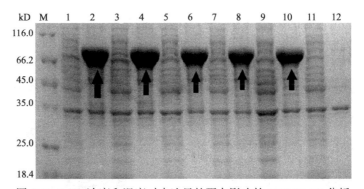

图 5-4　IPTG 浓度和温度对表达目的蛋白影响的 SDS-PAGE 分析

M. 蛋白质 Marker；1、2 分别为 37℃，0.5mmol/L 上清、沉淀；3、4 分别为 25℃，0.5mmol/L 上清、沉淀；
5、6 分别为 16℃，0.5mmol/L 上清、沉淀；7、8 分别为 37℃，0.1mmol/L 上清、沉淀；9、10 分别为 37℃，
0.01mmol/L 上清、沉淀；11、12 分别为空载，37℃，0.5mmol/L 上清、沉淀

　　由图 5-4 可以看出，IPTG 浓度和温度对目的蛋白表达量没有显著影响，且目的蛋白都以包涵体的形式分泌在沉淀中。所以大量表达时可以采用 IPTG 0.01 mmol/L，温度 37℃。

　　5. 包涵体洗涤、变性复性及纯化

　　经过多次试验发现，用含有 EDTA、NaCl、β-巯基乙醇等辅助成分的细胞洗涤液洗涤包涵体 3 次，再用含有尿素的细胞洗涤液洗涤 1 次后，目的蛋白纯度最高。

　　如图 5-5 所示，细胞裂解后的沉淀中包含有大量的杂蛋白；经过逐步洗涤可以使杂蛋白溶于洗涤液中通过离心除去，而沉淀中的目的蛋白含量逐步提高。

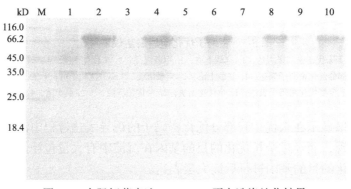

图 5-5　大肠杆菌表达 Cry1Ac-m 蛋白洗涤纯化结果

M. 蛋白质 Marker；1. 裂解上清；2. 裂解沉淀（包涵体）；3～8. 细胞洗涤液Ⅰ洗涤 3 次的上清与沉淀；
9、10. 细胞洗涤液Ⅱ洗涤的上清与沉淀

　　经过洗涤初步纯化的蛋白质再经过变性复性、柱层析进一步纯化得到的结果

如图 5-6 所示。

6. Western blot 检测

将植物中提取和原核表达系统中表达的目的
Cry1Ac-m 蛋白进行 SDS-PAGE 后进行 Western
blot 检测。结果显示，这两种来源的蛋白质都可以
对相同的抗体产生免疫反应（图 5-7），因此推断
具有相同的免疫原性。

7. 质谱检测

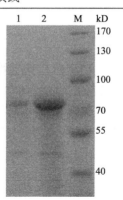

图 5-6 过柱纯化结果

M. 蛋白质 Marker；1. 过柱后；2. 过柱前

质谱结果显示，大肠杆菌表达目的蛋白
同 NCBI 数据库中编号为 gi|499141881 的蛋
白序列相似度得分为 477 分，主峰大小、位
置都非常相似，细微差别可能是由质谱条件
差异所导致的。其与目的蛋白理论序列的同
源性为 100%，证明大肠杆菌表达的蛋白质
即为目的蛋白。

图 5-7 玉米和大肠杆菌表达
的 Cry1Ac-m 蛋白 Western blot 检测

1. 玉米中目的蛋白；2. 大肠杆菌表达目的蛋白

8. 糖蛋白染色

本试验通过生物信息学预测发现Cry1Ac-m蛋白序列存在潜在的糖基化位点，
但是糖蛋白染色试验结果显示（图 5-8）两种来源的糖蛋白均没有发生糖基化，阳
性对照组 1mg/mL 辣根过氧化物酶显示明显的紫红色，阴性对照 1mg/mL 大豆胰
蛋白酶抑制剂没有出现明显的颜色，说明试验体系正常。

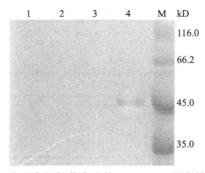

图 5-8 玉米和大肠杆菌表达的 Cry1Ac-m 蛋白糖基化分析

1. 大肠杆菌表达 Cry1Ac-m；2. 玉米表达 Cry1Ac-m；3. 阴性对照；4. 阳性对照；M：蛋白质 Marker

5.2.3　小结

通过包涵体变性复性过柱纯化的方法得到纯化的样品用于后续急性毒性试验。对来源于大肠杆菌和玉米的目的蛋白 Cry1Ac-m 进行等同性分析。Western blot 表明两种蛋白对相同抗体均可结合，判断这两种蛋白具有相同的免疫原性。质谱结果表明大肠杆菌表达的蛋白与 NCBI 数据库中 gi|499141881 为同一种蛋白质，即目的蛋白。糖基化染色试验证明两种蛋白均没有糖基化现象。以上试验充分说明大肠杆菌表达蛋白同玉米中提取的蛋白具有等同性。因此可以用大肠杆菌中表达的蛋白代替玉米中的蛋白进行急性毒性研究。

5.3　转 *cry1Ac-m* 基因玉米毒理学评价

5.3.1　Cry1Ac-m 蛋白急性毒性试验

1. 试验方法

根据《急性经口毒性试验》（GB 15193.3—2014）对 Cry1Ac-m 蛋白进行小鼠经口急性毒性试验，评价 Cry1Ac-m 蛋白的急性毒性。

2. 试验结果

1）观察结果

对照组和试验组动物灌胃后均表现正常，未发现明显的中毒情况与死亡情况。

2）体重增加

试验开始与结束时称量动物体重，试验组与对照组之间无显著差异，如表 5-11 所示。

表 5-11　体重变化　　　　　　　　　（单位：g）

性别	组别	初始体重	终体重	体重增加
雄性	水	20.8±0.9	26.4±0.9	5.6±1.4
	BSA	21.4±0.2	26.2±1.1	4.8±1.3
	cry1Ac-m	21.3±0.7	27.6±1.3	6.3±1.6
雌性	水	22.4±0.9	23.5±1.0	1.1±1.86
	BSA	22.4±1.0	23.8±1.7	1.4±1.12
	cry1Ac-m	22.5±1.2	23.0±0.9	0.5±0.3

注：BSA 表示牛血清白蛋白。

3）脏器质量

对各组动物解剖后，称量其心、肝、脾、肺、肾的质量，无显著性差异，如表 5-12 所示。

表 5-12　各组脏器质量　　　　　　　　　　　　　　　　　　（单位：g）

脏器	雄性			雌性		
	水	BSA	*cry1Ac-m*	水	BSA	*cry1Ac-m*
心脏	0.67±0.34	0.57±0.11	0.49±0.06	0.52±0.08	0.52±0.11	0.51±0.08
肝脏	4.58±0.73	4.59±0.21	5.12±0.55	4.06±0.28	4.22±0.58	4.23±0.75
脾脏	0.46±0.12	0.47±0.07	0.38±0.04	0.4±0.06	0.47±0.15	0.41±0.07
肺脏	0.88±0.14	0.74±0.07	0.72±0.1	0.7±0.13	0.78±0.2	0.89±0.05
肾脏	1.55±0.26	1.65±0.1	1.74±0.28	1.32±0.09	1.38±0.18	1.49±0.25

3. 结论

根据《急性经口毒性试验》（GB 15193.3—2014）对 Cry1Ac-m 蛋白进行小鼠经口急性毒性试验。Cry1Ac-m 以 5 g/kg bw 的灌胃量灌胃小鼠后，观察 7 天，未出现动物死亡或中毒情况，试验组的体重增长、脏器系数与对照组无显著差异。根据 GB 15193.3—2014 判定，该蛋白最大耐受剂量 ≥5 g/kg bw，属于实际无毒。

5.3.2　全食品 90 天亚慢性毒性试验

1. 试验方法

根据《转基因植物及其产品食用安全检测 大鼠 90 天喂养试验》（NY/T 1102—2006）对转 *cry1Ac-m* 基因玉米及非转基因对照进行大鼠 90 天喂养试验，评价转基因玉米对 SD 大鼠的亚慢性毒性，分组方案见表 5-13。将转基因玉米与非转基因对照分别按照 12.5%、25% 和 50% 的比例添加到基础饲料中，将主要营养成分的水平配齐，加工成颗粒饲料。经 ^{60}Co 辐射灭菌，使日粮达到清洁级。

经检测，对应的转基因组与非转基因组之间的营养成分水平已配齐，各组营养成分水平相当，满足大鼠生长发育需求，见表 5-14。

表 5-13　90 天喂养试验分组方案

组别	饲料
CK 组	基础日粮组
N1 组	添加 12.5% 非转基因玉米
N2 组	添加 25% 非转基因玉米

组别	饲料
N3 组	添加 50%非转基因玉米
T1 组	添加 12.5%转 *cry1Ac-m* 基因玉米
T2 组	添加 25%转 *cry1Ac-m* 基因玉米
T3 组	添加 50%转 *cry1Ac-m* 基因玉米

表 5-14　各组饲料主要营养成分　　　　　（单位：%）

营养成分	对照玉米			转基因玉米		
	12.5%	25%	50%	12.5%	25%	50%
水分	3.8	2.48	4.67	4.66	3.58	4.26
灰分	6.18	7.3	6.71	6.21	6.54	7.48
蛋白质	20.5	19.9	19.9	20.7	20.3	20.5
粗纤维	3.41	3.46	3.29	2.6	3.88	3.54
脂肪	6.28	6.29	5.81	4.13	5.12	6.7

2. 试验结果

在 90 天的试验周期内，各组大鼠均未出现明显中毒症状，无死亡情况发生。

1）对大鼠体重与进食量的影响

由表 5-15 可知，雄性大鼠 T2 组进食量比 N2 组显著升高，但与基础日粮对照 CK 组无显著性差异，且 T3 组无此类差异，该差异为偶然差异。其他转基因组的体重增量、总进食量、食物利用率指标与对应的非转基因组之间无显著差异。因此，大鼠食用含有转基因玉米和非转基因玉米的饲料 90 天后，体重增量与食物利用率各组之间无显著差异；总进食量有偶然差异，但无剂量相关性与性别相关性。

表 5-15　体重与进食量

性别	组别	体重增量/g	总进食量/g	食物利用率/%
雄性	CK	483±40	1741±143	27.7±2.1
	N1	476±46	1778±88	26.9±2.2
	N2	457±49	1821±200	25.4±2.5[a]
	N3	448±46	1947±133	23.1±2.4[a]
	T1	465±31	1836±90	25.5±2.0[a]
	T2	484±45	2036±161[b]	23.8±1.7[a]
	T3	436±47	2065±304	21.1±2.7[a]
雌性	CK	282±19	2077±207	12.5±4.7
	N1	235±41[a]	1745±592	13.2±3.5

续表

性别	组别	体重增量/g	总进食量/g	食物利用率/%
雌性	N2	251±27	1641±96	15.4±1.9
	N3	234±21[a]	1977±307	12.2±2.2
	T1	264±31	2153±481	13.5±2.3
	T2	236±20[a]	2096±436	11.5±2.5
	T3	232±19[a]	1710±463	13.1±2.9

a. 添加转基因与非转基因玉米的试验组与空白对照组有显著性差异（$P<0.05$）。

b. 添加转基因玉米的试验组与添加同等剂量的非转基因玉米的试验组有显著性差异（$P<0.05$）。

2）对大鼠脏器系数的影响

由表 5-16 可知，转基因组的脏器系数与对应的非转基因组之间无显著差异。因此，大鼠食用含有转基因玉米和非转基因玉米饲料 90 天后，各组之间脏器系数无显著性差异。

表 5-16 脏器系数 （单位：%）

性别	组别	大脑	心脏	肝脏	脾脏	肺脏	肾脏	肾上腺	胸腺	睾丸或子宫	附睾或卵巢
雄性	CK	0.39±0.02	0.3±0.03	2.32±0.29	0.13±0.03	0.33±0.05	0.61±0.07	0.016±0.004	0.109±0.033	0.60±0.08	0.28±0.03
	N1	0.40±0.02	0.31±0.05	2.43±0.49	0.15±0.03	0.34±0.07	0.64±0.07	0.016±0.006	0.101±0.036	0.63±0.04	0.26±0.01
	N2	0.39±0.03	0.28±0.04	2.27±0.30	0.14±0.02	0.33±0.06	0.60±0.04	0.014±0.002	0.090±0.021	0.62±0.06	0.25±0.02
	N3	0.39±0.03	0.28±0.05	2.40±0.45	0.16±0.03	0.33±0.10	0.65±0.10	0.015±0.003	0.090±0.020	0.62±0.05	0.26±0.04
	T1	0.38±0.02	0.28±0.03	2.07±0.24	0.13±0.03	0.35±0.11	0.60±0.09	0.013±0.005	0.087±0.026	0.62±0.06	0.26±0.04
	T2	0.37±0.03	0.29±0.02	2.25±0.31	0.14±0.03	0.35±0.07	0.63±0.04	0.013±0.002	0.104±0.022	0.61±0.07	0.26±0.04
	T3	0.40±0.02	0.32±0.04	2.38±0.22	0.14±0.03	0.37±0.09	0.64±0.08	0.015±0.002	0.094±0.026	0.65±0.04	0.24±0.05
雌性	CK	0.49±0.03	0.27±0.03	1.81±0.16	0.12±0.02	0.39±0.06	0.52±0.06	0.025±0.004	0.116±0.038	0.18±0.03	0.04±0.01
	N1	0.49±0.02	0.26±0.03	1.72±0.24	0.12±0.01	0.37±0.06	0.51±0.06	0.021±0.004	0.098±0.027	0.19±0.04	0.04±0.01
	N2	0.48±0.02	0.27±0.04	1.72±0.11	0.13±0.01	0.38±0.07	0.51±0.03	0.024±0.004	0.108±0.036	0.18±0.04	0.04±0.01
	N3	0.48±0.05	0.25±0.04	1.79±0.15	0.13±0.02	0.37±0.07	0.51±0.06	0.023±0.005	0.100±0.020	0.20±0.04	0.04±0.01
	T1	0.47±0.03	0.24±0.04	1.67±0.13	0.11±0.03	0.46±0.10	0.50±0.05	0.022±0.004	0.090±0.014	0.20±0.05	0.04±0.01
	T2	0.47±0.05	0.24±0.03	1.85±0.17	0.13±0.03	0.36±0.04	0.52±0.04	0.021±0.005	0.091±0.010	0.17±0.03	0.04±0.01
	T3	0.48±0.03	0.26±0.03	1.84±0.13	0.13±0.03	0.36±0.07	0.52±0.04	0.021±0.005	0.092±0.013	0.20±0.07	0.04±0.01

3）对大鼠血液生化指标的影响

由表 5-17 可知，中期血生化指标中，雄性大鼠 T1 组的总蛋白（TP）值与 N1 组有显著性差异，但与基础日粮组没有显著性差异。T3 组的清蛋白（ALB）值与 N3 组有显著性差异，但与基础日粮组没有显著性差异，且此差异没有在雌性组中

表5-17 中期血生化指标

性别	组别	LDH/(U/L)	ALT/(U/L)	ALP/(U/L)	AST/(U/L)	TP/(g/L)	ALB/(g/L)	CREA/(μmol/L)	GLU/(mmol/L)	Ca/(mmol/L)	P/(mmol/L)	CHO/(mmol/L)	UREA/(mmol/L)	TG/(mmol/L)
雄性	CK	1373±155	45±10	238±29	254±25	64.3±3.9	37.9±1.5	39.8±1.9	6.40±0.49	2.81±0.18	2.87±0.05	1.71±0.24	6.72±0.75	1.83±0.23
	N1	1436±181	43±5	212±52	266±30	66.1±1.8	38.6±0.7	39.7±3.9	6.09±0.80	2.86±0.22	3.10±0.24	1.74±0.19	7.16±0.96	1.70±0.09
	N2	1266±144	46±6	239±14	265±30	65.0±1.8	38.8±0.9	39.1±1.6	6.01±0.70	2.67±0.13	3.01±0.43	1.85±0.21	6.28±0.30	2.14±0.71
	N3	2882±627	43±5	232±34	271±35	65.9±1.7	39.2±0.8	39.4±3.6	5.81±0.63	2.65±0.38	3.05±0.28	1.70±0.19	6.19±1.11	1.69±0.20
	T1	1303±67	45±4	239±30	255±27	62.5±3.2[b]	37.9±1.6	37.6±2.4	6.51±0.81	2.87±0.24	3.24±0.28[a]	1.84±0.20	6.76±0.83	1.60±0.19
	T2	1306±87	41±4	245±36	266±21	63.0±2.2	37.7±0.7	37.6±2.6	6.10±0.83	2.80±0.21	3.07±0.33	1.92±0.28	5.78±0.58	1.59±0.25
	T3	1280±79	41±6	234±64	252±38	65.0±1.5	38.4±0.7[b]	37.3±2.1	6.12±0.43	2.73±0.99	3.17±0.16[a]	1.78±0.12	5.87±0.23[a]	1.72±0.16
雌性	CK	1559±236	42±6	296±3	262±29	61.1±2.8	37.2±1.1	41.2±3.6	5.55±0.51	3.02±0.24	3.21±0.11	2.00±0.25	5.90±0.63	1.56±0.28
	N1	1467±267	44±5	255±34	261±34	62.9±1.9	38.1±1.4	42.7±2.2	5.88±0.52	2.97±0.22	3.14±0.34	1.79±0.14	5.35±0.45	1.43±0.31
	N2	1457±217	43±7	266±48	249±31	62.5±4.4	37.4±1.5	41.4±5.0	5.78±0.69	2.85±0.22	3.10±0.19	1.93±0.18	5.84±0.77	1.66±0.27
	N3	1399±234	39±8	246±34	253±23	59.0±8.4	35.2±3.8	42.9±4.1	6.33±0.91	3.10±0.38	3.03±0.25	1.88±0.43	6.55±1.32	1.70±0.14
	T1	1440±242	38±5	240±4	251±36	57.0±7.7	35.9±3.8	43.9±3.1	6.11±1.02	2.90±0.36	3.10±0.33	1.98±0.34	6.38±1.56	1.44±0.13
	T2	1503±168	40±3	247±3	248±7	61.3±2.9	35.3±6.9	42.9±4.6	6.05±0.94	3.03±0.19	2.97±0.28	1.82±0.18	6.40±0.54	1.57±0.08
	T3	1491±105	41±5	229±40	245±12	59.5±3.4	35.9±3.3	44.7±4.3	6.53±1.55	3.05±0.25	2.97±0.39	2.13±0.17	7.13±1.40	1.70±0.28

a. 添加转基因与非转基因玉米的试验组与空白对照组有显著性差异（$P<0.05$）。
b. 添加转基因玉米的试验组与添加同等剂量的非转基因玉米的试验组有显著性差异（$P<0.05$）。

出现。因此这些差异无剂量相关性与性别相关性，为偶然差异。雌性大鼠的转基因玉米组与对应的非转基因玉米组无显著性差异。

由表 5-18 可知，在末期血生化指标中，雄性大鼠 T3 组的血糖（GLU）和 Ca 值与 N3 组有显著性差异，但无剂量相关性，且与基础日粮组没有显著性差异。雌性大鼠 T3 组的天冬氨酸转氨酶（AST）值与 N3 组的 AST 值有显著性差异，但与基础日粮组没有显著性差异，且在雄性组中没有发现此种差异。因此这些差异无剂量相关性与性别相关性，为偶然差异。

因此，食用转基因玉米与非转基因玉米大鼠的血生化指标存在一些差异，这些差异不具有剂量相关性与性别相关性，为偶然差异。

3. 对大鼠血常规指标的影响

由表 5-19 可知，中期血常规指标中，雄性大鼠 T1 组的血小板压积（PCT）和血小板体积分布宽度（PDW）与 N1 组有显著性差异，雌性大鼠 T2 组的红细胞分布幅度（RDW）、PCT、PDW 值与 N2 组有显著性差异，但与基础日粮组没有显著性差异；且 T3 组中无类似差异。因此，中期血常规指标的差异无剂量相关性，且末期检测时这些差异消失，为偶然差异。

由表 5-20 可知，末期血常规指标中，雄性大鼠 T2 的 PCT 与 N2 和基础日粮组有差异，但高剂量组中未发现类似差异；T3 组的平均血小板体积（MPV）值与 N3 组有显著性差异，但与基础日粮组没有显著性差异，同时在雌性组中没有发现此种差异。因此，末期血常规指标的差异无剂量相关性与性别相关性，为偶然差异。

因此，食用转基因玉米大鼠的血常规指标与非转基因组相比存在一些差异，但这些差异不具有剂量相关性和性别相关性，为偶然差异。

5.3.3　小结

根据《转基因植物及其产品食用安全检测　大鼠 90 天喂养试验》（NY/T 1102—2006）对中国农业大学农学与生物技术学院的转 *cry1Ac-m* 基因抗虫玉米及非转基因对照玉米（H99×HiⅡB）进行大鼠 90 天喂养试验，各组大鼠均未出现明显中毒症状，无中毒死亡情况发生。检测结果表明转基因玉米组与同等剂量的非转基因对照组相比，大鼠的体重增量与食物利用率无显著差异；总进食量、脏体比、血清生化、血常规指标有少量统计学差异，但无剂量相关性与性别相关性，不具有生理学意义。转基因玉米和非转基因玉米具有同样的营养与毒性作用。

表5-18　末期血生化指标

性别	组别	LDH /(U/L)	ALT /(U/L)	ALP /(U/L)	AST /(U/L)	TP /(g/L)	ALB /(g/L)	CREA /(μmol/L)	UREA /(mmol/L)	GLU /(mmol/L)	Ca /(mmol/L)	P /(mmol/L)	CHO /(mmol/L)	TG /(mmol/L)
雄性	CK	1512±351	51±8	137±19	281±29	44.2±2.2	27.5±1.0	52.6±5.5	18.63±1.91	5.59±0.97	2.75±0.08	2.62±0.21	1.89±0.30	0.52±0.17
	N1	1597±274	48±8	154±34	285±27	43.7±2.7	30.8±3.7	49.4±3.3	21.28±2.91	5.42±0.55	2.73±0.13	1.84±0.14	1.81±0.12	0.50±0.08
	N2	1379±233	48±6	153±23	261±18	45.5±2.7	28.0±1.0	52.7±9.1	20.93±3.17	5.12±0.68	2.69±0.14	1.99±0.33	1.87±0.21	0.51±0.09
	N3	1331±300	50±9	123±28	290±28	44.3±1.7	27.5±0.5	52.1±5.8	18.68±2.79	5.10±0.95	2.70±0.06[a]	2.01±0.13	1.84±0.28	0.39±0.10
	T1	1455±391	48±9	161±28	288±37	44.0±3.2	27.8±1.4	52.8±4.7	18.69±1.74	6.06±0.86	2.61±0.09[a]	1.91±0.14	2.01±0.22	0.41±0.13
	T2	1409±354	47±13	147±33	265±32	43.6±3.7	28.0±1.5	53.6±7.1	19.27±1.95	5.24±0.73	2.83±0.06	1.74±0.32	1.96±0.22	0.52±0.09
	T3	1348±213	46±4	128±21	297±18	44.4±1.2	27.9±0.9	50.1±3.0	19.06±1.65	5.99±0.91[b]	2.86±0.06[b]	1.83±0.18	1.86±0.21	0.55±0.11
雌性	CK	1174±129	44±6	81±19	280±49	55.9±8.8	34.6±4.0	53.3±14.8	20.48±3.72	5.60±0.69	3.09±0.10	2.08±0.16	1.89±0.22	0.68±0.28
	N1	1328±247	54±18	75±15	294±22	50.8±2.7	32.5±1.6	64.4±12.7	18.9±2.30	5.39±1.35	3.08±0.15	2.14±0.32[a]	2.22±0.43	0.45±0.13
	N2	1392±246	49±7	73±20	267±40	53.7±6.4	34.3±3.3	51.3±12.8	18.78±7.40	5.73±0.71	3.05±0.13	2.17±0.50	1.95±0.30	0.55±0.14
	N3	1432±335	46±9	73±9	313±41	51.3±2.5	32.6±1.4	58.6±16.1	22.46±3.95	5.49±0.44	3.07±0.22	1.77±0.23	1.88±0.23	0.56±0.09
	T1	1293±265	45±7	81±33	299±48	49.7±5.4	32.0±3.1	62.4±8.8	20.20±2.43	4.97±0.70	3.10±0.11	1.81±0.13	2.11±0.50	0.43±0.12
	T2	1338±306	44±8	66±13	286±38	51.1±2.3	32.2±1.8	49.2±10.4	20.17±3.73	5.80±0.41	3.12±0.12	1.83±0.31	1.90±0.26	0.49±0.10
	T3	1288±240	46±8	79±32	271±23[b]	48.5±5.1	31.3±2.9	62.6±8.9	21.50±2.47	5.77±1.13	3.04±0.18	1.70±0.09	3.14±0.47	0.56±0.12

a. 添加转基因玉米的试验组与空白对照组有显著性差异（$P<0.05$）。
b. 添加转基因玉米的试验组与添加同等剂量的非转基因玉米的试验组有显著性差异（$P<0.05$）。

表 5-19 中期血常规指标

性别	组别	WBC /(×10⁹L⁻¹)	RBC /(×10¹²L⁻¹)	HGB /(g/L)	HCT/%	MCV/fL	MCH/pg	MCHC /(g/L)	RDW/%	PLT /(×10⁹L⁻¹)	PCT/%	MPV /fL	PDW/fL
雄性	CK	9.40±1.60	7.04±0.34	166±11	47.8±4.9	71.3±1.7	22.1±1.0	368±8	13.8±0.8	309±24	0.19±0.04	5.3±0.3	13.3±0.4
	N1	9.97±1.88	6.49±0.84	159±19	45.9±2.5	70.2±2.4	23.8±2.5	368±12	14.2±1.0	297±30	0.17±0.02	5.4±0.3	13.6±0.4
	N2	9.22±1.75	6.83±1.04	167±22	43.5±8.9	72.4±2.1	25.7±6.4	364±11	13.5±0.6	268±76	0.18±0.05	5.8±0.7	13.3±0.6
	N3	10.09±1.78	6.91±0.52	181±25	47.7±3.7	69.6±1.4	22.2±1.9	357±10	14.2±0.9	289±27	0.22±0.05	5.4±0.3	12.7±0.5[a]
	T1	9.34±1.35	6.72±1.22	175±23	45.2±7.8	69.9±1.2	23.6±6.4	341±50	13.1±1.1	292±51	0.26±0.06[ab]	5.2±0.4	13.0±0.4[b]
	T2	10.96±1.8	6.89±0.82	192±35	49.1±4.9	72.7±0.8	23.4±1.2	359±9	13.8±1.2	300±14	0.24±0.10	5.4±0.6	13.3±0.5
	T3	10.94±1.88	7.14±0.69	180±17	48.6±2.4	70.4±2.2	22.7±1.4	365±8	13.9±1.0	312±30	0.23±0.08	5.5±0.4	12.9±0.7
雌性	CK	11.00±2.25	7.32±0.62	129±20	47.5±8.2	70.3±2.9	24.2±3.2	374±12	14.0±0.9	296±50	0.19±0.02	5.3±0.1	13.2±0.8
	N1	10.47±0.52	6.69±0.8	143±43	46.5±5.4	69.6±2.3	22.9±1.3	372±8	14.0±0.3	296±50	0.15±0.07	5.5±0.5	13.4±0.4
	N2	11.82±3.24	7.15±0.54	120±16	50.8±4.7	71.0±3.2	23.7±1.4	365±14	14.9±0.9	319±49	0.13±0.04[a]	5.5±0.4	13.6±0.6
	N3	10.16±1.32	6.74±1.35	139±22	44.8±8.3	70.0±3.3	25.0±4.2	376±11	14.3±0.3	280±23	0.20±0.05	5.6±0.3	13.1±0.7
	T1	9.78±1.42	6.82±0.84	125±11	47.2±6.0	69.2±1.3	22.0±1.3	375±16	14.4±0.7	284±36	0.19±0.04	5.6±0.6	13.5±0.4
	T2	10.67±2.2	7.27±1.31	131±11	48.4±5.8	71.5±2.3	24.1±4.3	380±13	13.8±0.9[b]	292±67	0.20±0.03[b]	5.3±0.3	13.4±0.3[b]
	T3	10.91±1.92	6.67±0.60	153±22	47.3±4.8	70.9±2.6	23.3±1.3	371±11	14.1±1.0	297±54	0.25±0.05	5.6±0.5	13.2±0.5

a. 添加转基因玉米与非转基因玉米的试验组与空白对照组有显著性差异（$P<0.05$）。
b. 添加转基因玉米的试验组与添加同等剂量的非转基因玉米的试验组有显著性差异（$P<0.05$）。

表 5-20　末期血常规指标

性别	组别	WBC /(×10⁹L⁻¹)	RBC /(×10¹²L⁻¹)	HGB /(g/L)	HCT/%	MCV/fL	MCH/pg	MCHC /(g/L)	RDW/%	PLT /(×10⁹L⁻¹)	PCT/%	MPV/fL	PDW/fL
雄性	CK	9.12±0.77	7.62±0.29	161±11	48.6±1.4	63.8±2.2	19.7±1.0	383±12	14.4±0.5	299±73	0.26±0.05	6.3±0.7	12.7±0.8
	N1	9.22±0.62	7.45±0.54	155±11	47.6±3.0	63.9±2.2	19.9±1.0	387±5	14.9±0.5[a]	306±71	0.27±0.05	6.2±0.5	12.9±0.4
	N2	9.08±0.69	7.38±0.67	158±15	47.3±4.4	64.1±2.7	19.7±1.1	383±7	14.9±0.8	257±77	0.28±0.06	6.1±0.5	12.7±0.6
	N3	9.07±0.81	7.81±0.68	151±11[a]	49.8±3.3	63.9±2.9	19.4±1.2	385±13	15.3±0.6[a]	276±47	0.27±0.02	5.8±0.4	12.6±0.4
	T1	9.03±1.56	6.46±2.24	148±9	47.8±2.6	62.9±3.2	18.6±2.0	383±9	14.8±1.0	279±46	0.27±0.05	6.0±0.3	12.4±0.5
	T2	9.35±0.64	7.45±1.12	156±13	49.6±5.4	64.0±2.6	18.9±1.6	381±8	14.5±0.4	280±34	0.27±0.03[ab]	6.0±0.6	12.8±0.7
	T3	9.41±1.61	7.42±0.73	161±19	47.6±3.2	62.8±1.1	19.2±0.6	378±10	15.1±0.5[a]	282±36	0.27±0.04	6.2±0.4[b]	13.0±0.4
雌性	CK	11.53±1.03	6.08±1.80	147±11	40.5±12.3	66.1±2.0	18.9±1.3	378±5	13.3±0.3	264±38	0.14±0.02	5.7±0.5	13.4±0.3
	N1	11.71±1.02	6.59±1.70	148±10	43.4±11.5	65.7±2.4	19.2±1.2	378±7	13.6±0.4	267±29	0.15±0.03	6.0±0.6	13.7±0.4
	N2	11.19±1.08	6.62±0.49	145±10	43.9±3.8	60.6±3.1	17.4±1.4	374±8	12.5±0.5[a]	260±71	0.14±0.02	5.1±0.6	13.7±0.4
	N3	11.84±1.81	7.22±1.11	140±7	48.3±7.0	68.3±1.8	19.4±2.0	367±11	14.0±1.5	271±29	0.13±0.04	5.8±0.6	13.7±0.6
	T1	12.38±1.21	7.40±0.73	149±16	48.7±5.3	65.8±1.9	18.9±1.9	367±8	13.9±0.7	270±21	0.14±0.02	6.0±0.5	14.0±0.4
	T2	11.52±1.19	7.13±0.52	150±11	47.5±3.9	66.5±1.9	19.9±1.5	370±8	13.5±0.2	261±39	0.14±0.03	6.2±0.9	13.8±0.5
	T3	11.76±2.26	7.05±0.80	142±15	47.1±6.1	66.7±2.5	19.9±1.5	370±10	13.5±0.8	259±48	0.12±0.03	6.2±0.9	13.6±0.5

a. 添加转基因玉米与非转基因玉米的试验组与空白对照组有显著性差异（$P<0.05$）。
b. 添加转基因玉米的试验组与添加同等剂量的非转基因玉米的试验组有显著性差异（$P<0.05$）。

5.4　Cry1Ac-m 蛋白致敏性评价

5.4.1　Cry1Ac-m 蛋白致敏性生物信息学分析

1. 在线致敏原数据库（The Allergen Online Database）对比结果

1）在线致敏原数据库全长对比结果

利用 FASTA 搜索工具和在线致敏原数据库 Version 13 进行分析，将 Cry1Ac-m 蛋白序列输入后与此数据库中已知致敏原比较。比较结果未发现随机匹配的可能性（E）<0.01 的序列。可以初步确定该蛋白与已知致敏原不具有相似性。

2）在线致敏原数据库 80 个氨基酸片段对比

用搜索工具对 Cry1Ac-m 蛋白序列在在线过敏原数据库 Version 13（2013.2.12）中进行 80 个氨基酸片段对比。没有发现相似性大于 35% 的序列。

3）在线致敏原数据库 8 个连续氨基酸片段对比

用数据库在网站进行分析后没有发现相同序列。

2. 致敏蛋白结构数据库（SDAP）对比结果

1）致敏蛋白结构数据库全长比对结果

全长对比没有发现 E<0.01 的致敏原序列。发现的相似度较高的 12 个序列中 E 值最小的名称为 Gal d 4，序列编号为 Sequence: P00698，E 值为 2.11，相似氨基酸数目是 13 个，占 Cry1Ac-m 蛋白序列的 2.11%。因此，推测 Cry1Ac-m 具有的潜在致敏性很小。

2）致敏蛋白结构数据库 80 个氨基酸对比结果

将 Cry1Ac-m 蛋白序列输入致敏蛋白结构数据库中对比 80 个氨基酸，结果表明没有发现与已知致敏原蛋白序列同源性大于 35% 的目的蛋白。由此可以认定 Cry1Ac-m 同已知过敏原之间不具有高度的相似性。

3）致敏蛋白结构数据库连续 8 个氨基酸对比结果

致敏蛋白结构数据库对 Cry1Ac-m 蛋白序列对比结果显示，该蛋白与致敏原没有连续 8 个氨基酸是完全相同的。

3. 食品安全致敏原数据库（ASFS）对比结果

该数据库中没有全长的对比算法，但是具有致敏原空间结构对比方式。

1）食品安全致敏原数据库空间结构对比

采用 $E<0.01$ 作为限定条件，没有发现 Cry1Ac-m 蛋白与已知过敏原具有相似空间结构。

2）食品安全致敏原数据库 80 个氨基酸对比

Cry1Ac-m 蛋白与食品安全致敏原数据库中已知致敏原对比显示，该蛋白与已知过敏原没有相似性大于 35%的 80 个连续氨基酸序列。

3）食品安全致敏原数据库连续 8 个氨基酸对比

连续 8 个氨基酸对比结果显示，没有发现 Cry1Ac-m 蛋白与已知致敏原存在连续 8 个氨基酸相同序列。

5.4.2　Cry1Ac-m 蛋白体外模拟消化试验

1. 试验方法

根据农业部 869 号公告—2—2007 中《转基因生物及其产品食用安全监测 模拟胃肠液外源蛋白质消化稳定性试验方法》进行试验。

2. 结果与分析

试验中用大豆胰蛋白酶抑制剂（STI）作为阳性对照，牛血清白蛋白（BSA）和牛乳球蛋白（BLG）作为阴性对照。图 5-9 表明 STI 在模拟胃肠消化液中没有被消化掉，说明其具有消化稳定性。BSA 和 BLG 在模拟胃肠消化液中均在 15s 时被消化，说明模拟胃肠消化液的有效性。同时，图中 Cry1Ac-m 蛋白在胃消化液中 2min 消化完全，在模拟肠消化液中 60min 时仍有少量存在，说明 Cry1Ac-m 蛋白对胃消化液不稳定，对肠消化液相对稳定，这符合大多数 Bt 蛋白的特性。但是其在胃消化液中已经降解，大大降低了其在小肠中被吸收致敏的风险。

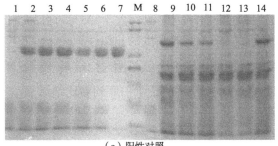

（a）阳性对照

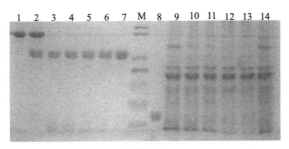

（b）阴性对照

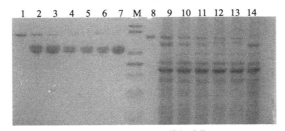

（c）Cry1Ac-m模拟消化

图 5-9　模拟胃肠消化试验

（a）～（c）中 1、8 号泳道分别为阳性对照蛋白、阴性对照蛋白、Cry1Ac-m 蛋白；（a）～（c）中 2～6 号泳道分别为不同蛋白在模拟胃消化液中消化 0s、15s、2min、30min、60min；（a）～（c）中 7 号泳道为胃蛋白酶对照，14 号泳道为胰蛋白酶对照；（a）～（c）中 9～13 号泳道为 Cry1Ac-m 分别在模拟肠液中消化 0s、15s、2min、30min、60min；（a）～（c）中 M 泳道为蛋白质分子量标准

5.4.3　Cry1Ac-m 蛋白热稳定性试验

1. 试验方法

将 Cry1Ac-m 蛋白溶于缓冲液（20mmol/L Tris-HCl，5mmol/L EDTA）中，终浓度达到 0.1mg/mL，将蛋白于 100℃水浴中分别加热 10min、20min、30min、60min，从水浴中取出后立即置于冰水混合物中。0min 用于作对照。随后通过 SDS-PAGE 验证其稳定性。

2. 结果与分析

如图 5-10 所示，当蛋白质在 100℃水浴中加热 0min、10min、20min、30min、60min 后，均没有降解现象。此结果表明 Cry1Ac-m 蛋白在 100℃条件下热稳定性良好。

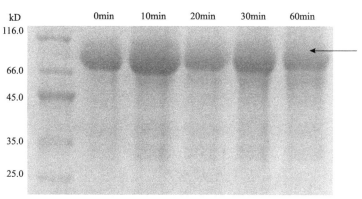

图 5-10　热稳定性试验

5.5　案 例 小 结

　　本章通过营养学评价、Cry1Ac-m 蛋白高效表达纯化及等同性分析、毒理学评价和 Cry1Ac-m 蛋白致敏性评价对转 *cry1Ac-m* 基因玉米进行了安全评价，结果发现如下。

　　（1）在营养学方面，通过营养学评价试验，结果表明转 *cry1Ac-m* 的抗虫玉米与其亲本对照基本具有实质等同性。

　　（2）在 Cry1Ac-m 蛋白高效表达纯化及等同性分析方面，通过 Western blot 等试验，结果表明大肠杆菌表达蛋白同玉米中提取的蛋白具有等同性，因此可以用大肠杆菌表达的蛋白代替玉米中的蛋白进行急性毒性研究。

　　（3）在毒理学方面，通过 Cry1Ac-m 蛋白急性毒性试验和全食品 90 天亚慢性毒性试验，结果表明转 *cry1Ac-m* 基因玉米和非转基因玉米（H99×HiⅡB）具有同样的营养与毒性作用。

　　（4）在 Cry1Ac-m 蛋白致敏性评价方面，通过 Cry1Ac-m 蛋白致敏性生物信息学分析、Cry1Ac-m 蛋白体外模拟消化试验和 Cry1Ac-m 蛋白热稳定性试验，结果表明 Cry1Ac-m 蛋白全长与已知过敏原不具有高度序列同源性；Cry1Ac-m 中没有 80 个连续氨基酸片段同数据库中的已知过敏原同源性高于 35%；没有发现 Cry1Ac-m 中有连续 8 个氨基酸序列同已知致敏原相同，因此可以推断，Cry1Ac-m 的潜在致敏性较低。

　　综上，转 *cry1Ac-m* 基因玉米样品在进行一系列的安全评价时未发现有潜在食用安全隐患。

参 考 文 献

贺晓云. 2009. 转 *Cry2A* *基因抗虫水稻食用安全性研究. 北京:中国农业大学.

贺晓云, 黄昆仑, 秦伟, 等. 2008. 转基因水稻食用安全性评价国内外概况. 食品科学, (12): 760-765.

黄昆仑, 许文涛. 2009. 转基因食品安全评价及检测技术. 北京:科学出版社.

Barros E, Lezar S, Anttonen M J, et al. 2010. Comparison of two GM maize varieties with a near-isogenic non-GM variety using transcriptomics, proteomics and metabolomics. Plant Biotechnology Journal, 8(4): 436-451.

Cao S, He X, Xu W, et al. 2010. Safety assessment of Cry1C protein from genetically modified rice according to the national standards of PR China for a new food resource. Regulatory Toxicology and Pharmacology, 58(3): 474-481.

Drury S M, Reynolds T L, Ridley W P, et al. 2008. Composition of forage and grain from second-generation insect-protected corn MON 89034 is equivalent to that of conventional corn (*Zea mays* L.). Journal of Agricultural and Food Chemistry, 56(12): 4623-4630.

Hauschke D, Hothorn L A. 1998. Safety assessment in toxicology studies: proof of safety versus proof of hazard// Chow S C, Liu J P. Design and Analysis of Animal Studies in Pharmaceutical Development. New York: Marcel Dekker: 197-226.

Hothorn L A, Oberdoerfer R. 2006a. Statistical analysis used in the nutritional assessment of novel food using the proof of safety. Regulatory Toxicology and Pharmacology, 44(2): 125-135.

Masoero F, Moschini M, Rossi F, et al. 1999. Nutritive value, mycotoxin contamination and *in vitro* rumen fermentation of normal and genetically modified corn (cry1A(b)) grown in northern Italy. Maydica, (44): 205-209.

McBride G B. 2003. Statistical methods helping and hindering environmental science and management. Journal of Agricultural, Biological, and Environmental Statistics, 7: 300-305.

Nordic Council. 2000. Safety Assessment of Novel Food Plants. Chemical Analytical Approaches to the Establishment of Substantial Equivalence. Nordic Council of Ministers, Copenhagen.

OECD. 2002. Consensus document on compositional considerations for new varieties of maize (*Zea mays*): key food and feed nutrients, anti-nutrients and secondary plant metabolites. Organisation for Economic Co-operation and Development, Paris.

Ridley W P, Sidhu R S, Pyla P D, et al. 2002. Comparison of the nutritional profile of glyphosate-tolerant corn event NK603 with that of conventional corn (*Zea mays* L.). Journal of Agricultural and Food Chemistry, (50): 7235-7243.

Xu W, Cao S, He X, et al. 2009. Safety assessment of Cry1Ab/Ac fusion protein. Food and Chemical Toxicology, 47(7): 1459-1465.

第 6 章　转基因油菜籽食用安全风险评估实践

提要

■ 油菜籽是世界四大油料作物之一

■ 常见转基因油菜籽品种有抗除草剂油菜籽、品质改良油菜籽等

■ 针对以上类型的转基因油菜籽开展了食用安全风险评估实践

■ 转基因油菜籽在营养成分上与传统油菜籽基本等同

■ 新表达蛋白未发现亚慢性毒性作用

■ 转基因油菜籽与非转基因油菜籽食用安全性基本一致

引　言

　　油菜是世界四大油料作物之一，属于十字花科（Cruciferae）芸苔属（Brassica），主要种植地区有加拿大、中国、印度等。截至 2015 年，全球油菜种植面积已达3600 万公顷。我国是油菜生产大国，油菜栽培面积达 780 万公顷，油菜籽总产量达 1200 万吨。然而，油菜在生产过程中往往会受杂草威胁，导致产量下降，这是油菜种植的一个重要问题。针对这一问题，转基因技术作为一种新兴的育种手段在培育抗逆品种、增产和改良营养品质等方面提供了有效的解决途径。常见转基因油菜品种有抗除草剂油菜、品质改良油菜等。

　　在种植过程中，杂草是影响油菜产量的一个重要因素，因此杂草控制对于油菜生产十分关键。为控制杂草，除草剂管理是一种有效的方法。但过量使用除草剂可能会产生不利影响。因此，开发除草剂抗性油菜是提高除草剂效率和为种植者降低生产成本的良好方法。在几种用于商业生产的抗除草剂作物中，抗草铵膦作物和抗草甘膦作物是主要类型。

　　【案例】转 *bar/barstar* 基因油菜籽食用安全风险评估实践

　　本案例中的试验对象转基因油菜籽，含有两个外源基因，*bar* 和 *barstar* 基因，由农杆菌介导的方法引入。*bar* 基因从吸水链霉菌（*Streptomyces hygroscopicus*）中分离并编码草丁膦乙酰转移酶（PAT）蛋白，其使草丁膦的活性异构体 L-膦丝菌素乙酰化，导致该除草剂的解毒（Hérouet 等，2005）。引入转基因油菜籽的另一个基因是 *barstar* 基因，其从解淀粉芽孢杆菌中分离。*barstar* 基因编码 Barstar酶，其在花药发育过程中仅在花粉囊的绒毡层细胞中表达，其特异性地抑制Barnase 的 RNase 活性。在发育中的花药的绒毡层中产生的 Barnase 蛋白通过阻止

花粉的产生来赋予雄性不育。因此，转基因油菜可以作为草铵膦抗性资源并且在多代可遗传的杂交系中恢复育性。

6.1 转 *bar/barstar* 基因油菜籽的营养学评价

转基因油菜籽与其非转基因亲本对照由农业部科技发展中心于 2015 年 10 月提供。对转基因油菜籽与其亲本对照的主要营养成分（水分、蛋白质、脂肪、灰分）、氨基酸、脂肪酸、矿质元素、维生素和抗营养成分进行对比分析，以评价其在营养学方面是否具有实质等同性。

6.1.1 试验方法

主要按照我国国家标准进行各项营养成分检测。

6.1.2 结果与分析

1. 主要营养成分测定

油菜籽主要由脂肪、蛋白质和纤维组成。在油菜籽中，脂肪和蛋白质是最主要的成分，其含量超过了油菜籽总重的 60%（OECD，2011）。

本试验的主要营养成分检测结果如表 6-1 所示，可以看出转基因油菜籽的蛋白质含量明显高于非转基因油菜籽（$P<0.05$），但两者均在 ILSI 作物成分数据库的参考范围内，且水分、灰分、脂肪的含量也均未超出 ILSI 作物成分数据库的参考范围。

表 6-1 主要营养成分测定结果 （单位：g/100g）

成分	非转基因油菜籽	转基因油菜籽 Rf3	ILSI 参考范围[b]
水分	6.62±0.10	6.35±0.06	3.23～34.60
灰分	3.52±0.03	3.41±0.08	2.8～8.7
蛋白质	21.80±0.02	24.30±0.09[a]	15.6～35.7
脂肪	30.40±0.14	30.80±0.11	24.6～55.2

a. 转基因油菜籽与非转基因油菜籽有显著性差异（$P<0.05$）。

b. 资料来源：http://www.cropcomposition.org。

2. 维生素

油菜富含维生素，而菜籽油是人体脂溶性维生素（如维生素 A、维生素 D 和维生素 E）的重要来源。

本试验的维生素 E 含量检测结果如表 6-2 所示，可以看出转基因油菜籽的维生素 E 含量较非转基因油菜籽更为丰富（$P<0.05$），但两种油菜籽的维生素 E 含量都在 ILSI 作物成分数据库的参考范围内。

表 6-2　维生素 E 测定结果

成分	非转基因油菜籽	转基因油菜籽	ILSI 参考范围[b]
维生素 E/（mg/100g）	5.60±0.03	6.28±0.08[a]	0.96～17.96

a. 转基因油菜籽与非转基因油菜籽有显著性差异（$P<0.05$）。

b. 资料来源：http://www.cropcomposition.org。

3. 脂肪酸

膳食脂肪具有重要的营养功能，它不仅是重要的能量来源，还是许多生物活性成分的前体和脂溶性维生素的载体。除此之外，膳食脂肪还可以提供丰富的脂肪酸，而脂肪酸是细胞膜构成不可或缺的部分（OECD，2011）。油菜籽是食用植物油的重要来源之一（邹娟等，2009）。在所有植物油中，低芥酸油菜籽油的饱和脂肪酸含量最低，并含有高水平的单不饱和脂肪酸及相当可观的 α-亚麻酸（α-C18:3）（OECD，2011）。

由表 6-3 可知，转基因油菜籽的棕榈酸（C16:0）、亚油酸（C18:2）和亚麻酸（C18:3）含量较非转基因油菜籽更为丰富（$P<0.05$），而硬脂酸（C18:0）和油酸（C18:1）含量则低于非转基因油菜籽（$P<0.05$）。尽管存在此差异，两种油菜籽的多种脂肪酸含量均在 OECD 参考范围内。

表 6-3　脂肪酸测定结果　　　　　　　　（单位：g/100g）

成分	非转基因油菜籽	转基因油菜籽	OECD 参考范围[c]
C14:0	0.05±0.00	0.05±0.00	ND[b]～0.2
C16:0	3.73±0.01	3.87±0.00[a]	2.5～7.0
C16:1	0.18±0.01	0.19±0.00	ND～0.6
C17:0	0.05±0.01	0.05±0.00	ND～0.3
C18:0	2.16±0.00	1.99±0.00[a]	0.8～3.0
C18:1	66.11±0.02	64.81±0.06[a]	51.0～70.0
C18:2	15.59±0.04	15.83±0.06[a]	15.0～30.0
C18:3	7.00±0.02	7.93±0.02[a]	5.0～14.0
C20:0	0.67±0.00	0.67±0.00	0.2～1.2
C22:0	0.31±0.01	0.35±0.00	ND～0.6
其他	4.15±0.00	4.26±0.02[a]	—

a. 转基因油菜籽与非转基因油菜籽有显著性差异（$P<0.05$）。

b. ND 表示未检出，即检出量≤0.05%。

c. 资料来源：OECD，2011。

4. 氨基酸

油菜籽是饲用蛋白质的重要来源之一（邹娟等，2009），蛋白质主要存在于油菜饼粕中，而氨基酸组成对蛋白质的营养质量非常重要。研究表明，低芥酸油菜饼粕的氨基酸组成与豆粕的大致相同，不同的是，豆粕中含有更多的赖氨酸，而油菜饼粕中含硫氨基酸的含量更高，如半胱氨酸和甲硫氨酸（OECD，2011）。

本试验的氨基酸含量检测结果如表 6-4 所示。由表 6-4 可知，转基因油菜籽的天冬氨酸和谷氨酸含量较非转基因油菜籽更为丰富（$P<0.05$），尽管存在这些差异，两者含量均在 ILSI 作物成分数据库的参考范围内。除此之外，转基因油菜籽的其他部分氨基酸含量超出 ILSI 作物成分数据库的参考范围，如丙氨酸、亮氨酸、赖氨酸和脯氨酸，分析可能是由不同来源地油菜的品种不同、种植环境不同造成的，但这些氨基酸的含量在与非转基因油菜相比时，不存在显著性差异。

表 6-4　氨基酸测定结果　　　　　（单位：g/100g）

成分	非转基因油菜籽	转基因油菜籽	ILSI 参考范围 [b]
天冬氨酸	1.599±0.012	1.798±0.023[a]	1.150～2.623
苏氨酸	0.702±0.017	0.797±0.037	0.717～1.380
丝氨酸	0.957±0.038	1.089±0.083	0.662～1.530
谷氨酸	4.536±0.037	5.086±0.124[a]	2.370～7.310
甘氨酸	0.910±0.035	1.083±0.047	0.856～1.750
丙氨酸	1.523±0.061	1.800±0.071	0.733～1.430
缬氨酸	0.928±0.040	1.064±0.091	0.817～1.700
甲硫氨酸	0.279±0.041	0.298±0.025	0.191～0.705
异亮氨酸	0.643±0.047	0.718±0.028	0.649～1.350
亮氨酸	2.687±0.052	2.893±0.075	1.140～2.350
酪氨酸	0.654±0.025	0.704±0.079	0.414～0.926
苯丙氨酸	0.919±0.028	1.072±0.074	0.694～1.520
赖氨酸	0.712±0.057	0.793±0.047	1.070～2.090
组氨酸	0.652±0.031	0.727±0.038	0.471～1.050
精氨酸	1.094±0.133	1.168±0.110	0.969～2.102
脯氨酸	2.016±0.093	2.258±0.082	1.01～2.03

a. 转基因油菜籽与非转基因油菜籽有显著性差异（$P<0.05$）。

b. 数据来源：http://www.cropcomposition.org。

5. 矿质元素

除了丰富的脂肪酸和蛋白质，油菜籽还富含多种人体及动物所必需的矿质元素（邹娟等，2009）。

本试验的矿质元素含量检测结果如表 6-5 所示。由表 6-5 可知，转基因油菜籽的铁、锰、磷含量均低于非转基因油菜籽，钙含量高于非转基因油菜籽，但上述元素含量均在 ILSI 作物成分数据库的参考范围内。两种油菜的钾元素含量均低于 ILSI 作物成分数据库的参考范围，但两者的含量相当。硒是人体所必需的微量元素之一，可以抗癌防衰、增强人体免疫力（杨文秀等，2010）。由表 6-5 可知，转基因油菜籽的硒含量显著高于非转基因油菜籽（$P<0.05$）。然而，ILSI 作物成分数据库和 OECD 均未给出油菜籽硒含量的参考范围。

表 6-5　矿质元素测定结果　　　　　　　（单位：mg/kg）

成分	非转基因油菜	转基因油菜	ILSI 参考范围 [b]
锌	53.3±6.1	46.8±2.5	22.2～154.6
铜	5.13±0.27	5.25±0.34	1.13～9.84
铁	68.4±2.4	51.6±4.5 [a]	34.2～531.0
镁	4239±91	3989±41	2609.2～5310.0
锰	43.0±2.5	25.3±2.0 [a]	15.45～108.01
钾	4311±24	4303±18	4610～14000
钠	78.6±2.3	78.3±2.5	1.419～1360
钙	3267±52	3519±28 [a]	2480～14100
磷	7548±187	6351±91 [a]	4080～18500
硒	0.101±0.002	0.136±0.001 [a]	—

a. 转基因油菜籽与非转基因油菜籽有显著性差异（$P<0.05$）。

b. 资料来源：http://www.cropcomposition.org。

6. 抗营养因子

油菜籽中抗营养因子主要是芥酸和硫苷。

芥酸是十字花科植物特有的一种超长链不饱和脂肪酸，它有 22 个碳键，不易被人体分解与吸收，营养价值较低（戚存扣等，2001）。试验表明，摄入过多的高芥酸菜油会使动物出现代谢不良，并可在骨骼肌肉纤维细胞和心脏发现脂肪沉淀（董瑞，2009）。

硫苷本身无毒，但当油菜籽细胞破碎后，其中的硫苷便会与葡萄糖硫苷酶结合，该酶会水解硫苷生成硫、异硫氰酸盐和葡萄糖。异硫氰酸盐可使甲状腺吸收碘的能力降低，导致甲状腺肿，并会对肝脏和肾脏造成一定的毒性作用。油菜籽加工过程中的加热步骤会去除其中绝大多数的葡萄糖硫苷酶，但一些肠道微生物也会产生葡萄糖硫苷酶，所以在消化道中硫苷的负面影响并不能完全消除。此外，硫苷味苦，会影响油菜籽的风味（OECD，2011）。因此为了提高菜籽油的营养品质，应在油菜籽培育过程中尽可能地降低芥酸和硫苷的含量。

由表 6-6 可知，转基因油菜籽的芥酸含量显著低于非转基因油菜籽（$P<0.05$）。而就硫苷而言，两者的含量相当，但均低于 OECD 的参考值。

表 6-6　抗营养因子测定结果

成分	非转基因油菜籽	转基因油菜籽	OECD 参考值[b]
芥酸/（mg/100g）	16.2±0.2	13.7±0.1[a]	—
硫苷/（μmol/g）	27.15±0.42	27.55±0.78	38.42

a. 转基因油菜籽与非转基因油菜籽有显著性差异（$P<0.05$）。

b. 资料来源：OECD，2011。

6.1.3　小结

本试验测定了非转基因油菜籽和转基因油菜籽的主要营养成分（水分、灰分、脂肪、蛋白质）、维生素、脂肪酸、氨基酸、矿质元素和抗营养因子。分析结果表明转基因油菜籽与非转基因油菜籽的营养成分组成基本相同。

6.2　转 *bar/barstar* 基因油菜籽亚慢性毒理学评价

6.2.1　试验方法

为了评估转基因双低油菜籽的食品安全性，将 2.5%、5%和 10%转基因油菜籽及其非转基因等基因系配制成饲料喂养 Spragure-Dawley（SD）大鼠 90 天，评估了转基因油菜籽对大鼠的正常生长和毒理学参数的影响。

按照《实验动物　配合饲料营养成分》（GB 14924.3—2010）的标准，将转基因油菜籽与非转基因油菜籽分别按照 2.5%、5%、10%的比例添加到基础饲料中，配齐主要营养成分水平，加工成颗粒饲料。试验饲料由北京华阜康生物科技股份有限公司加工配制[合格证号 SCXK（京）2014-06057]，并经放射性 ^{60}Co 辐射灭菌以达到清洁级水平，制成真空包装（10 kg/袋）。

经检测，转基因组饲料、非转基因组饲料与基础日粮的营养成分水平相当（见表 6-7），均可以满足 SD 大鼠生长发育的需求。

表 6-7　各组饲料主要营养成分　　　　（单位：g/100g）

项目	非转基因油菜籽			转基因油菜籽		
	2.5%	5%	10%	2.5%	5%	10%
水分	6.50	6.34	6.34	4.77	5.28	4.96
灰分	5.73	5.77	5.60	5.81	5.63	5.90
蛋白质	20.1	19.9	19.9	20.2	19.9	19.8
脂肪	7.02	6.78	6.92	6.73	7.35	7.17
粗纤维	5.01	5.13	5.86	5.06	5.88	6.30
钙	1.48	1.55	1.49	1.53	1.44	1.44
磷	0.85	0.89	0.88	0.87	0.86	0.84

6.2.2　结果与分析

亚慢性毒性试验能够较好地反映出转基因受试物是否会带来非期望效应以及食用后是否会影响动物体内消化吸收的情况。

1. 日常观察结果

在 90 天的试验周期内，各组大鼠表观形态正常，皮毛顺滑，无异常行为及状况发生，且均未发现中毒死亡情况。

2. 体重增长与进食量

亚慢性毒理学评价中，体重可以作为试验动物接触受试物过程中的一般反映，食欲、消化功能、代谢和能量消耗等多种因素变化均可影响试验动物体重的增长。若转基因油菜籽对大鼠有毒副作用，那么其体重变化就可直观地体现出来。

由图 6-1 可知，90 天试验期间，雌雄各组大鼠体重均呈现稳定增长趋势。

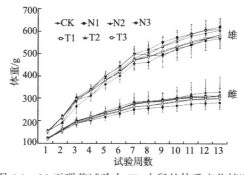

图 6-1　90 天喂养试验中 SD 大鼠的体重变化情况

CK 组（空白对照组），N1 组（2.5%非转基因油菜籽），N2 组（5%非转基因油菜籽），N3 组（10%非转基因油菜籽），T1 组（2.5%转基因油菜籽），T2 组（5%转基因油菜籽），T3 组（10%转基因油菜籽）

　　试验动物的体重增量、总进食量和食物利用率如表 6-8 所示。由表 6-8 可知，雄性 T1 组的体重增量、食物利用率与相应的非转基因组相比显著降低（$P<0.05$），雌性 T3 组的食物利用率与相应的非转基因组相比显著升高（$P<0.05$），但上述值与相应的 CK 组相比均不存在此差异，因此属于正常范围值。

表 6-8　SD 大鼠的体重增量、总进食量与食物利用率

性别	组别	体重增量/g	总进食量/g	食物利用率/%
雄性	CK	442.1±50.1	2415.9±84.1	18.3±2.2
	N1	477.4±32.1	2083.4±287.7	22.9±2.6[a]
	N2	464.2±51.6	2209.8±13.9	21.0±2.3[a]
	N3	423.6±45.2	2076.2±71[a]	20.4±2.4
	T1	430.8±50.1[b]	2193.8±12.2	19.6±2.3[b]
	T2	467.1±48.1	2168.2±39.9	21.5±2.2[a]
	T3	443.2±47.3	2176.0±92.5	20.4±2.0[a]
雌性	CK	215.4±61.3	1796.2±73.8	12.0±3.3
	N1	195.4±32.1	1490.6±48.1[a]	13.1±2.1
	N2	184.8±26.2	1365.3±49.9[a]	13.5±1.8
	N3	164.5±30.2[a]	1567.8±164.0	10.6±2.2
	T1	194.4±19.3	1514.1±22.5[a]	12.8±1.3
	T2	198.8±28.7	1389.6±47.2[a]	14.3±2.3
	T3	188.8±20.6	1471.0±39.9[a]	12.8±1.4[b]

　　a. 添加转基因油菜籽的试验组与空白对照组相比有显著性差异（$P<0.05$）。

　　b. 添加转基因油菜籽的试验组与添加同等剂量非转基因油菜籽的试验组相比有显著性差异（$P<0.05$）。

　　综上，SD 大鼠食用含有转基因油菜籽饲料 90 天后，未发现该转基因油菜籽对动物体重增量、总进食量、食物利用率产生不良影响。

3. 血常规指标

　　中期血常规指标与末期血常规指标如表 6-9 和表 6-10 所示。

　　从表 6-9 可以看出，中期血常规指标中，转基因组与相应的非转基因组相比，大部分指标无显著性差异，仅个别指标存在显著性差异。雄性组中，T1 组的总红细胞（RBC）显著低于 N1 组（$P<0.05$），红细胞中含有血红蛋白，血红蛋白可将肺泡中新鲜的 O_2 运送给组织，并将组织中新陈代谢产生的 CO_2 运到肺部并排出体外；T3 组的红细胞平均血红蛋白（MCH）显著低于 N3 组（$P<0.05$）。雌性组中，T1 组的红细胞平均血红蛋白显著高于 N1 组（$P<0.05$）。但上述指标与

相应的对照组相比均不存在显著性差异，且均在实验室检测值历史范围内（郎天琦等，2016）。

此外，还有部分指标与 CK 组相比存在显著性差异，但与相对应的非转基因对照组相比不存在显著性差异，这些差异可能是由饲料中添加受试物引起的，而与是否是转基因无关，如雄性 T1 组的红细胞比容（HCT）、雌性 T1 组的红细胞分布幅度（RDW）。

因此，SD 大鼠食用含有转基因油菜籽的饲料 45 天后，未发现食用转基因油菜籽对 SD 大鼠血液产生不良影响。

表 6-9　SD 大鼠的中期血常规指标

性别	指标	CK	非转基因组			转基因组		
			N1	N2	N3	T1	T2	T3
雄性	WBC/(×10⁹L⁻¹)	10.5±2.0	13.1±3.8	10.5±1.9	11.3±3.7	10.6±2.9	11.0±3.0	11.7±2.2
	RBC/(×10¹²L⁻¹)	8.57±0.31	8.60±0.22	8.65±0.59	8.34±0.56	8.29±0.36[b]	8.49±0.47	8.34±0.82
	HGB/(g/L)	167±7	168±10	175±10	172±10	162±6	166±10	164±13
	HCT/%	50.1±1.5	49.5±2.1	51.7±3.2	50.2±1.8	48.1±2.3[a]	49.5±2.7	48.6±4.0
	MCV/fL	58.6±2.4	57.5±1.9	59.8±2.5	60.3±3.3	58.0±1.6	58.3±2.2	58.4±1.8
	MCH/pg	19.5±0.9	19.6±0.9	20.2±0.8	20.7±0.8[a]	19.5±0.7	19.6±0.9	19.7±0.9[b]
	MCHC/(g/L)	334±7	341±13	338±6	343±12[a]	337±10	336±9	337±9
	RDW/%	14.0±0.5	14.1±0.4	14.2±0.8	14.2±0.5	14.3±0.7	14.1±0.5	14.0±0.6
	PLT/(×10⁹L⁻¹)	643±79	669±61	653±159	672±49	626±69	642±64	650±151
	MPV/fL	6.16±0.25	6.29±0.29	6.33±0.40	6.32±0.10	6.25±0.32	6.21±0.31	6.22±0.47
雌性	WBC/(×10⁹L⁻¹)	8.95±2.51	7.97±2.56	10.70±3.20	10.10±1.80	9.69±3.75	8.26±2.48	11.30±3.20
	RBC/(×10¹²L⁻¹)	7.86±0.78	8.13±0.51	7.94±1.10	8.26±1.01	8.10±0.85	7.89±0.35	8.42±0.65
	HGB/(g/L)	149±21	157±10	155±24	165±20	164±19	157±8	162±12
	HCT/%	46.2±4.0	47.4±2.8	46.3±6.4	48.6±6.2	48.5±5.5	47.3±1.9	49.6±3.6
	MCV/fL	54.9±12.8	58.4±2.3	58.3±1.5	58.9±1.3	59.9±2.2	59.9±2.0	58.9±2.0
	MCH/pg	19.7±0.9	19.3±0.7	19.5±0.8	19.9±0.6	20.2±1.0[b]	19.9±0.9	19.3±0.8
	MCHC/(g/L)	335±11	331±10	335±12	339±13	338±13	332±9	328±9
	RDW/%	12.3±0.5	12.5±0.3	12.5±0.4	12.7±0.6	12.8±0.4[a]	12.3±0.3	12.6±0.3
	PLT/(×10⁹L⁻¹)	638±92	596±107	597±90	644±66	588±131	631±83	638±51
	MPV/fL	6.22±0.33	6.12±0.39	6.09±0.39	6.37±0.22	6.32±0.27	6.34±0.18	6.36±0.57

a. 添加转基因油菜籽的试验组与空白对照组相比有显著性差异（$P<0.05$）。

b. 添加转基因油菜籽的试验组与添加同等剂量非转基因油菜籽的试验组相比有显著性差异（$P<0.05$）。

表 6-10　SD 大鼠的末期血常规指标

性别	指标	CK	非转基因组			转基因组		
			N1	N2	N3	T1	T2	T3
雄性	WBC/($\times 10^9 L^{-1}$)	8.79±1.09	9.83±1.75	9.85±2.41	8.76±2.08	9.59±1.79	11.3±2.5[a]	9.63±2.42
	RBC/($\times 10^{12} L^{-1}$)	9.27±0.59	9.47±0.58	9.09±0.39	8.96±0.70	9.47±0.57	10.1±0.3[ab]	9.59±0.42[b]
	HGB/(g/L)	164±11	161±9	163±10	157±9	165±9	176±7[ab]	168±10[b]
	HCT/%	45.8±3.2	45.7±3.0	46.9±2.9	44.9±2.9	46.5±2.9	50.2±2.7[ab]	47.4±3.0
	MCV/fL	49.4±1.8	48.3±1.7	51.7±3.5	50.3±3.1	49.1±1.2	49.9±2.0	49.4±2.0
	MCH/pg	17.7±0.6	17.0±0.8	18.0±0.9	17.5±1.0	17.4±0.6	17.5±0.5	17.5±0.7
	MCHC/(g/L)	357±6	353±11	348±16	349±14	355±8	350±10	355±9
	RDW/%	14.8±0.7	14.6±0.4	14.7±0.4	14.5±0.5	14.6±0.5	14.6±0.9	14.5±0.7
	PLT/($\times 10^9 L^{-1}$)	658±88	612±71	607±154	605±61	576±71[a]	618±72	639±70
	MPV/fL	7.18±0.43	6.96±0.40	7.22±0.55	7.07±0.64	7.09±0.46	7.0±0.3	6.96±0.24
雌性	WBC/($\times 10^9 L^{-1}$)	7.90±2.13	7.60±2.01	8.44±2.05	8.16±2.05	9.54±3.15	7.45±1.93	9.18±2.25
	RBC/($\times 10^{12} L^{-1}$)	8.71±0.64	8.17±0.48	8.45±0.53	8.49±0.49	7.97±0.63[a]	7.88±0.23[ab]	8.52±0.60
	HGB/(g/L)	154±8	158±8	156±8	162±9	157±10	155±6	152±12
	HCT/%	44.8±2.4	49.0±3.3	44.8±4.3	48.5±3.9[a]	49.2±3.5[a]	49.2±2.0[ab]	43.8±3.7[b]
	MCV/fL	51.5±1.7	60.1±4.1[a]	53.0±4.9	57.2±3.6[a]	61.7±1.8[a]	62.5±2.1[ab]	51.4±1.8[b]
	MCH/pg	17.7±0.5	19.4±1.0	18.4±0.9	19.0±0.8[a]	19.7±0.5[a]	19.7±0.7[ab]	17.8±0.7[b]
	MCHC/(g/L)	345±6	323±16	349±22	334±15	320±4[a]	315±6[ab]	347±10[b]
	RDW/%	13.0±0.3	12.8±0.4	12.8±0.5	12.9±0.4	13.0±0.5	12.6±0.4[a]	12.9±0.4
	PLT/($\times 10^9 L^{-1}$)	613±62	621±81	602±87	629±71	611±143	630±66	615±62
	MPV/fL	6.70±0.32	7.19±0.42	6.99±0.59	7.15±0.37[a]	7.48±0.63[a]	7.21±0.38[a]	7.01±0.64

a. 添加转基因油菜籽的试验组与空白对照组相比有显著性差异（$P<0.05$）。

b. 添加转基因油菜籽的试验组与添加同等剂量非转基因油菜籽的试验组相比有显著性差异（$P<0.05$）。

　　从表 6-10 可以看出，末期血常规指标中，转基因组与相应的非转基因组相比，一些指标存在显著性差异。雄性组中，T2 组的红细胞比容显著高于 N2 组和 CK 组（$P<0.05$），但高剂量 T3 组的 HCT 与 N3 组和 CK 组相比均无显著性差异，且在实验室检测值历史范围内（郎天琦等，2016），因此差异无剂量相关性，红细胞比容常用作贫血诊断和分类的指标；T2 组的总红细胞、血红蛋白浓度（HGB）显著高于 N2 组和 CK 组（$P<0.05$），但高剂量 T3 组的这两个指标与 CK 组相比均无显著性差异，因此上述差异属于正常值范围，无生物学意义。血红蛋白是红细胞中唯一的非膜蛋白，其在氧浓度高的环境中易与氧结合，在氧浓度低的环境中又易与氧分离，这一特性使红细胞具有运输氧的功能。

　　雌性组中，T2 组的总红细胞显著低于 N2 组和 CK 组，但 T3 组中不存在这样的差异，且 T2 组的总红细胞值在实验室检测值历史范围内（郎天琦等，2016），所以差异无剂量相关性；T2 组的红细胞比容、红细胞平均体积（MCV）和红细胞平均血红蛋白显著高于 N2 组和 CK 组（$P<0.05$），而红细胞平均血红蛋白浓度（MCHC）显著低于 N2 组和 CK 组（$P<0.05$），但高剂量 T3 组的这些指标与 CK 组相比没有显著性差异，尽管 T3 组的这些指标与 N3 组之间存在显著性差异（$P<0.05$），其变化却与 T2 组和 N2 组之间的变化是相反的，所以上述差异不存在剂量相关性。红细胞平均体积升高常见于大细胞贫血。

此外，还有部分指标与 CK 组相比存在显著性差异，但与相对应的非转基因对照组相比不存在显著性差异，这些差异可能是由饲料中添加受试物引起的，而与是否是转基因无关，如雄性 T2 组的总白细胞（WBC）、雌性 T1 组的总红细胞等。

因此，SD 大鼠食用含有转基因油菜籽的饲料 90 天后，未发现食用转基因油菜籽对 SD 大鼠血液产生不良影响。

4. 血生化指标

中期与末期血生化指标如表 6-11 和表 6-12 所示。

表 6-11　SD 大鼠的中期血生化指标

性别	指标	CK	非转基因组			转基因组		
			N1	N2	N3	T1	T2	T3
雄性	ALT/(U/L)	31.9±8.2	22.6±3.8[a]	22.4±4.1[a]	21.9±3.8[a]	27.7±3.8	26.4±3.0[b]	25.0±3.2[a]
	AST/(U/L)	163±27	144±20	139±39	131±24[a]	164±37	155±34	166±29[b]
	TP/(g/L)	68.5±2.5	67.8±3.3	64.7±2.7[a]	66.5±4.9	68.2±2.4	69.1±4.9[b]	70.8±2.9[b]
	ALB/(g/L)	28.1±1.1	28.2±1.3	27.4±1.6	27.6±2.1	27.7±1.8	28.3±2.0	28.9±1.7
	ALP/(U/L)	148±28	143±26	156±35	123±32	134±42	152±26	158±34[b]
	GLU/(mmol/L)	5.74±0.81	5.92±0.68	6.21±0.99	5.62±0.79	5.78±1.10	6.20±0.39	5.73±0.59
	UREA/(mmol/L)	6.40±0.43	6.21±0.52	6.23±0.42	6.12±0.81	6.18±0.36	6.19±0.32	6.29±0.49
	CREA/(μmol/L)	59.2±2.5	58.3±3.4	57.4±2.5	57.1±5.1	59.1±3.4	61.4±3.8[b]	59.6±3.0
	Ca/(mmol/L)	2.74±0.11	2.61±0.13[a]	2.66±0.09	2.63±0.21	2.65±0.29	2.75±0.26	2.76±0.06
	P/(mg/dL)	2.79±0.14	2.66±0.16	2.72±0.22	2.64±0.29	2.85±0.15	2.72±0.19	2.77±0.19
	CHO/(mmol/L)	1.76±0.38	1.70±0.33	1.96±0.36	1.90±0.52	1.74±0.50	1.81±0.42	1.99±0.39
	TG/(mmol/L)	0.96±0.4	0.69±0.14	0.99±0.24	0.72±0.15	0.77±0.29	0.75±0.19[b]	0.70±0.22
	LDH/(U/L)	2100±544	1873±401	1737±706	1619±554	1990±783	1839±690	2106±489
	Mg/(mmol/L)	0.92±0.09	0.83±0.05[a]	0.83±0.07[a]	0.82±0.11[a]	0.72±0.42	0.88±0.08	0.93±0.07[b]
雌性	ALT/(U/L)	28.8±5.1	25.1±2.8	24.0±6.0	26.3±3.5	27.3±4.3	28.5±6.7	27.4±4.1
	AST/(U/L)	168±62	171±27	186±46	166±33	159±31	189±46	188±44
	TP/(g/L)	74.0±3.5	74.1±4.2	73.2±4.1	75.0±4.6	73.6±3.1	72.9±2.6	73.4±4.6
	ALB/(g/L)	32.3±1.8	32.9±2.3	32.5±2.0	32.9±2.6	32.7±1.7	31.8±1.6	32.9±3.1

续表

性别	指标	CK	非转基因组			转基因组		
			N1	N2	N3	T1	T2	T3
雌性	ALP/(U/L)	98.6±29.2	85.9±27.7	93.0±22.4	92.3±21.6	86.7±29.3	97.3±25.4	105.0±31.0
	GLU/(mmol/L)	5.01±1.18	5.83±0.82	5.24±0.67	5.24±0.88	5.26±1.17	4.84±0.76	5.24±1.11
	UREA/(mmol/L)	6.39±1.05	6.10±0.82	6.10±0.85	6.41±1.65	6.03±0.87	5.97±0.66	6.87±0.87
	CREA/(μmol/L)	46.8±6.6	47.2±5.0	48.3±6.0	50.5±13.2	43.4±10.3	51.4±6.7	48.6±5.9
	Ca/(mmol/L)	2.92±0.10	2.76±0.18[a]	2.81±0.16	2.86±0.15	2.85±0.15	2.70±0.15[ab]	2.82±0.18
	P/(mg/dL)	2.62±0.25	2.41±0.19[a]	2.54±0.28	2.61±0.22	2.47±0.29	2.48±0.29	2.61±0.21
	CHO/(mmol/L)	1.90±0.35	1.85±0.41	1.73±0.41	1.97±0.35	1.81±0.29	1.93±0.59	1.87±0.60
	TG/(mmol/L)	0.45±0.24	0.40±0.16	0.35±0.08	0.31±0.06	0.45±0.14	0.34±0.07	0.42±0.10[b]
	LDH/(U/L)	1911±715	1968±448	2046±602	1839±365	1868±558	2108±622	2290±619
	Mg/(mmol/L)	0.91±0.06	0.86±0.05	0.88±0.05	0.88±0.05	0.89±0.06	0.90±0.09	0.90±0.07

a. 添加转基因油菜籽的试验组与空白对照组相比有显著性差异（$P<0.05$）。

b. 添加转基因油菜籽的试验组与添加同等剂量非转基因油菜籽的试验组相比有显著性差异（$P<0.05$）。

从表 6-11 可以看出，中期血生化检测结果显示，非转基因组与转基因组相比，大部分生化指标不存在显著性差异，但个别指标存在显著性差异（$P<0.05$）。

雄性组中，转基因 T2 组的谷丙转氨酶（ALT）、总蛋白（TP）、肌酐（CREA）和 T3 组的天冬氨酸转氨酶（AST）、总蛋白、Mg 与相应的非转基因组相比均显著性升高（$P<0.05$），但与 CK 组相比不存在此差异，且在实验室检测值历史范围内（郎天琦等，2016）。T3 组的碱性磷酸酶（ALP）高于相应的非转基因组，但与 CK 组相比不存在此差异，属于正常范围。肝细胞或某些组织的损伤或坏死，均会使血液中的谷丙转氨酶升高，因此单纯的谷丙转氨酶升高尚不能说明问题，还需结合其他指标综合分析。血清中的水分减少可使总蛋白浓度相对升高。血液中的肌酐主要通过肾小球滤过的方式被排出体外，一旦肾小球滤过能力下降，肌酐浓度就会增高，因此检测血液中的肌酐含量是了解肾功能的主要临床手段之一。天冬氨酸转氨酶是肝功能检查指标之一，肝脏发生严重坏死或破坏会导致血清中该酶的浓度升高。碱性磷酸酶主要用于骨骼和肝胆系统疾病的鉴别，骨骼疾病、肝胆疾病或甲状旁腺机能亢进均可能引起碱性磷酸酶的病理性升高。转基因 T2 组的甘油三酯（TG）显著低于相应的非转基因组（$P<0.05$），但与 CK 组相比不存在此差异，且在实验室历史范围内（郎天琦等，2016）。甘油三酯含量的降低常见于肾上腺皮质功能减退或肝功能严重低下等。

雌性组中，转基因 T3 组的甘油三酯与相应的非转基因组相比显著升高（$P<0.05$），但与 CK 组相比不存在此差异，且在实验室检测值历史范围内（郎天琦等，2016）。冠心病、糖尿病、肥胖症、原发性高脂血症、肾病综合征等均可引

起甘油三酯含量的升高。T2 组的 Ca 显著低于 N2 组和 CK 组，但 T3 组中不存在此差异，且在实验室检测值历史范围内（郎天琦等，2016），所以差异无剂量相关性。

因此，SD 大鼠食用含有转基因油菜籽的饲料 45 天后，未发现食用转基因油菜籽对 SD 大鼠血生化指标产生不良影响。

表 6-12　SD 大鼠的末期血生化指标

性别	指标	CK	非转基因组			转基因组		
			N1	N2	N3	T1	T2	T3
雄性	ALT/(U/L)	33.7±7.8	34.1±6.9	26.4±4.3[a]	34.9±10.2	30.4±7.0	33.3±6.4[b]	30.1±5.4
	AST/(U/L)	211±65	200±31	200±46	215±50	187±40	212±51	253±49
	TP/(g/L)	66.1±3.6	62.4±5.7	63.3±4.2	62.4±9.2	65.4±5.3	69.0±8.9	71.8±4.1[b]
	ALB/(g/L)	28.7±1.8	27.3±2.4	28.4±1.9	27.2±3.5	28.3±2.1	29.6±3.8	31.2±1.6[b]
	ALP/(U/L)	91.6±22.1	86.9±15.0	92.1±23.9	81.3±12.8	76.4±12.2	84.0±13.3	90.1±26.5
	GLU/(mmol/L)	6.38±1.57	12.5±2.8[a]	12.4±2.4[a]	7.36±1.95	9.96±1.80[ab]	9.54±1.52[ab]	6.36±1.46
	UREA/(mmol/L)	6.87±1.06	7.83±1.51	7.79±0.83[a]	7.23±1.53	7.48±1.26	7.46±0.81	6.97±1.06
	CREA/(μmol/L)	63.7±6.5	72.2±10.1[a]	74.2±8.1[a]	69.9±6.6	69.2±6.7	66.0±3.8[b]	63.4±4.6[b]
	Ca/(mmol/L)	2.52±0.12	2.66±0.21	2.57±0.11	2.56±0.13	2.46±0.11[b]	2.66±0.13[a]	2.65±0.15
	P/(mg/dL)	2.31±0.18	2.60±0.23[a]	2.34±0.22	2.38±0.13	2.36±0.20[b]	2.48±0.12[a]	2.40±0.21
	CHO/(mmol/L)	1.47±0.22	1.76±0.39	1.81±0.30[a]	1.75±0.47	1.53±0.44	1.75±0.41	1.81±0.33[a]
	TG/(mmol/L)	0.53±0.19	0.65±0.31	0.69±0.22	0.51±0.17	0.42±0.11[b]	0.68±0.26	0.45±0.09
	LDH/(U/L)	2718±737	2423±446	2724±840	2644±641	2347±657	2628±617	3371±620[ab]
	Mg/(mmol/L)	0.90±0.11	0.87±0.10	0.84±0.08	0.88±0.07	0.84±0.08	0.83±0.06	0.88±0.08
雌性	ALT/(U/L)	27.0±10.6	23.6±6.7	25.2±5.5	29.6±14.0	23.9±6.0	24.6±4.5	26.4±8.2
	AST/(U/L)	126±30	156±20[a]	172±50[a]	149±48	137±43	175±22[a]	160±50
	TP/(g/L)	68.0±6.3	65.8±4.9	68.0±6.4	70.0±4.4	66.0±4.5	65.5±3.7[b]	66.3±4.9
	ALB/(g/L)	31.6±2.8	31.0±3.3	31.9±3.2	33.2±2.3	29.7±4.1	30.4±2.4[b]	31.7±2.4
	ALP/(U/L)	40.4±17.4	34.9±9.5	41.8±11.1	41.9±11.1	44.2±17.5	43.9±9.7	42.4±9.6
	GLU/(mmol/L)	6.64±1.89	7.59±1.17	8.79±2.08[a]	6.46±1.40	7.66±2.04	7.83±1.22[b]	7.82±1.55
	UREA/(mmol/L)	6.97±0.95	6.82±0.97	7.29±1.32	7.83±1.61	6.77±0.88	7.42±0.69	8.11±1.91
	CREA/(μmol/L)	65.8±4.8	72.5±7.0[a]	68.1±4.8	69.2±4.4	62.2±5.7[b]	71.9±3.8[a]	68.0±7.2
	Ca/(mmol/L)	2.40±0.22	2.32±0.12	2.31±0.24	2.37±0.16	2.36±0.09	2.35±0.10	2.32±0.20
	P/(mg/dL)	2.17±0.33	1.91±0.16[a]	2.51±0.54	2.08±0.16	2.20±0.24[b]	2.05±0.14	2.19±0.31
	CHO/(mmol/L)	1.81±0.42	1.94±0.39	1.96±0.56	2.13±0.47	1.76±0.45	1.78±0.30	1.95±0.47
	TG/(mmol/L)	0.53±0.59	0.38±0.09	0.38±0.22	0.26±0.09	0.37±0.10	0.32±0.07	0.41±0.13[b]
	LDH/(U/L)	1247±380	1798±381[a]	1695±443[a]	1612±507	1557±697	2044±285[ab]	1821±682[a]
	Mg/(mmol/L)	0.89±0.11	0.86±0.06	0.99±0.23	0.91±0.07	0.93±0.08[b]	0.89±0.06	0.91±0.10

a. 添加转基因油菜籽的试验组与空白对照组相比有显著性差异（$P<0.05$）。

b. 添加转基因油菜籽的试验组与添加同等剂量非转基因油菜籽的试验组相比有显著性差异（$P<0.05$）。

由表 6-12 可知，末期血生化检测结果显示，与非转基因组相比，转基因组大部分生化指标无显著性差异，但个别指标存在显著性差异（$P<0.05$）。

雄性组中，T2 组的谷丙转氨酶和 T3 组的总蛋白、清蛋白（ALB）显著高于相应的非转基因组（$P<0.05$），但与 CK 组相比不存在此差异，且在实验室检测值历史范围内（郎天琦等，2016）。清蛋白是血浆中含量最多的蛋白质，肾脏疾病、严重脱水等引起的血液浓缩均可导致清蛋白含量的相对性增高；此外饮食中蛋白质的摄入量也会影响清蛋白含量。T1 组的 Ca、P、甘油三酯和 T2、T3 组的肌酐与相应的非转基因相比均显著性降低（$P<0.05$），但与 CK 组相比不存在此差异，且在实验室检测值历史范围内（郎天琦等，2016）；T1 组和 T2 组的血糖（GLU）与相应的非转基因组相比降低，与 CK 组相比升高，但 T3 组不存在这样的差异，所以该差异无剂量相关性；T3 组的乳酸脱氢酶（LDH）与相应的非转基因组和 CK 组相比均显著性升高（$P<0.05$），但组织病理学检测中未发现与之相关的心脏、肝脏、肾脏组织发生组织病理学改变，并且乳酸脱氢酶几乎存在于所有体细胞中，因此血清中乳酸脱氢酶的增高对任何单一组织或器官都是非特异的，所以，该单一指标的偶然差异不认为具有生理学意义。

雌性组中，T1 组的 P、Mg 值和 T3 组的甘油三酯值显著高于相应的非转基因组（$P<0.05$），T1 组的肌酐值与 T2 组的总蛋白、清蛋白、血糖值显著低于相应的非转基因组（$P<0.05$），但上述值与 CK 组相比均无显著性差异，属于正常范围值；T2 组的乳酸脱氢酶值与相应的非转基因组和 CK 组相比均显著性升高（$P<0.05$），但高剂量 T3 组不存在此差异，差异无剂量相关性。

此外还有部分指标与 CK 组相比存在显著性差异，但与相对应的非转基因对照组相比不存在显著性差异，差异可能是由饲料中添加受试物引起的，与是否是转基因无关，如雄性 T2 组的 Ca、P 值，雌性 T2 组的天冬氨酸转氨酶、肌酐值等。

因此，SD 大鼠食用含有转基因油菜籽的饲料 90 天后，未发现食用转基因油菜籽对 SD 大鼠血生化指标产生不良影响。

5. 脏器系数

脏器系数计算简单、敏感，是亚慢性毒理学评价中的常用指标。正常情况下，试验动物的脏器系数较为恒定。而当试验动物接受受试物染毒后，若该受试物对脏器造成了损伤，改变了脏器的质量，那么脏器系数也会随之改变。脏器系数减小可能是脏器出现了萎缩或者其他退行性改变，脏器系数增大可能是由脏器充血、水肿或增生肥大造成的。因此，脏器系数可以反映出动物染毒之后是否出现脏器受损的现象。

本试验大鼠的脏器系数结果如表 6-13 所示。

表6-13　SD大鼠的脏器系数

性别	脏器	CK	非转基因组			转基因组		
			N1	N2	N3	T1	T2	T3
雄性	大脑	0.37±0.05	0.34±0.03	0.35±0.04	0.36±0.03	0.36±0.04	0.36±0.03	0.37±0.03
	肝脏	2.24±0.17	2.36±0.14	2.35±0.11	2.41±0.13[a]	2.39±0.29	2.38±0.15	2.50±0.15[a]
	脾脏	0.14±0.02	0.15±0.01	0.14±0.03	0.15±0.02	0.15±0.03	0.15±0.02	0.15±0.01
	心脏	0.31±0.04	0.31±0.03	0.31±0.03	0.31±0.04	0.29±0.06	0.31±0.03	0.34±0.02[b]
	肺脏	0.44±0.06	0.43±0.05	0.39±0.04	0.49±0.09	0.47±0.05	0.46±0.07[b]	0.49±0.05[a]
	胸腺	0.08±0.02	0.08±0.01	0.07±0.02	0.08±0.02	0.08±0.02	0.08±0.01	0.08±0.01
	肾脏	0.66±0.07	0.64±0.06	0.62±0.07	0.69±0.06	0.69±0.11	0.66±0.07	0.72±0.06
	肾上腺	0.014±0.002	0.011±0.002[a]	0.011±0.002[a]	0.012±0.003	0.012±0.002	0.011±0.002[a]	0.013±0.003
	睾丸	0.63±0.06	0.59±0.04	0.62±0.05	0.64±0.08	0.63±0.07	0.63±0.05	0.62±0.07
雌性	大脑	0.66±0.17	0.65±0.09	0.69±0.06	0.70±0.06	0.67±0.05	0.63±0.06[b]	0.65±0.03[b]
	肝脏	2.56±0.11	2.46±0.16	2.55±0.30	2.63±0.20	2.68±0.28[b]	2.52±0.24	2.68±0.25
	脾脏	0.17±0.03	0.16±0.01	0.18±0.02	0.18±0.03	0.20±0.03[ab]	0.16±0.02[b]	0.20±0.04[a]
	心脏	0.36±0.06	0.33±0.04	0.37±0.05	0.37±0.05	0.35±0.02	0.34±0.03	0.38±0.03
	肺脏	0.55±0.08	0.61±0.05	0.57±0.07	0.65±0.09[a]	0.60±0.04	0.58±0.07	0.63±0.11
	胸腺	0.13±0.03	0.12±0.02	0.10±0.03	0.10±0.01[a]	0.13±0.03	0.11±0.01	0.11±0.02
	肾脏	0.71±0.07	0.69±0.06	0.76±0.09	0.78±0.08	0.77±0.08[b]	0.70±0.07	0.78±0.07
	肾上腺	0.026±0.006	0.029±0.006	0.027±0.005	0.029±0.007	0.031±0.007	0.032±0.009	0.032±0.006
	卵巢	0.054±0.020	0.050±0.010	0.052±0.008	0.053±0.014	0.063±0.013[b]	0.056±0.012	0.061±0.017

a. 添加转基因油菜籽的试验组与空白对照组相比有显著性差异（$P<0.05$）。

b. 添加转基因油菜籽的试验组与添加同等剂量非转基因油菜籽的试验组相比有显著性差异（$P<0.05$）。

由表6-13可知，与非转基因组相比，转基因组的大部分脏器系数不存在显著性差异，个别指标存在显著性差异（$P<0.05$）。

雄性组中，T2组的肺脏系数和T3组的心脏系数显著高于相应的非转基因组（$P<0.05$），但与CK组相比无此差异，属于正常范围值。

雌性组中，T1组的肝脏系数、肾脏系数和卵巢系数显著高于相应的非转基因组（$P<0.05$），但与CK组相比不存在显著性差异，属于正常范围值；T1组的脾脏系数显著高于相应的非转基因组和CK组（$P<0.05$），但高剂量组无此差异，差异无剂量相关性；T2组的大脑系数、脾脏系数和T3组的大脑系数与相应的非转基因组相比显著降低（$P<0.05$），但与CK组相比无显著性差异，属于正常范围值。

此外还有部分指标与 CK 组相比存在显著性差异，但与相对应的非转基因组相比不存在显著性差异，差异可能是由饲料中添加受试物引起的，与是否是转基因无关，如雄性 T2 组的肾上腺系数、雌性 T3 组的脾脏系数等。

因此，SD 大鼠食用含有转基因油菜籽的饲料 90 天后，未发现对脏器系数造成不良影响。

6. 组织病理学

对各组 SD 大鼠主要脏器组织进行病理切片，结果如图 6-2 和图 6-3 所示。

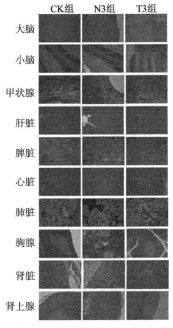

图 6-2　主要器官病理结果图

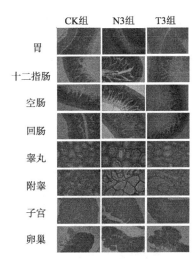

图 6-3　主要器官及胃肠病理结果图

脑：大脑和小脑皮质、髓质结构清晰，各组之间病变没有明显差异。

甲状腺：甲状腺滤泡结构清晰；个别组出现上滤泡皮脱落现象，各组之间病变没有明显差异。

肝脏：多数肝小叶正常，肝索和血窦结构清晰；常出现汇管区周围肝细胞轻度脂肪变性，个别大鼠肝组织中有炎性细胞浸润灶。各组间无明显差异。

脾脏：多数脾脏白髓、红髓结构清晰；部分可见脾脏边缘轻度水肿或充血，少数白髓轻度排空，或边缘区周围有条索状淋巴灶。雌性组的红髓内含铁血黄素明显较多，雌性、雄性各自组间无明显差异。

心脏：多数心肌完整，排列整齐；个别大鼠心肌组织变性，有炎性灶，其余未见明显组织病理改变，各组间无明显差异。

肺脏：出现局部肺泡隔增厚，同时可见肺中出现轻重程度不同的吸入血，各组间没有明显差异。

胸腺：胸腺皮质、髓质结构清晰；部分胸腺皮质有排空或星空样变，雌性、雄性各组之间病变没有明显差异。

肾脏：多数肾脏皮质、髓质、乳头结构清晰，可见叶间静脉或小叶间静脉轻度扩张，髓质深层局部肾小管上皮核小、深染；个别可见肾小囊内有蛋白，个别有慢性进行性肾病和组织间隙有炎性细胞浸润。各组间没有明显的病理变化的差异。

肾上腺：皮质的三层结构和髓质结构清晰；少数皮质束状带出现细胞局灶性变性、肿胀。雌、雄大鼠各组之间病变没有明显差异。

胃肠：多数管状器官的四层结构清晰；主要病理变化为肠绒毛或上皮细胞溶解，各组间病变没有明显差异。

睾丸和附睾：曲细精管结构正常，未见明显病变，各组之间病变没有明显差异。

卵巢和子宫：各组大鼠的卵巢未见明显病变，组间无明显差异。子宫壁常出现少量嗜酸性粒细胞为主的炎性细胞的分布。各组之间病变无明显差异。

综上，此次组织病理学检测未观察到各组间有明显差异。

7. 免疫组化检测

为了明确转基因油菜籽对雄性大鼠睾丸组织细胞及雌性大鼠卵巢组织细胞增殖情况的影响，本试验对雄性 CK 组、N3 组、T3 组的大鼠睾丸组织和雌性 CK 组、N3 组、T3 组的大鼠卵巢组织进行了增殖细胞核抗原（PCNA）免疫组化检测，PCNA 可反映细胞增殖状态。如图 6-4 和图 6-5 所示，紫色部分为细胞核，棕色部分

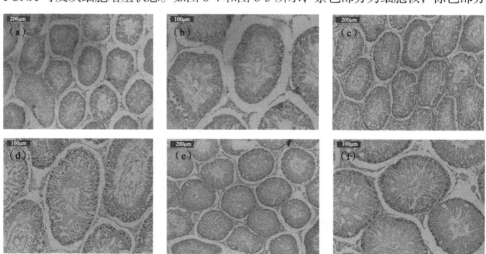

图 6-4　睾丸组织 PCNA 免疫组化染色结果
（a）和（b）为 CK 组，（c）和（d）为 N3 组，（e）和（f）为 T3 组

为PCNA表达位置，棕色的点越多越密集表示正在增殖的细胞越多。观察棕色部分可以看出，各组雄性大鼠睾丸组织细胞（图6-4）和各组雌性大鼠卵巢组织细胞（图6-5）的增殖情况未见明显差异。

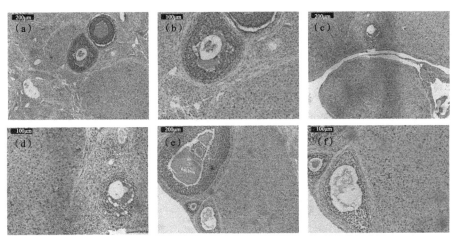

图6-5　卵巢组织PCNA免疫组化染色结果

（a）和（b）为CK组，（c）和（d）为N3组，（e）和（f）为T3组

作为所有固醇类激素生成、活性和非活性之间相互转化的关键酶，3β-羟基类固醇脱氢酶（3β-HSD）对维持哺乳动物体内激素之间的平衡、调节激素生成和代谢具有重要作用（董新星等，2011）。本试验对雄性CK组、N3组、T3组的大鼠睾丸组织和雌性CK组、N3组、T3组的大鼠卵巢组织进行了3β-HSD免疫组化检测。3β-HSD主要由间质细胞分泌，如图6-6和图6-7所示，紫色部分为细胞核，

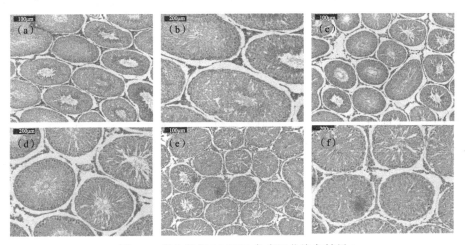

图6-6　睾丸组织3β-HSD免疫组化染色结果

（a）和（b）为CK组，（c）和（d）为N3组，（e）和（f）为T3组

间质棕色部分为 3β-HSD 表达位置，棕色的点越多越密集表示 3β-HSD 表达得越多。观察棕色部分可以看出，各组雄性大鼠睾丸组织间质细胞（图 6-6）和各组雌性大鼠卵巢组织间质细胞（图 6-7）3β-HSD 的表达量无显著性差异。

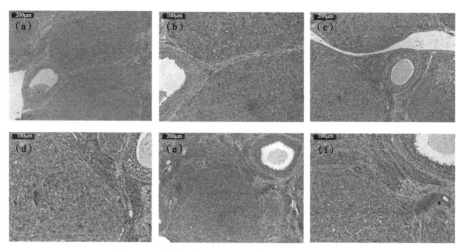

图 6-7　卵巢组织 3β-HSD 免疫组化染色结果

（a）和（b）为 CK 组，（c）和（d）为 N3 组，（e）和（f）为 T3 组

6.2.3　小结

本章对 SD 大鼠进行了为期 90 天的转基因油菜籽喂养试验，试验共设定了 7 组：CK 组（空白对照组）、N1 组（2.5%非转基因油菜籽）、N2 组（5%非转基因油菜籽）、N3 组（10%非转基因油菜籽）、T1 组（2.5%转基因油菜籽）、T2 组（5%转基因油菜籽）、T3 组（10%转基因油菜籽），结果发现如下。

（1）90 天喂养试验期间，各组大鼠生长正常，并未出现任何不良反应，且未发现转基因油菜籽对动物体重增量、总进食量、食物利用率产生不良影响。

（2）试验进行至中期和末期时，分别对各组大鼠进行了血常规指标和血生化指标检测，末期时还对各组大鼠的脏器系数进行了统计。虽然检测结果显示与非转基因组相比，转基因组的少数血常规、血生化和脏器系数等指标存在显著性差异，但这些差异在转基因组中并未出现剂量相关性。此外，对于差异指标所对应的组织切片，也进行了详细的病理学检测，各组间未见明显差异。因此，这些差异与受试物转基因油菜籽 Rf3 无关，由偶然因素造成。

（3）组织病理学切片检测结果表明，各组大鼠的主要器官和胃肠器官均未出现明显病变，各组间未观察到明显差异。

（4）生殖指标免疫组化检测结果显示，各组雄性大鼠睾丸组织细胞和各组雌性大鼠卵巢组织细胞的增殖情况及间质细胞 3β-HSD 的表达量均未见明显差异。

综上所述，在 90 天喂养试验中，未观察到转基因油菜籽对 SD 大鼠产生亚慢性毒性作用。

6.3　转 *bar/barstar* 基因油菜籽非期望效应评价

肠道是人体主要的消化吸收场所，也是机体重要的免疫器官，肠道健康与否对于机体整体的健康状况具有关键作用。由于肠道具有丰富的营养底物和较适宜的 pH，许多微生物栖息于此，研究表明，许多疾病均与肠道菌群代谢失调有关，如肥胖、糖尿病、肠道炎症等，因此肠道微生物的数量与组成对于肠道健康起着举足轻重的作用。

本试验通过 16S 测序方法对大鼠的肠道微生物进行测定，并运用气相色谱法测定大鼠的肠道短链脂肪酸含量，以探究转基因油菜是否会影响大鼠肠道健康。

6.3.1　试验方法

1. 粪便 DNA 提取

称取 0.2g 左右的大鼠粪便于 2mL 离心管中（称取过程中保持冷冻），记录每个样品的质量，然后提取其中的细菌 DNA，具体方法同 Guo 等（2014）的研究方法。

2. 测序

1）PCR 扩增

以稀释后的基因组 DNA 为模板，根据选择的测序区域，为了确保扩增的准确性和效率，使用带标签序列的特异引物、New England Biolabs 公司的 Phusion® High-Fidelity PCR Master Mix with GC Buffer 以及高效和高保真的酶进行 PCR。16S V3+V4 区引物为 341F 和 806R（表 6-14）。

表 6-14　16S V3+V4 区引物

引物	序列
341F	CCTAYGGGRBGCASCAG
806R	GGACTACNNGGGTATCTAAT

2）PCR 产物的混样和纯化

用 2%浓度的琼脂糖凝胶对 PCR 产物进行电泳检测，并用 Qiageng 公司提供的胶回收试剂盒回收产物。

3）文库构建和上机测序

使用 TruSeq® DNA PCR-Free Sample Preparation Kit 建库试剂盒进行文库构建，构建好的文库经过核酸蛋白定影仪 Qubit 和实时荧光定量聚合酶链式反应（RQ-PCR）定量，合格后，使用 HiSeq2500 PE250 进行上机测序。

以上步骤均由北京诺禾致源生物科技有限公司完成。

3. 测序数据生物信息学分析

1）基本生物信息学分析

基本生物信息学分析包括对下机数据的序列拼接、数据质量过滤、去嵌合体、运算分类单元（operational taxonomic units，OTU）聚类、OTU 的物种注释和 OTU 的序列计数统计，由北京诺禾致源生物科技有限公司完成。

2）OTU 数据的过滤

在得到 OTU 的物种注释和 OTU 的序列计数统计数据后，依据以下两条标准对 OTU 数据进行人工过滤：①由于后续分析以"属"为主要考察单位，因此删除对物种注释未精确到"科"的 OTU，对物种注释精确到"科"但未精确到"属"的 OTU，在"属"这一分类级别以"unknown+流水号"进行命名，以便区分；②若某 OTU 的序列只在某一个个体中被测到，且被测到的次数小于 5，则该 OTU 可能是由测序误差导致的，并且不具有统计学意义，予以删除。

将过滤后的 OTU 序列计数数据除以该样本过滤后序列总数，以得到 OTU 在样品中的相对含量。

3）肠道微生物群落整体变化及样品多样性分析

（1）将 OTU 相对含量数据导入 PAST 统计学软件中。

（2）利用 PAST 软件的 Multivariate/Non-metric MDS 工具对数据做非度量多维尺度（non-metric multi-dimensional scaling, NMDS）分析，Similarity index 参数选择 Bray-Curtis，其他参数默认。

（3）利用 PAST 软件的 Multivarate/One-way ANOSIM 工具对数据进行相似性分析，以对各组样品相似度进行显著性分析，Similarity index 参数选择 Bray-Curtis，其他参数默认。

（4）对不同样品在 97%一致性阈值下的 Alpha 多样性分析指数进行统计，

选择 Simpson 指数为多样性的指标。

4）肠道微生物关键菌种变化分析

（1）将 OTU 相对含量数据导入 LEfSe 在线生物信息学分析工具中（http://huttenhower.sph.harvard.edu/galaxy/）。

（2）以默认参数计算数据的 LDA Effect Size。

（3）依据数据的 LDA Effect Size，以默认参数绘制 LEfSe 结果的进化分支图。

5）统计分析

在 ANOSIM 分析、多样性分析等有定量数据的分析中，以 $P < 0.05$ 为显著性差异。

6.3.2　结果与分析

1. 肠道微生物 16S rDNA 测序数据概述

由于技术上的限制，目前的肠道微生物宏基因组学研究还难以实现对 16S rDNA 的全长测序。因此本章试验中，运用高通量测序技术对肠道微生物 16S rDNA 的 V3+V4 可变区进行了测序。

测序结果显示，从 CK 组、N3 组、T3 组的雌雄共 36 只大鼠的粪便样品中共获得 1790912 条过滤后的有效数据，平均每个样品有（49748±6989）条，每条数据平均长度为 412 nt，因此本次测序结果有效。V4 区对肠道菌种的区分度不足以达到"种"或"菌株"的水平，在本次测序结果中，OTU 的物种分类大部分注释到"科"和"属"的水平（含 279 个分类群，占比大于 97%），所以在后续分析时，选择"属"作为基本单位。其中，注释到"科"的 OTU，视为未知属；未注释到"科"的 OTU，予以去除。

在"门"水平上，各组含量最多的均是厚壁菌门（Firmicutes）和拟杆菌门（Bacteroidetes），超过 OTU 总数的 92%。

2. 对大鼠肠道微生物群落构成的影响

1）NMDS 分析

NMDS 分析是一种适用于生态学研究的排序方法。测序结果的 NMDS 图可以直观地反映各样品肠道微生物整体群落结构的聚类关系，在 NMDS 图上，两个点的距离越近意味着其所代表的两个样品相似度越高。当在 NMDS 图上难以判断各组肠道微生物群落结构是否有显著性差异时，可以用 ANOSIM 分析进一步做显著性的定量判断。

结合 NMDS 图（图 6-8）和 ANOSIM 分析（表 6-15）可以看出，无论是在雄性组还是雌性组中，N3 组和 T3 组在微生物群落结构方面与 CK 组均存在显著性差异（$P < 0.05$），但 N3 组和 T3 组之间无显著性差异，因此可以推断出上述差异可能是由饲料中添加油菜籽造成的，而与是否是转基因成分无关。

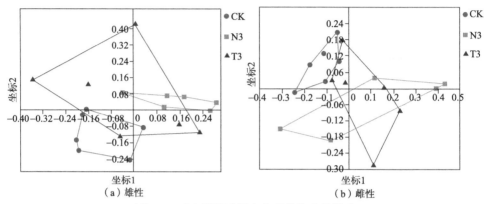

图 6-8   对大鼠肠道微生物群落构成的影响

表 6-15   ANOSIM 分析结果

性别		CK	N3	T3
雄性	CK	—	0.002[*]	0.0296[*]
	N3	0.002[*]	—	0.0653
	T3	0.0296[*]	0.0653	—
雌性	CK	—	0.0021[*]	0.0016[*]
	N3	0.0021[*]	—	0.1331
	T3	0.0016[*]	0.1331	—

*.表示相比较的两组间存在显著性差异（$P < 0.05$）。

2）多样性分析

Alpha 多样性用于分析样品内的微生物群落多样性（Whittaker，1972）。分析过程中，选择 Simpson 指数为多样性的指标。

由图 6-9 可以看出，无论是雄性大鼠还是雌性大鼠，N3 组和 T3 组的肠道微生物 Simpson 多样性指数与 CK 组相比均没有显著性差异（$P > 0.05$）。

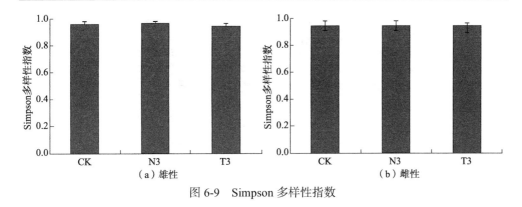

图 6-9　Simpson 多样性指数

3. 对大鼠肠道微生物关键菌群的影响

由上述可知，雄性组和雌性组中，N3 组与 T3 组之间的大鼠肠道微生物群落构成均无显著差异，但具体到肠道微生物的某一菌群含量是否有差异呢？对此，进行了进一步的探究。LEfSe 分析能够寻找组间具有统计学差异的物种（Segata et al., 2011），因此我们运用 LEfSe 在线工具分析了雌雄大鼠中 N3 组与 T3 组之间具有显著差异的微生物属。

从图 6-10 中可以看出，雄性组中，与 N3 组相比，T3 组中的 2 个微生物属增多，4 个微生物属减少；雌性组中，与 N3 组相比，T3 组中的 1 个微生物属增多，36 个微生物属减少，减少的属中包含几种致病菌，如微杆菌属（*Microbacterium*）、葡萄球菌属（*Staphylococcus*）、梭菌属（*Clostridium*）、副球菌属（*Paracoccus*）、不动杆菌属（*Acinetobacter*）、嗜冷菌属（*Psychrobacter*）。就益生菌而言，雌雄 N3 组与 T3 组的乳杆菌属（*Lactobacillus*）和乳球菌属（*Lactococcus*）均没有显著

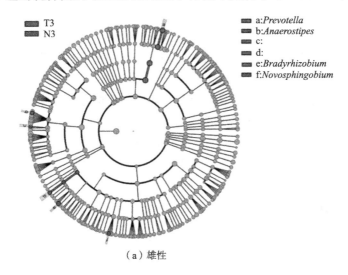

（a）雄性

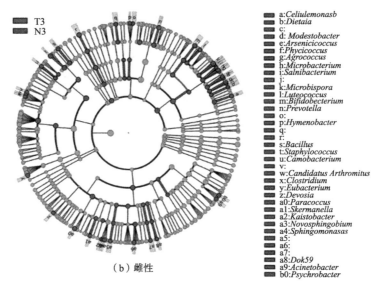

（b）雌性

图 6-10　通过 LEfSe 分析对大鼠肠道微生物关键菌群的影响
从里到外的圆圈分别表示界、门、纲、目、科、属，红色的圆圈表示该分类群在 T3 组比 N3 组中更有优势，绿色
的圆圈表示该分类群在 N3 组比 T3 组中更有优势，字母后没有"属"名称表示该分类群注释到未知属

差异，而雌性 T3 组的双歧杆菌属（*Bifidobacterium*）要高于 N3 组，但经过后续的 *t* 检验分析发现两组间并不存在显著性差异。就潜在的致病菌而言，雌雄 N3 组与 T3 组的大肠杆菌属（*Escherichia coli*）和变形杆菌属（*Proteus*）均不存在显著性差异，并且各组均未发现其他肠道病原菌，这归功于动物饲养的无特定病原体（SPF）级环境。

4. 短链脂肪酸测定

短链脂肪酸是肠道微生物代谢的重要产物，是肠道微生物分解消化纤维素、蛋白质、氨基酸时所释放的。短链脂肪酸具有重要的生理功能，其既可以作为肠道上皮细胞的能量来源，也可以降低粪便 pH，减少直肠细胞增生、预防结肠癌等。除此之外，短链脂肪酸还可以影响回肠的蠕动、盲肠黏液素的分泌、调节肠道菌群等，是反映肠道微生物活力的重要指标。短链脂肪酸包括乙酸、丙酸、丁酸等，其中乙酸和丙酸能够进入肝脏参与糖异生过程为机体提供能量，并与肝脏脂肪和胆固醇代谢密切相关；丁酸可预防结肠癌、降低胆固醇、促进肠壁细胞增殖分化。本试验利用气相色谱法测定了 CK 组、N3 组和 T3 组雌雄大鼠肠道中的短链脂肪酸含量。

1）标准曲线

测定乙酸、丙酸、丁酸的标准曲线如图 6-11 所示，各组样品内的短链脂肪酸含量依照相应标准曲线进行计算。

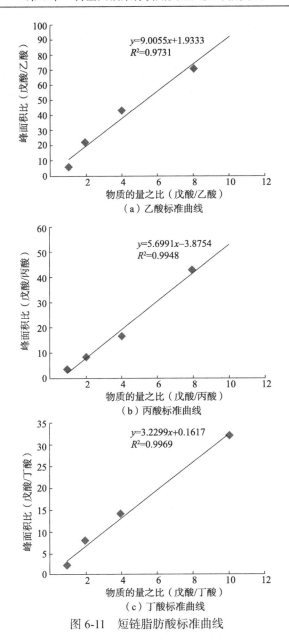

图 6-11　短链脂肪酸标准曲线

2）短链脂肪酸测定结果

由图 6-12 可以看出，雄性组中，各组间乙酸、丙酸、丁酸的含量均没有显著性差异。雌性组中，T3 组的乙酸含量显著低于 CK 组和 N3 组（$P<0.05$），但雄性 T3 组中无此差异；而雌性各组的丙酸和丁酸含量均无显著性差异。

　　乙酸可以进入肝脏参与糖异生的过程，还可以透过血脑屏障直接被脑部摄取，促进抑制食欲的神经肽的表达，直接调节食欲（Kimura et al., 2011）。肠道中的多种细菌均可分解糖产生乙酸，如双歧杆菌属、拟杆菌属、瘤胃球菌属、真杆菌属、消化链球菌属、链球菌属、梭菌属等的细菌（陈燕等，2006）。雌性 T3 组的梭菌属减少，这可能是造成该组大鼠肠道中乙酸含量降低的原因之一。此外，研究表明，乙酸主要由升结肠内菌群发酵产生（方建东，2014）。不排除雌性 T3 组大鼠升结肠内菌群发生变化的可能，具体情况有待进一步探究。虽然雌性 T3 组的乙酸含量显著降低，但该结果与 Tian 等（2016）关于毕赤酵母表达的抗菌肽铁调素对 SD 大鼠肠道健康影响的探究中的雌性试验组大鼠第 90 天的肠道乙酸含量相当。

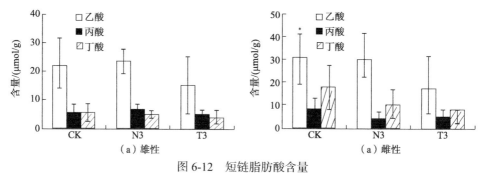

图 6-12　　短链脂肪酸含量
*表示 T3 组与 CK 组和 N3 组相比均存在显著性差异（$P<0.05$）

6.3.3　小结

　　通过 16S 测序方法对大鼠的肠道微生物进行测定，并运用气相色谱法测定了大鼠的肠道短链脂肪酸含量，结果发现如下。

　　（1）在微生物群落结构方面，基于 NMDS 和 ANOSIM 分析，雄性大鼠和雌性大鼠的 N3 组与 T3 组在微生物群落结构方面均不存在显著性差异，且 CK、N3、T3 各组间的 Alpha 多样性也相当。

　　（2）在微生物关键菌群方面，基于 LEfSe 分析，发现雌性 T3 组的几种致病菌含量低于 N3 组，包括微杆菌属（*Microbacterium*）、葡萄球菌属（*Staphylococcus*）、梭菌属（*Clostridium*）、副球菌属（*Paracoccus*）、不动杆菌属（*Acinetobacter*）、嗜冷菌属（*Psychrobacter*）。

　　（3）短链脂肪酸测定结果显示，雌性 T3 组的乙酸含量与 CK 组和 N3 组相比显著降低（$P<0.05$），但雌性各组的丙酸、丁酸含量以及雄性各组的短链脂肪酸含量均无明显差别。

　　综上，转基因油菜籽 Rf3 对大鼠微生物群落结构方面无影响，而雌性转基因

T3 组大鼠肠道内的几种致病菌减少了、乙酸含量降低了。

6.4　案例小结

对转基因抗草铵膦油菜籽 Rf3 进行了食用安全性评价，主要分析了转基因油菜籽 Rf3 的营养成分，开展了 90 天喂养试验观察其对 SD 大鼠的营养作用和亚慢性毒性作用，并结合生殖和肠道健康指标初步探究该转基因油菜品系对大鼠的非期望效应。

（1）营养成分分析结果表明，在主要营养成分（水分、灰分、脂肪、蛋白质）、维生素、脂肪酸、氨基酸、矿质元素和抗营养因子方面，转基因油菜籽 Rf3 与非转基因油菜籽基本等同。

（2）亚慢性毒理学评价中，未见转基因油菜籽 Rf3 对 SD 大鼠具有亚慢性毒性作用。在 90 天饲喂试验期间，各组大鼠生长正常，未出现中毒和死亡现象，体重增量、总进食量、食物利用率、血常规、血生化和脏器系数等各项生理指标基本正常，少数指标差异属于偶然现象，不具代表性，与受试物无关。此外，在组织病理学切片检测和免疫组化检测结果中均未见各组间存在明显差异。

（3）在肠道健康方面，通过 16S 测序对大鼠的肠道微生物有了一定了解，并运用气相色谱法分析了大鼠肠道的短链脂肪酸含量。结果表明，转基因油菜籽 Rf3 对大鼠微生物群落结构方面无影响，对大鼠微生物关键菌群和短链脂肪酸的影响存在性别差异。差异具体表现在关键菌群方面，雌性 T3 组的几种致病菌含量低于 N3 组，包括微杆菌属（*Microbacterium*）、葡萄球菌属（*Staphylococcus*）、梭菌属（*Clostridium*）、副球菌属（*Paracoccus*）、不动杆菌属（*Acinetobacter*）、嗜冷菌属（*Psychrobacter*）；短链脂肪酸方面，雌性 T3 组的乙酸含量与 CK 组和 N3 组相比显著降低（$P<0.05$）。

参 考 文 献

陈燕, 曹郁生, 刘晓华. 2006. 短链脂肪酸与肠道菌群. 江西科学, 24(1): 38-40.

董瑨. 2009. 调控几个脂肪酸合成关键基因对油菜种子芥酸含量的影响. 武汉: 华中农业大学.

董新星, 方美英, 陈刚. 2011. 3β 和 17β 羟基类固醇脱氢酶的研究进展. 中国畜牧兽医, 38(8): 66-70.

方建东. 2014. 抗性淀粉对小鼠肠道菌群的影响以及作用机制的研究. 杭州: 浙江工商大学.

郎天琦. 2017. 转基因抗草铵膦油菜 Rf3 食用安全性评价. 北京: 中国农业大学.

郎天琦, 邹世颖, 侯曼, 等. 2016. SD 大鼠 90d 喂养试验生理生化指标正常参考值的研究. 中国兽医杂志, 52(12): 99-101.

卢长明, 肖玲, 武玉花. 2005. 中国转基因油菜的环境安全性分析. 农业生物技术学报, (3): 267-275.

戚存扣, 盖钧镒, 章元明. 2001. 甘蓝型油菜芥酸含量的主基因+多基因遗传. 遗传学报, (2): 182-187.

王璐. 2014. 中国油菜产业安全研究. 武汉: 华中农业大学.

杨文秀, 王萍, 杨晓宇, 等. 2010. 叶面施硒对油菜产量及品质的影响. 内蒙古农业大学学报(自然科学版), 31(3): 88-90.

邹娟, 鲁剑巍, 陈防, 等. 2009. 应用 ICP-MS 测定双低与双高油菜籽的矿质元素含量. 光谱学与光谱分析, 29(9): 2571-2573.

Guo M, Huang K, Chen S, et al. 2014. Combination of metagenomics and culture-based methods to study the interaction between ochratoxin A and gut microbiota. Toxicological Sciences: An Official Journal of the Society of Toxicology, 141(1): 314-323.

Hérouet C, Esdaile D J, Mallyon B A, et al. 2005. Safety evaluation of the phosphinothricin acetyltransferase proteins encoded by the pat and bar sequences that confer tolerance to glufosinate-ammonium herbicide in transgenic plants. Regulatory Toxicology & Pharmacology, 41(2): 134-149.

Kimura I, Ozawa K, Inoue D, et al. 2011. The gut microbiota suppresses insulin-mediated fat accumulation via the short-chain fatty acid receptor GPR43. Nature Communications, 4(11): 1829.

Lang T Q, Zou S Y, Huang K L, et al. 2017. Safety assessment of transgenic canola RF3 with bar and barstar gene on Sprague-Dawley (SD) rats by 90-day feeding test. Regulatory Toxicology and Pharmacology, 91: 226-234.

OECD. 2011. Revised consensus document on compositional considerations for new varieties of low erucic acid rapeseed (Canola): key food and feed nutrients, anti-nutrients and toxicants. Organisation for Economic Co-operation and Development, Paris.

Segata N, Izard J, Waldron L, et al. 2011. Metagenomic biomarker discovery and explanation. Genome Biology, 12(6): 60.

Tian L, Chen S, Liu H, et al. 2016. *In vivo* effects of Pichia pastoris-expressed antimicrobial peptide hepcidin on the community composition and metabolism gut microbiota of rats. PLoS One, 11(10): e0164771.

Whittaker R H. 1972. Evolution and measurement of species diversity. Taxon, 21(2/3): 213-251.

第7章 转基因大豆食用安全风险评估实践

提要

■ 大豆是一种重要的油料作物和高蛋白粮饲兼用作物

■ 常见转基因大豆品种有抗除草剂大豆、营养改良型大豆等

■ 针对以上类型的转基因大豆开展了食用安全风险评估实践

■ 转基因大豆在营养成分上与传统大豆实质等同

■ 转基因大豆与对照大豆具有同样的安全性

引　言

大豆是一种重要的油料作物和高蛋白粮饲兼用作物，与人们的生活息息相关。在食品和工业领域中，应用最广的为大豆种子，它是食用植物油与牲畜饲料蛋白的主要来源之一；而且，大豆还是某些传统食品（如豆腐、豆豉、酱油、人造牛奶和人造肉等）的主要成分和许多加工食品的原料。目前，大豆的主要种植国家和地区为美国、阿根廷、巴西、中国、欧盟、日本与墨西哥等。其中，主要出口国为美国、阿根廷与巴西；而其他各国为主要进口国。我国大豆产量很低但使用量却很高，主要靠从国外进口，且在我国传统的饮食习惯中，豆制品占据了很大的比例。所以提高我国大豆的生产供应能力成为当务之急。

传统的大豆品种产量潜力有限，稳产性不佳，抗逆、抗病虫能力差或单一，适应性较弱，在逆境条件下产量低，在高水肥条件下易倒伏，用现有除草剂进行化学除草时，均有不同程度的药害，且对部分杂草防除效果很差。而转基因技术则能有针对性地转入相应基因，解决传统大豆限产低产的问题。

转基因大豆是目前分布区域最广、种植面积最大的转基因作物。自1994年抗草甘膦转基因大豆获准推广以来，转基因大豆的种植面积迅速扩大。全球转基因作物总种植面积达到185.1百万公顷，而转基因大豆的种植面积占全球转基因作物总种植面积的50%，转基因大豆的播种面积也已达世界大豆总面积的50%以上。在美国，90%以上的大豆都是转基因大豆，而我国提炼食用油的大豆多从美国进口。近年来，我国大豆进口量节节攀升，目前对外依存度已高达87%。2016年，我国进口超过8700万吨的大豆，其中超过80%是从美国市场进口的转基因大豆。

　　1994 年 5 月，美国孟山都公司培育的抗草甘膦除草剂转基因大豆首先获准在美国商业化种植。1997 年，杜邦公司获得美国食品药品监督管理局批准推广种植高油酸（70%）转基因大豆。1998 年，AgrEvo 公司研制的抗草丁膦大豆被批准进行商业化生产。截至目前，共有 19 种转基因大豆商业化种植获得批准，包括 1 种抗虫、3 种高油、11 种抗除草剂、1 种抗虫抗除草剂、3 种抗除草剂高油转基因大豆。

　　在抗除草剂大豆中，绝大多数是抗草甘膦品种，其种植面积占压倒性优势，特别是在美国与阿根廷两国，基本上都是抗草甘膦品种；其次是抗草铵膦品种；此外，尚有抗磺酰脲类除草剂（绿磺隆、氯嘧磺隆）品种，但在生产中极少种植。抗草甘膦大豆是将鼠伤寒沙门氏菌（*Salmonella typhimurium*）、大肠杆菌（*Escherichia coli*）中分离出的突变基因 *aro A* 以及从土壤杆菌（*Agrobacterium* spp.）菌系 CP4 中分离出的抗草甘膦 *EPSPS* 基因克隆并通过载体系统导入大豆中；抗草铵膦大豆是从吸水链霉菌（*Streptomyces hygroscopicus*）中分离并克隆的抗性基因 *bar* 及从绿色链霉菌（*Streptomyces viridochromogenes* Tü494）分离出具有同一功能的基因 *pat*，将此基因导入大豆而获得抗性的。转基因抗除草剂大豆的大面积种植不仅改变了除草剂新种开发及现有品种的销售格局，而且在大豆育种，特别是耕作栽培中引起了极大的变革，为有效地防治杂草、改进耕法、提高产量开辟了新的途径。

【案例】转基因大豆 DP-356O43 食用安全风险评估实践

　　转基因大豆 DP-356O43 是一种抗草甘膦类除草剂以及乙酰乳酸合酶（ALS）抑制型除草剂的新型作物，含有两个新型的表达基因，对两种不同的除草剂产生抗性。一个是 *gat4601* 基因，可以编码 GAT 酶解除草甘膦的毒性从而使得作物对其产生抗性，因为草甘膦类除草剂会阻碍莽草酸途径生物合成所需的芳香族氨基酸（苯丙氨酸、酪氨酸和色氨酸），从而阻碍植物的生长；另一个是 *gm-hra* 基因，可以编码在分支氨基酸（亮氨酸、异亮氨酸和缬氨酸）合成中起重要作用的乙酰乳酸合成酶，因为 ALS 抑制型除草剂（磺酰脲类/咪唑啉酮）通过抑制植物的乙酰乳酸合酶，阻止支链氨基酸的生物合成，从而抑制细胞分裂，使植物分生组织停止生长，使其死亡。其因优良的性状在各国得到了广泛应用。

　　转基因大豆 DP-356O43 于 2003 年开始在美国中部进行田间试验，2004 年在美国三个试验点做田间试验，同年冬天在美国夏威夷以及 2005 年夏天在美国本土共 16 个试验点做了进一步的田间抗性试验。2006 年田间试验点拓展到 36 个，在每个试验点的每个试验阶段都证实了转基因大豆 DP-356O43 对不同浓度的草甘膦与磺酰脲类除草剂的抗性。

7.1　转基因大豆 DP-356O43 亚慢性毒性评价

7.1.1　试验方法（表 7-1）

表 7-1　90 天喂养试验分组方案

组别	饲料
CK 组	基础日粮组（空白对照组）
N1 组	添加 7.5%非转基因大豆 JACK
N2 组	添加 15%非转基因大豆 JACK
N3 组	添加 30%非转基因大豆 JACK
T1 组	添加 7.5%转基因大豆 DP-356O43
T2 组	添加 15%转基因大豆 DP-356O43
T3 组	添加 30%转基因大豆 DP-356O43

7.1.2　结果与分析

在转基因产品的食用安全性评价中，90 天的亚慢性毒性试验无疑是 FAO/WHO/OCED 所提出的实质等同性原则下食物评价的最直观反映，能够反映出营养成分在动物体内长期的代谢吸收情况以及次级代谢产物的变化所导致的非期望效应，对于转基因食品的营养和毒性作用具有重要的研究意义。

1. 体重增长与进食量

各组 SD 大鼠在 90 天的试验周期内行动灵活，毛色顺滑，正常进食和饮水，没有发现异常的排泄物和分泌物，没有发现明显的中毒情况，也没有动物异常死亡。

体重与进食量是毒理学试验中衡量动物中毒情况的重要直观指标。体重增长降低或增长缓慢可由多方面原因造成：毒性物质既可能影响消化系统，造成食欲降低或消化吸收不良，又可能造成肾功能损伤，影响水的摄取。因此，体重与进食量的变化能反映动物中毒的综合情况。

表 7-2 显示大鼠体重变化情况与平均总进食量结果，在初始体重相差不大的情况下，基础日粮组雌性大鼠的体重增量比其他各组明显偏高，但雄性组没有出现这种趋势并且转基因大豆组与非转基因大豆亲本对照组间没有出现任何显著性差异。这表明上述差异可能是由动物性别差异以及基础日粮与大豆饲料营养成分来源不同造成的。此外，雄性大鼠 T2 组总进食量比 N2 组显著升高，但 T3 组与

对应雌性组无此趋势，该差异为偶然差异。其他转基因组的体重增量、总进食量、食物利用率指标与对应的非转基因组之间无显著差异。

　　因此，大鼠食用含有转基因大豆和非转基因大豆的饲料 90 d 后，体重增长与食物利用率各组之间无显著差异；总进食量有偶然差异，但无剂量相关性与性别相关性，与受试物无关。

表 7-2　　大鼠体重与总进食量

性别	组别	体重增量/g	总进食量/g	食物利用率/%
雄性	CK	483±40	1741±143	27.7±2.1
	N1	476±46	1778±88	26.9±2.2
	N2	457±49	1821±200	25.4±2.5[a]
	N3	448±46	1947±133	23.1±2.4[a]
	T1	465±31	1836±90	25.5±2.0[a]
	T2	484±45	2036±161[b]	23.8±1.7[a]
	T3	436±47	2065±304	21.1±2.7[a]
雌性	CK	282±19	2077±207	12.5±4.7
	N1	235±41[a]	1745±592	13.2±3.5
	N2	251±27	1641±96	15.4±1.9
	N3	234±21[a]	1977±307	12.2±2.2
	T1	264±31	2153±481	13.5±2.3
	T2	236±20[a]	2096±436	11.5±2.5
	T3	232±19[a]	1710±463	13.1±2.9

　　a. 添加转基因与非转基因大豆的试验组与空白对照组有显著性差异（$P<0.05$）。

　　b. 添加转基因大豆的试验组与添加同等剂量的非转基因大豆的试验组有显著性差异（$P<0.05$）。

2. 血常规指标

　　第 45 天、第 90 天禁食 12 小时后，采集血液样品，测定血常规，结果如表 7-3 和表 7-4 所示，第 45 天血常规指标中，雄性大鼠 T1 组的 PLT、PCT 指标与非转基因组和基础日粮组有显著差异，但在 T2、T3 组与雌性组中未发现类似差异。雌性大鼠 T2 组的 MCH、MCHC、PLT、PCT 与非转基因组相比有显著差异，但与基础日粮组无显著差异，在正常范围内；且 T3 组与雄性组中无类似差异。因此，中期血常规指标的差异无剂量相关性与性别相关性，且末期检测时这些差异消失，为偶然差异。

表 7-3　45 天试验中期大鼠血常规结果

性别	组别	WBC /(×10⁹L⁻¹)	RBC /(×10¹²L⁻¹)	HGB /(g/L)	HCT/%	MCV /fL	MCH/pg	MCHC /(g/L)	RDW/%	PLT /(×10⁹L⁻¹)	PCT /%	MPV /fL	PDW/fL
雄性	CK	20.9±5.6	7.30±0.56	166±11	45.0±3.0	61.7±2.5	22.7±0.7	368±8	12.3±0.4	278±53	0.19±0.04	6.9±0.2	13.3±0.4
	N1	20.1±6.9	6.90±0.75	159±19	43.1±4.9	62.5±1.2	23.0±1.0	368±12	12.3±0.4	247±24	0.17±0.02	6.9±0.2	13.6±0.4
	N2	20.6±5.8	7.39±0.95	167±22	45.9±5.8	62.2±2.0	22.6±0.9	364±11	12.3±0.4	270±64	0.18±0.05	7.0±0.3	13.3±0.6
	N3	22.6±7.4	8.28±1.40	181±25	51.0±8.0	61.7±2.5	22.0±1.0	357±10ᵃ	12.7±0.5	331±75	0.22±0.05	6.9±0.2	12.7±0.5ᵃ
	T1	21.5±7.5	8.10±1.15	175±23	49.9±7.3	61.5±1.8	21.0±3.1	341±50	12.4±0.3	376±80ᵃᵇ	0.26±0.06ᵃᵇ	7.0±0.3	13.0±0.4ᵇ
	T2	19.4±7.1	8.41±1.54	192±35	53.5±9.4	60.8±1.1	21.8±0.6ᵃ	359±9ᵃ	12.4±0.3	343±150	0.24±0.10	7.2±0.6	13.3±0.5
	T3	22.9±7.4	8.28±1.01	180±17	50.2±5.7	60.8±1.3	22.2±0.7	365±8	12.7±0.4	340±126	0.23±0.08	7.1±0.4	12.9±0.7
雌性	CK	11.6±4.8	5.71±0.86	129±20	34.5±5.1	60.5±1.7	22.6±1.0	374±12	11.6±0.2	259±45	0.19±0.02	7.3±0.7	13.2±0.8
	N1	12.8±4.4	6.50±1.83	143±43	39.8±10.6	61.3±1.5	22.8±0.4	372±8	11.7±0.4	244±80	0.15±0.07	7.1±0.6	13.4±0.4
	N2	9.9±4.9	4.97±1.10	120±16	31.5±4.7	60.6±1.6	22.1±0.5	365±14	11.7±0.5	179±61ᵃ	0.13±0.04ᵃ	7.4±1.0	13.6±0.6
	N3	15.6±5.9	6.17±1.16	139±22	37.0±6.4	60.1±1.9	22.6±0.8	376±11	11.8±0.4	268±48	0.20±0.05	7.2±0.6	13.1±0.7
	T1	10.5±2.5	5.54±0.51	125±11	33.4±2.9	60.4±1.7	22.7±0.9	375±16	11.7±0.4	270±50	0.19±0.04	7.2±0.3	13.5±0.4
	T2	14.2±4.2	5.75±0.49	131±11	34.3±2.1	60.8±1.1	23.3±0.7ᵇ	380±13ᵇ	11.8±0.4ᵃ	285±40ᵇ	0.20±0.03ᵇ	7.1±0.2	13.4±0.3
	T3	15.8±4.5	6.96±1.12	153±22	41.3±6.2	59.0±1.0	21.9±0.8	371±11	12.0±0.4ᵃ	351±68	0.25±0.05	7.1±0.2	13.2±0.5

a. 添加转基因与非转基因大豆的试验组与空白对照组有显著性差异（$P<0.05$）。
b. 添加转基因大豆的试验组与添加同等剂量的非转基因大豆的试验组有显著性差异（$P<0.05$）。

表 7-4 90 天试验末期大鼠血常规结果

性别	组别	WBC /(×10^9L^{-1})	RBC /(×10^{12}L^{-1})	HGB /(g/L)	HCT/%	MCV/fL	MCH/pg	MCHC /(g/L)	RDW/%	PLT /(×10^9L^{-1})	PCT/%	MPV/fL	PDW/fL
雄性	CK	12.0±4.4	7.4±0.5	161±11	41.8±2.7	56.2±1.9	21.6±0.8	383±12	12.4±0.2	332±39	0.26±0.05	7.2±0.4	12.7±0.8
	N1	11.4±2.5	7.1±0.5	155±11	39.9±3.2	56.4±1.3	22.0±0.9	387±5	12.2±0.4	369±63	0.27±0.05	7.5±0.5	12.9±0.4
	N2	9.3±3.0	7.3±0.7	158±15[a]	41.3±3.9	56.4±1.3	21.6±0.6	383±7	12.4±0.4	365±67	0.28±0.06	7.4±0.3	12.7±0.6
	N3	14.5±3.8	7.0±0.5	151±11[a]	39.3±2.7[a]	56.1±2.0	21.6±0.7	385±13	12.1±0.2[a]	377±24	0.27±0.02	7.3±0.1	12.6±0.4
	T1	8.8±2.7	7.0±0.5	148±9	38.8±2.5	55.6±1.3	21.3±0.7[a]	383±9	12.0±0.4	352±29	0.27±0.05	7.1±0.2	12.4±0.5
	T2	14.5±2.1[b]	7.4±0.6	156±13	40.9±3.1	55.7±1.4	21.2±0.6	381±8	12.1±0.4	285±43[a]	0.20±0.03[ab]	7.1±0.2[b]	12.8±0.7
	T3	17.8±4.5[a]	7.6±0.9	161±19	43.1±5.9	56.3±1.1	21.1±0.7	378±10	12.0±0.5	294±62	0.20±0.04	7.0±0.2[b]	13.0±0.4
雌性	CK	10.2±2.6	6.6±0.5	147±11	38.6±2.8	58.9±1.2	22.4±0.5	378±5	11.6±0.2	209±28	0.14±0.02	7.1±0.3	13.4±0.3
	N1	10.3±3.6	6.5±0.4	148±10	39.1±2.3	60.2±1.8	22.7±0.9	378±7	11.6±0.3	214±37	0.15±0.03	7.4±0.4[a]	13.7±0.4[a]
	N2	8.2±2.9	6.6±0.5	145±10	38.8±2.4	59.1±1.5	22.1±0.6	374±8	11.4±0.4	208±37	0.14±0.02	7.1±0.4	13.7±0.4
	N3	10.5±3.0	6.4±0.5	140±7	38.0±2.4	59.5±2.2	21.8±1.0	367±11[a]	11.5±0.3	194±52	0.13±0.04	7.1±0.3	13.7±0.6
	T1	9.7±1.8	6.9±0.8	149±16	40.7±4.1	59.1±1.4	21.7±0.7	367±8	11.5±0.4	206±26	0.14±0.02	7.1±0.4[b]	14.0±0.4[a]
	T2	8.6±2.6	6.7±0.5	150±11	40.4±2.9	60.1±1.1[a]	22.3±0.6	370±8	11.4±0.3	206±43	0.14±0.03	7.1±0.3	13.8±0.5
	T3	9.0±1.6	6.5±0.6	142±15	38.3±3.7	59.1±1.0	21.8±0.5[a]	370±10	11.4±0.3	180±39	0.12±0.03	7.1±0.4	13.6±0.5

a. 添加转基因与非转基因大豆的试验组与空白对照组有显著性差异（$P<0.05$）。
b. 添加转基因大豆组与添加同等剂量的非转基因大豆的试验组有显著性差异（$P<0.05$）。

由表 7-4 可知，末期血常规指标中，雄性大鼠的 T2 组的 WBC 值比 N2 组明显偏高，但与基础日粮组无显著差异，在正常范围内；PCT 值比基础日粮组与非转基因对照组偏低，但高剂量组中无此差异。T2 与 T3 组的 MPV 值比非转基因组偏低，但与基础日粮组无显著差异，在正常范围内；以上差异在雌性组中均未出现。雌性大鼠 T1 组的 MPV 值比非转基因组偏低，但与基础日粮组无显著差异，且 T2、T3 组中无类似差异。因此，末期血常规指标的差异无剂量相关性与性别相关性，为偶然差异。

因此，食用转基因大豆大鼠的血常规指标与非转基因组相比存在一些差异，但这些差异不具有剂量相关性和性别相关性，为偶然差异，与受试物无关。

3. 血生化指标

血、尿等体液的检查是发现受试物是否会导致器官功能紊乱的重要手段，血液作为动物体内循环系统的主要液体组织，含有各种营养成分，如无机盐、氧、细胞代谢产物、激素、酶和抗体等，对维持生命有重要作用。血清中的多种酶和化学成分与各种脏器的功能相关联，如乳酸脱氢酶（LDH）可反映心脏的受损状况；谷丙转氨酶（ALT）、天冬氨酸转氨酶（AST）、碱性磷酸酶（ALP）、总蛋白（TP）与白蛋白（ALB）能反映肝的病理变化；血清总胆固醇（CHO）包括游离胆固醇和胆固醇酯，其血清浓度可作为脂代谢的指标；血糖（GLU）反映机体糖的消化吸收情况；Ca、P 可反映胰腺和骨的病变状况等。正常情况下，血清中只检测到低水平的酶（如 AST、ALT），在某些毒物的作用下，肝细胞膜的完整性受到破坏，胞浆中的这些酶进入血液，几小时内能升高 5～10 倍从而产生异常（王建中，2004）。但是血清相关化学参数变化的生理意义需结合动物的病理表现和相关器官的病理情况进行综合诊断。

在试验第 45 天和第 90 天取血，分离血清，进行血液生化检测，结果见表 7-5 和表 7-6。由表 7-5 可知，中期血生化指标中，雄性大鼠 T1 组的 TP 值与 ALB 值、T2 组的 ALB 值与非转基因组相比有显著性差异，但在 T3 组与雌性组中没有类似差异。因此这些差异无剂量相关性与性别相关性，为偶然差异。雌性大鼠的转基因大豆组与对应的非转基因大豆组无显著性差异。

由表 7-6 可知，末期血生化指标中，雄性大鼠 T1 组的 CHO 与 TG 值、T2 组的 CHO 值与非转基因组相比有显著性差异，但在 T3 组与雌性组中无类似差异。T3 组的 Ca 含量比非转基因组显著偏高，但与基础日粮组无显著差异，在正常范围内；且雌性组中也没有类似差异。雌性大鼠 T2 组的 P 含量比非转基因组显著升高，但与基础日粮组无显著差异，在正常范围内；且 T3 组与雄性组无此差异。因此这些差异无剂量相关性与性别相关性，为偶然差异。

表7-5 45天试验中期大鼠血生化指标

性别	组别	LDH /(U/L)	ALT /(U/L)	ALP /(U/L)	AST /(U/L)	TP /(g/L)	ALB /(g/L)	UREA /(mmol/L)	GLU /(mmol/L)	Ca /(mmol/L)	P /(mmol/L)	CHO /(mmol/L)	TG /(mmol/L)
雄性	CK	2537±448	55.9±4.5	263±55	236.7±28.8	7.26±0.42	42.1±1.6	5.7±0.8	4.2±0.3	2.81±0.18	3.60±0.54	2.47±0.24	0.81±0.23
	N1	2347±556	54.8±9.3	288±65	251.1±43.4	7.05±0.22	43.5±1.8ᵃ	5.0±0.7	4.7±0.6	2.86±0.22	3.71±0.45	2.36±0.25	1.11±0.39
	N2	2099±598	60.7±11.8	275±90	232.6±41.6	7.43±0.38	44.5±1.3ᵃ	5.1±0.8	4.9±1.1	2.67±0.13	3.51±0.46	2.05±0.20ᵃ	0.87±0.41
	N3	2882±627	65.2±9.1	293±34	274.8±55.9	7.73±0.50ᵃ	41.8±1.9	5.5±0.8	4.0±0.9	2.65±0.38	3.30±0.54	2.53±0.47	0.86±0.21
	T1	2873±628	58.0±4.7	224±58	267.4±42.2	7.57±0.38ᵇ	40.7±1.1ᵇ	5.2±1.0	3.6±0.6ᵃ	2.87±0.24	3.53±0.34	2.19±0.25ᵃ	1.08±0.45
	T2	2588±505	58.1±6.7	238±68	268.1±54.6	7.53±0.44	41.8±2.1ᵇ	5.2±0.9	4.2±0.3	2.80±0.21	3.49±0.35	2.29±0.36	0.97±0.37
	T3	3053±508	70.3±18.8	235±48	275.5±17.8	8.00±0.38ᵃ	42.2±1.9	4.8±0.7	4.0±0.6	2.73±0.99	4.07±0.46	2.21±0.41	0.66±0.21
雌性	CK	2326±755	46.0±7.1	218±102	241.6±78.6	9.12±0.49	51.0±2.8	5.8±1.5	5.0±1.4	3.02±0.24	3.25±0.57	2.80±0.62	1.54±1.20
	N1	2201±751	47.1±6.4	197±89	221.7±39.6	9.29±0.47	52.0±2.6	6.5±0.6	5.1±1.3	2.97±0.22	3.08±0.52	2.59±0.27	1.75±1.24
	N2	2460±512	61.0±11.7ᵃ	263±118	231.1±34.5	8.67±0.41	50.5±2.2	6.9±1.0	5.4±0.9	2.85±0.22	3.11±0.55	2.70±0.42	1.13±0.27
	N3	2924±399	62.6±10.8ᵃ	262±121	251.8±36.5	8.43±0.30ᵃ	50.6±1.8	6.6±1.0	4.7±0.6	3.10±0.38	3.36±0.70	2.44±0.32	0.84±0.21
	T1	2316±473	52.8±6.7ᵃ	251±97	213.5±23.2	9.14±0.51	51.5±2.9	6.3±1.0	5.1±0.6	2.90±0.36	2.95±0.43	2.74±0.40	1.83±0.77
	T2	2318±799	57.9±16.8	240±103	210.7±69.1	8.72±0.58ᵃ	48.3±3.2ᵃ	6.1±0.8	5.3±1.1	3.03±0.19	3.44±0.74	2.41±0.24	1.48±0.82
	T3	2722±570	58.5±13.5	189±57	243.1±47.3	8.51±0.50ᵃ	50.5±2.3	6.0±0.8	4.9±0.7	3.05±0.25	3.32±0.68	2.29±0.52	0.78±0.15

a. 添加转基因与非转基因大豆的试验组与空白对照组有显著性差异（P<0.05）。
b. 添加转基因大豆的试验组与添加同等剂量的非转基因大豆的试验组有显著性差异（P<0.05）。

表 7-6　90 天试验末期大鼠血生化指标

性别	组别	LDH /(U/L)	ALT /(U/L)	ALP /(U/L)	AST /(U/L)	TP /(g/L)	ALB /(g/L)	UREA /(mmol/L)	GLU /(mmol/L)	Ca /(mmol/L)	P /(mmol/L)	CHO /(mmol/L)	TG /(mmol/L)
雄性	CK	3161±585	53.9±6.2	122±37	207.4±35.8	6.83±0.18	37.16±1.45	6.75±1.42	5.4±0.8	2.75±0.08	2.62±0.21	1.8±0.1	0.67±0.25
	N1	4078±891[a]	62.1±11.5	100±21	268.1±45.0[a]	7.18±0.65	39.66±2.10[a]	6.81±1.25	5.3±0.6	2.73±0.13	2.94±0.20[a]	1.8±0.2	0.73±0.16
	N2	4032±1115	61.5±14.2	100±14	264.4±50.4[a]	6.75±0.64	37.40±2.85	6.71±1.17	5.0±0.3	2.69±0.14	2.87±0.25[a]	1.5±0.1[a]	0.61±0.38
	N3	4656±880[a]	59.7±4.7[a]	118±20	280.0±47.4[a]	6.96±0.30	37.04±1.26	7.49±0.56	4.9±0.6	2.70±0.06[a]	3.00±0.19[a]	2.1±0.4	0.64±0.26
	T1	4955±847[a]	65.3±15.9[a]	96±10	311.1±39.3[a]	7.10±0.39[a]	38.77±1.61[a]	8.38±2.40	5.4±0.4	2.61±0.09[a]	3.00±0.26[a]	2.0±0.2[ab]	0.51±0.08[b]
	T2	3766±540	59.7±7.3	101±18	279.2±47.4[a]	7.11±0.40[a]	36.46±2.36	8.17±2.08	5.5±1.8	2.83±0.06	3.19±0.16[a]	2.2±0.3[ab]	0.59±0.14
	T3	3791±572	65.1±13.0[a]	95±11	310.6±68.1[a]	7.27±0.66	37.86±2.90	8.81±1.34	5.5±0.5	2.86±0.06[b]	3.15±0.12[a]	2.1±0.3[a]	0.59±0.16
雌性	CK	3040±326	54.0±7.0	60±10	244.6±33.9	8.50±0.53	47.97±3.02	6.67±0.41	6.2±0.5	3.09±0.10	2.47±0.22	2.9±0.4	1.17±0.48
	N1	2935±723	52.2±12.6	50±17	230.1±53.4	8.31±0.48	47.53±2.99	7.38±0.92	6.1±0.4	3.08±0.15	2.14±0.32[a]	3.0±0.3	1.02±0.34
	N2	3443±1205	59.3±14.7	68±25	258.1±45.7	8.17±0.56	49.28±3.25	7.15±1.08	5.9±0.4	3.05±0.13	2.28±0.19	3.4±0.9	0.86±0.19
	N3	3911±647[a]	63.4±9.9	74±27	276.4±51.4	8.04±0.48	47.17±2.36	7.39±0.82[a]	5.8±0.5	3.07±0.22	2.45±0.42	2.5±0.4	0.79±0.20
	T1	3167±1066	53.0±8.4	74±39	236.0±63.9	8.19±0.55	50.02±2.92	7.93±0.93[a]	5.9±1.0	3.10±0.11	2.38±0.15	3.0±0.8	0.99±0.41
	T2	3191±881	52.4±11.1	53±18	235.7±41.9	8.39±0.72	50.31±3.47	7.97±1.17[a]	5.4±0.5[a]	3.12±0.12	2.55±0.20[b]	3.0±0.6	0.74±0.32
	T3	3670±875	56.9±12.7	61±15	251.8±64.8	8.07±1.48	49.99±2.17	8.49±0.74[a]	5.9±0.7	3.04±0.18	2.71±0.40	2.8±0.5	0.67±0.06[a]

a. 添加转基因大豆的试验组与空白对照组有显著性差异（P<0.05）。
b. 添加转基因大豆的试验组与添加同等剂量的非转基因大豆的试验组有显著性差异（P<0.05）。

因此，虽然食用转基因大豆与非转基因大豆大鼠血生化指标存在差异，但这些差异在其对应的异性组及高剂量组没有体现，不具有剂量相关性和性别相关性，为偶然差异，与受试物无关。

4. 脏器系数

脏器系数是反映动物发育、营养、中毒情况的重要指标。肝和肾作为解毒和排泄器官容易导致染毒受试物积聚，其质量的异常更能反映受试物的毒性作用。试验末期，对各组动物解剖后，观察重要脏器的颜色、大小、病变情况，并称量重要的脏器如心、肝、脾、肺、肾、卵巢或睾丸的质量，计算各脏器与体重的比值。其中肝、肾是机体中重要的代谢器官，也是许多毒性物质的靶器官，因此机体的中毒反应常常导致脏器的表观、质量、组织性变化，观察这两个器官对于了解毒性产生机理具有重要的意义。其中，脑的正常值参考范围为 0.30%～0.49%；肝的正常值参考范围为雄性 2.29%～3.80%，雌性 2.21%～4.05%；肾的正常值参考范围为 0.53%～0.89%；睾丸的正常值参考范围为 0.49%～0.89%。

试验末期，大鼠宰杀后进行解剖，观察大体病理变化，摘取主要脏器进行质量称量，并计算脏器与体重的比值。大体病理观察显示试验动物的脏器情况基本正常。脏器系数结果见表 7-7。雄性大鼠中，T2 组的胸腺系数比 N2 组偏低，但与基础日粮组无显著差异，且 T3 组与雌性组无此差异，因此该差异为偶然差异。其他转基因组的脏器系数与对应的非转基因组之间无显著差异。

因此，大鼠食用含有转基因大豆的饲料 90 天后，与非转基因组相比，脏器系数偶有差异，但这些差异在正常的历史参考值范围内且在对应的高剂量组及异性组中并没有出现，表明其无剂量相关性与性别相关性，另外毒理切片未显示相关器质性病变，为偶然差异，与受试物无关。

5. 组织病理学

转基因大豆组与基础日粮组和非转基因大豆组进行对比，观察结果如下。

心脏：未见异常。心肌纤维排列整齐，心肌细胞清晰，心内膜结构完整，无增厚，心内膜下无充血、出血等病变。

肝脏：未见异常。肝小叶轮廓清晰，肝细胞索排列整齐，肝细胞大小、形态、汇管区结构等与基础日粮组无差异。

脾脏：未见异常。脾脏被膜完整，小梁结构清晰，脾白髓、红髓间界限清楚，脾小体大小、数目、位置正常，淋巴细胞分化良好，无充血、出血。

肺脏：未见异常。肺小叶轮廓明显，肺间质未见异常；支气管、细支气管和肺泡结构正常，肺泡上皮细胞排列较整齐、完整，无增生或脱落；肺泡壁毛细血

表 7-7　大鼠 90 天试验末期脏器系数

（单位：%）

性别	组别	大脑	心脏	肝脏	脾脏	肺脏	肾脏	肾上腺	胸腺	睾丸或子宫	附睾或卵巢
雄性	CK	0.39±0.03	0.30±0.05	2.44±0.37	0.16±0.03	0.34±0.05	0.68±0.07	0.014±0.003	0.101±0.008	0.64±0.06	0.31±0.05
	N1	0.40±0.04	0.32±0.05	2.19±0.18	0.16±0.03	0.36±0.05	0.66±0.08	0.017±0.003	0.119±0.026	0.66±0.07	0.36±0.07
	N2	0.43±0.05	0.32±0.03	2.22±0.14	0.15±0.02	0.35±0.03	0.68±0.06	0.017±0.003[a]	0.111±0.011	0.68±0.07	0.36±0.09
	N3	0.42±0.04	0.33±0.04	2.32±0.16	0.16±0.02	0.37±0.07	0.66±0.07	0.015±0.004	0.108±0.035	0.71±0.09	0.34±0.08
	T1	0.42±0.03[a]	0.33±0.04	2.27±0.11	0.16±0.03	0.39±0.05	0.69±0.07	0.018±0.003[a]	0.126±0.041	0.68±0.07	0.41±0.15
	T2	0.42±0.04	0.32±0.04	2.31±0.14	0.15±0.01	0.33±0.04	0.67±0.04	0.020±0.006[a]	0.091±0.016[b]	0.66±0.08	0.34±0.07
	T3	0.44±0.05[a]	0.34±0.04[a]	2.35±0.10	0.14±0.01	0.36±0.05	0.70±0.03	0.017±0.004	0.092±0.020	0.70±0.07	0.35±0.07
雌性	CK	0.61±0.05	0.30±0.10	2.53±0.23	0.19±0.02	0.46±0.09	0.68±0.06	0.028±0.003	0.135±0.045	0.21±0.07	0.05±0.01
	N1	0.68±0.09[a]	0.35±0.05	2.53±0.28	0.17±0.02	0.50±0.07	0.69±0.05	0.029±0.011	0.149±0.038	0.23±0.07	0.06±0.01
	N2	0.70±0.08[a]	0.32±0.10	2.64±0.17	0.18±0.03	0.51±0.05	0.72±0.06	0.028±0.005	0.122±0.040	0.21±0.03	0.04±0.01
	N3	0.71±0.04[a]	0.36±0.02	2.55±0.13	0.17±0.03	0.50±0.04	0.71±0.05	0.029±0.006	0.123±0.031	0.24±0.04	0.06±0.02
	T1	0.65±0.08	0.35±0.04	2.61±0.31	0.18±0.04	0.46±0.10	0.69±0.05	0.030±0.009	0.121±0.038	0.20±0.04	0.05±0.01
	T2	0.73±0.06[a]	0.36±0.04	2.61±0.27	0.18±0.03	0.50±0.06	0.71±0.04	0.080±0.160	0.135±0.044	0.24±0.04	0.05±0.01
	T3	0.74±0.10[a]	0.39±0.02[a]	2.63±0.25	0.18±0.02	0.49±0.07	0.73±0.06	0.033±0.004[a]	0.124±0.050	0.28±0.04	0.06±0.01

a. 添加转基因与非转基因大豆的试验组与空白对照组有显著性差异（$P<0.05$）。

b. 添加转基因大豆的试验组与添加同等剂量的非转基因大豆的试验组有显著性差异（$P<0.05$）。

管内无充血现象。

肾脏：未见异常。肾实质和肾盂、肾皮质和髓质结构清晰；肾小管无肿胀、脱落等病变；肾间质未见明显的充血、出血或增生性变化。

胸腺：未见异常。被膜完整，胸腺分叶明显，小叶皮质淋巴细胞和网状细胞形态正常；髓质中淋巴细胞比较稀疏，网状细胞较为显著。

肾上腺：未见异常。肾上腺被膜完整，球状带、束状带和网状带细胞结构完整、清晰；髓质细胞形态一致，未见充血、出血、坏死等病变。

胃：黏膜层、固有层、肌层和浆膜层结构完整，未见脱落、渗出或炎症等病变。

胰腺：未见异常。

十二指肠：未见变化。

空肠：与基础日粮组和非转基因大豆组相比未见变化。各层结构完整清晰，无脱落、出血等病变。

大脑：未见异常。脑膜完整，各层神经元和胶质细胞形态完整、清晰；锥体细胞形态、染色正常，无变性、坏死和胶质细胞增生等现象。

小脑：未见异常。小脑皮层各区细胞形态、染色正常，无变性、坏死等病变。

卵巢：未见异常。结构清晰，皮质中可见不同发育阶段的卵泡、黄体和白体；卵泡细胞为单层扁平、立方和柱状上皮细胞。间质中无充血、出血现象。

子宫：未见异常。子宫内膜、肌层和外膜完整。子宫黏膜上皮完整，由单层柱状上皮组成，内膜腺体较少，腺上皮呈高柱状假复层上皮，固有层由血管和结缔组织组成，子宫肌层为平滑肌，浆膜由疏松结缔组织和间皮组成。

睾丸：未见异常。睾丸形态结构完整，曲精小管管壁可见不同发育阶段的生精细胞；睾丸间质支持细胞呈不规则的高柱状或锥状，疏松结缔组织中含有丰富的血管和淋巴管。

附睾：未见异常。

非转基因大豆 JACK 组与基础日粮组相比，所检器官在组织病理学观察分析方面无差异。转基因大豆 DP-356O43 组与基础日粮组和非转基因大豆组相比，所检器官未见组织病理学病变。

7.1.3　小结

在大鼠饲料中添加 7.5%、15%、30%的转基因大豆 DP-356O43 和非转基因大豆 JACK，饲喂大鼠 90 天后，大鼠生长情况正常，没有中毒或死亡情况发生。食用转基因大豆和非转基因大豆大鼠的体重和总进食量无显著性差异。各组的血常规指标、血生化指标、脏器质量虽然存在一些差异，但主要分布在基础日粮组和大豆试验组之间，转基因大豆组和非转基因大豆组之间差异较少，并且这些差异都是随机分布的，不存在剂量相关性和性别相关性，因此这些差异不认为与食用转基因大豆相关。脏器毒理切片结果显示，食用转基因大豆大鼠的主要脏器与食用基础日粮和非转基因大豆的大鼠相比，没有出现特异性的毒性变化。在大鼠摄入更适合人类食用的转基因大豆 90 天后，没有发现转基因大豆对大鼠有不良作用。因此，转基因大豆 DP-356O43 与非转基因大豆 JACK 对试验动物没有不良作用且具有相似的营养作用。

7.2 转基因大豆 DP-356O43 对 SD 大鼠肠道菌群的影响

7.2.1 试验方法

1. 粪便 DNA 提取

1）试验对象

20 只雄性和 20 只雌性 SD 大鼠（由北京大学医学部饲养）喂食占基础饲料 30%的转基因大豆 DP-356O43（T3）和其亲本对照非转基因大豆 JACK（N3）。在 90 天喂养开始前（0 天）、之后每隔一月（1 个月、2 个月、3 个月）采取大鼠的粪便，真空冷冻干燥后放置于−80℃冰箱保存。

2）改良的传统方法提取菌群 DNA

（1）取 0.05g 放置于 2mL 小离心管内，加入 1mL TE 缓冲液悬浮沉淀，4000g 离心 2min，去掉上清液，重复上述步骤一次。

（2）在沉淀中加入 1mL 裂解液，混匀剧烈振荡 5min，37℃保温 30min，其间不断上下摇晃。

（3）12000r/min 离心 10min，吸上清于一新的 2mL 离心管中。

（4）用等体积的酚：氯仿：异戊醇（25：24：1）抽提，12000r/min 离心 10min，将上清液移至干净离心管。

（5）等体积的氯仿：异戊醇（24：1）抽提，12000r/min 离心 10min，移上清液至干净离心管。

（6）加入 1 倍体积异丙醇，颠倒混合，−80℃沉淀过夜。

（7）12000r/min 离心 10 min，70%乙醇冲洗，于室温干燥。

（8）加入 50μL TE 缓冲液溶解，加入 5μL RNase（10mg/mL），37℃保温 30min。试剂盒纯化（TIANamp 公司）。

（9）DNA 产物保存在−20℃。

2. 细菌通用引物扩增 16S rDNA

本试验针对 16S rDNA V3 区，选用了一对引物，其中 F 端分为加 gc 串和不加 gc 串两种引物（表 7-8）。经过反复摸索、优化，最终确定了本试验中 PCR 反应的参数和程序（表 7-9）。

表 7-8　PCR 引物序列

引物	引物序列(5′—3′)
gc-338F	CGCCCGCCGCGCGCGGCGGGCGGGGCGGGGGCACGGGGGGACTCCTACGGGAGGCAGCAG
338F	ACTCCTACGGGAGGCAGCAG
518R	ATTACCGCGGCTGCTGG

表 7-9　PCR 反应程序

预变性	扩增（35 个循环）	延伸
	94℃/30s	
94℃/5min	58℃/30s	72℃/7min
	72℃/30s	

3. DGGE 检测条件

由 DCode 基因突变检测系统进行 DGGE，在 Muyzer 等方法的基础上加以改进，条件为：6%～12%的丙烯酰胺/甲叉双丙烯酰胺，45%～60%的变性梯度凝胶[7mol/L 尿素和 40% (*v/v*) 去离子甲酰胺定义为 100%的变性梯度凝胶]，0.5×TAE 作为电泳液。取各样品 PCR 产物 10μL，与相同体积的 10 × loading buffer 混合均匀，上样。电泳温度 60℃，200V 电泳 30min 出现点样孔后改为 80V 电泳 16h。电泳结束后，用 1/10000 的 SYBR Green I 染色 30min。经荧光-化学发光成像系统曝光 6s，保存图像。

4. 图谱相似性分析

图像不同泳道之间用 QuantityOne 凝胶分析软件分析，使用 UPGAMA 聚类分析不同组大鼠肠道菌群的相似性。

5. 差异性条带回收及测序

将不同组间出现的相似性及差异性条带切下来，用聚丙烯酰胺凝胶试剂盒回收后用 338F 和 518R 按如表 7-9 所示的程序扩增 20 个循环。产物送中国农业科学研究院测序。根据所测定的 16S rDNA V3 区域序列，通过 NCBI GeneBank 数据库进行序列相似性比对。

7.2.2 结果与分析

图 7-1 和图 7-2 是对喂食占基础饲料 30% 的转基因大豆 DP-356O43（T3）和其亲本对照非转基因大豆 JACK（N3）的 20 只雄性和 20 只雌性 SD 大鼠在 90 天喂养开始前（0 天）以及之后每隔一月（1 个月、2 个月、3 个月）采取大鼠的粪便菌群分析结果。由图 7-1 可以看出，电泳条带基本清晰，相同组间条带基本一致，不同组间条带有些差别。有些条带出现在不同时期的不同组内，为共有条带（如 B4、D3），但也存在一些有显著差别的特异性条带（如 A2、D5、D9），将这些条带编号切下，经回收再次进行 PCR 后测序。

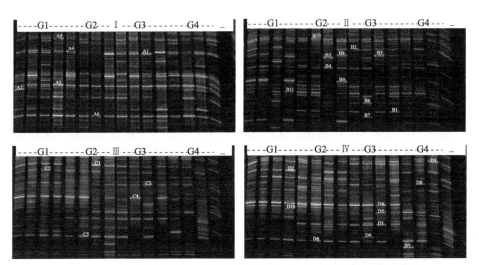

图 7-1　30% 剂量转基因大豆与非转基因大豆组 SD 大鼠肠道菌群分析

DGGE 分析，原核生物 16S rRNA 基因通用引物（518R 和 341F）PCR 扩增产物的 45%～60% 变性梯度凝胶电泳结果；G1 为非转基因对照大豆 JACK，雄性；G2 为转基因大豆 DP-356O43，雄性；G3 为非转基因对照大豆 JACK，雌性；G4 为转基因大豆 DP-356O43，雌性；Ⅰ、Ⅱ、Ⅲ、Ⅳ分别代表时间点 0 个月、1 个月、2 个月、3 个月

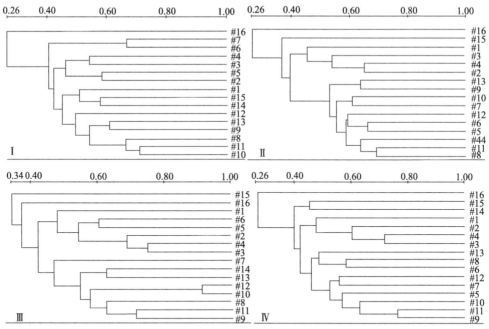

图 7-2   16S rDNA V3 区 SD 大鼠 DGGE 条带分析

#1、#2、#3、#4 为雄性非转基因大豆 JACK 组；#5、#6、#7、#8 为雄性转基因大豆 DP-356O43 组；

#9、#10、#11、#12 为雌性非转基因大豆 JACK 组；#13、#14、#15、#16 为雌性转基因大豆 DP-356O43 组；

Ⅰ、Ⅱ、Ⅲ、Ⅳ分别代表 0 天、1 个月、2 个月、3 个月

1. DGGE 图谱分析

由图 7-1 和图 7-2 中看出，无论是转基因大豆还是非转基因大豆，无论是雄性大鼠还是雌性大鼠，在第 0 天时条带几乎无差异，这证明了在喂养初期各组肠道粪便菌群状况一致，排除了研究初期大鼠自身肠道粪便菌群差异对结果的影响；在喂食大豆的第 1 个月时共有条带少有出现，而在随后的第 2、3 个月越来越多，排除了性别差异的影响。由于 SD 大鼠的生命周期大约为两年，而本研究中所涉及的时期为大鼠生命的青少年期，所以这种变化可能是大鼠在生长过程中肠道自身对大豆的逐步适应过程的反映（Tiihonen et al., 2010）。

另外，图 7-1 和图 7-2 中所示结果得出转基因大豆与非转基因大豆不同组间的条带有很大的相似性。无论是不同性别还是不同时期，G1（雄性非转基因大豆组）、G2（雄性转基因大豆组）以及 G3（雌性非转基因大豆组）、G4（雌性转基因大豆组）组间的相似性都很高；同理，G1（雄性非转基因大豆组）、G4（雌性转基因大豆组）和 G2（雄性转基因大豆组）、G3（雌性非转基因大豆组）组间也是如此。这说明转基因大豆与非转基因大豆对 SD 大鼠肠道菌群的影响相似。

2. 差异性条带测序的结果

表 7-10 为切下来的共有条带与特异性条带的测序结果，在所分析的 32 个条带中，有 22 个条带是经测序比对得出不能培养的菌群，占总切胶条带的 68.8%。这表明肠道中的大部分菌群是无法用传统培养基培养研究的，也说明肠道粪便中的大量菌群没有得以研究。这与许多文献结论一致，Suau 等（1999）在研究中发现有 76% 的胃肠道菌群为不能培养的菌群；Mao 等（2008）的研究中报道胃肠中不能培养的菌群达到 63%。

表 7-10　特异性条带测序结果

编号	相似序列、来源、编号	相似度/%
A1	*Streptomyces* sp. GS-5 partial 16S rRNA gene, isolate GS-5 (AM889473)	95
A2	*Psychrobacter* sp. PRwf-1, complete genome (CP000713)	100
A3	*Bacillus selenitireducens* MLS10, complete genome (CP001791)	100
A4	Uncultured *Clostridiales* bacterium clone M2-41R ribosomal RNA gene（EU530252）	96
A5		94
B9	Uncultured bacterium clone RMAM0389 16S ribosomal RNA gene partial sequence (HQ319319)	95
D5		92
B1	*Listeria monocytoqenes* L99 serovar 4a, complete genome（FM211688）	100
B2	*Listeria monocytoqenes* HCC23, complete genome (CP001175)	100
B3	*Bacteroidetes bacterium* TRS1-A1 partial 16S rRNA gene, strain TRS1-A1 (FN997637)	94
B4	*Streptomyces binqchenqqensis* BCW-1, complete genome (CP002047)	100
B5	Uncultured bacterium clone p-1082-a5 16S ribosomal RNA gene from pig intestine (AF371765)	98
B6	Uncultured *Bacteroidates bacterium* clone SS152 16S ribosomal RNA gene partial sequence (HM442705)	90
B7	Uncultured bacterium clone U000033046 16S ribosomal RNA gene partial sequence (GU578562)	97
D6		98
B8	Uncultured bacterium clone R-8232 16S ribosomal RNA gene partial sequence (FJ881240)	95
C3		95
D7		97
B10	Uncultured bacterium clone PF4224 16S ribosomal RNA gene partial sequence (GU622119)	98
C1	*Bifidobacterium animalis* subsp. *lactis* V9, complete genome (CP001892.1)	100
D3		100
C2	*Enterobactrer cloacae* strain F10 16S ribosomal RNA gene, partial sequence (FJ608242.1)	96
C4	Uncultured *Firmicutes bacterium* clone BC-COM538 16S ribosomal RNA gene, partial sequence (HQ727570)	94
C5	Uncultured marine bacterium 16S rRNA gene, clone 16-08-04F10 (FR684520)	95
D1	*Escherichia coli* partial 16S rRNA gene, strain CWS19 (FM207521)	95
B11		96
D2	*Clostridium* sp. AL03-15 partial 16S rRNA gene, isolate AL03-15 (FM865974)	97
D4	Uncultured bacterium clone LL141-609 16S ribosomal RNA gene partial sequence (FJ675165)	97

续表

编号	相似序列、来源、编号	相似度/%
D5	Uncultured bacterium clone ncd2528d01c1 16S ribosomal RNA gene partial sequence (JF217267)	98
D8	Uncultured bacterium clone TS3_a01a05 16S ribosomal RNA gene from human intestine (FJ368164)	95
D9	Uncultured bacterium clone U000038759 16S ribosomal RNA gene partial sequence (GU580336)	95
D10	Uncultured *Flexibacteraceae bacterium* clone LiUU-9-122 16S ribosomal RNA gene partial sequence (AY509312)	95

其中，许多共有条带位于不同胶上的同一位置。如 A5、B9、D5 是位于 3 板不同胶上同一位置上的条带，与一种不能培养的细菌 RMAM0389 分别达到了94%、95%、92%的相似度；同理，B7、D6 对应于不能培养的微生物 U000033046（相似度分别达 97%、98%），B8、C3、D7 表明为不能培养的微生物 R-8232（相似度分别达 95%、95%、97%）；另外，共有条带 C1、D3 的测序结果表明为*Bifidobacterium animalis* subsp.，相似度达到了 100%，D1、B11 分别对应于*Escherichia coli*（相似度分别达 95%、96%）。

同时，有些共有条带位于同一块胶上的不同组间：A1 测序结果为*Streptomyces* sp.，A3 对应于 *Bacillus selenitireducens*，B1 和 B2 结果表明为 *Listeria monocytoqenes*，C2 测序结果为 *Enterobactrer cloacae* strain，D2 为 *Clostridium* sp.，剩余的其他条带为不能培养的微生物（如 A4、B5、C5 和 D8），它们普遍存在于转基因大豆与非转基因大豆组的雄、雌大鼠中。

另外，也存在一些特异性条带：A2 测序结果为 *Psychrobacter* sp.，且 D5、D9 测序结果表明为不可培养的微生物。

综上，这些结果均表明转基因大豆与非转基因大豆对 SD 大鼠肠道菌群的影响相似。

3. 样品相对定量结果

经过统计整理，饲喂转基因和非转基因大豆的大鼠肠道各菌群的相对定量结果见表 7-11，柱状图如图 7-3 所示。由图 7-3 可以看出，转基因大豆 DP-356O43 组中目标菌群的定量结果略低于非转基因大豆 JACK 组，但是二者的变化趋势一致；另外，雄性大鼠中转基因大豆组中 *Enterococcus* genus 的相对定量值整体略低于非转基因大豆组，但是转基因大豆组基本稳定变化不大；雌性大鼠中非转基因大豆组 *Clostridium perfringens* subgroup 的相对定量值先显著降低后略有上升，相反转基因组变化稳定逐渐上升。结果表明，无论是雄性大鼠还是雌性大鼠，转基因大豆与非转基因大豆对 SD 大鼠肠道特定菌群的影响基本一致，但相对于非转基因大豆而言，转基因大豆对大鼠肠道菌群的影响更稳定。

表 7-11　SD 大鼠转基因大豆 DP-356O43 组与非转基因大豆 JACK 组各菌群相对定量结果

性别	目标细菌	非转基因大豆 JACK			转基因大豆 DP-356O43		
		1 个月	2 个月	3 个月	1 个月	2 个月	3 个月
雄性	所有细菌	0.81±0.038	0.40±0.024	1.5±0.042	0.61±0.017	0.22±0.021	1.06±0.0069
	Bifidobacterium genus	1.03±0.044	1.55±0.048	1.28±0.023	1.00±0.0055	1.24±0.022	1.21±0.022
	Bacteroides-Prevotella group	0.06±0.0014	0.12±0.021	0.34±0.068	0.070±0.0030	0.070±0.0080	0.22±0.0039
	Clostridium perfringens subgroup	0.11±0.016	0.050±0.0012	0.070±0.0026	0.080±0.0025	0.060±0.0049	0.070±0.0042
	Enterococcus genus	0.60±0.014	0.79±0.039	1.14±0.061	0.34±0.011	0.31±0.063	0.36±0.012
	Escherichia coli subgroup	0.24±0.042	0.07±0.0014	0.14±0.010	0.21±0.027	0.090±0.035	0.080±0.0017
	Lactobacillus group	2.25±0.059	2.25±0.062	1.42±0.059	1.13±0.023	2.21±0.053	0.54±0.049
雌性	所有细菌	0.73±0.037	0.48±0.023	1.27±0.038	0.62±0.063	0.31±0.019	1.21±0.013
	Bifidobacterium genus	0.51±0.048	0.92±0.054	1.50±0.108	0.86±0.055	0.83±0.013	1.18±0.070
	Bacteroides-Prevotella group	0.62±0.013	0.77±0.039	0.72±0.026	0.85±0.10	0.67±0.015	0.80±0.193
	Clostridium perfringens subgroup	0.15±0.019	0.054±0.005	0.082±0.0020	0.05±0.0021	0.10±0.0026	0.13±0.12
	Enterococcus genus	0.70±0.040	0.70±0.015	1.12±0.065	0.81±0.022	1.09±0.121	1.22±0.031
	Escherichia coli subgroup	0.080±0.0054	0.03±0.0017	0.19±0.0175	0.09±0.0020	0.06±0.0025	0.11±0.0091
	Lactobacillus group	1.44±0.077	0.51±0.031	0.46±0.028	1.19±0.020	0.34±0.024	0.30±0.014

注：结果用平均值±标准差表示。双歧杆菌属 *Bifidobacterium* genus；拟杆菌-普氏菌群 *Bacteroides-Prevotella* group；产气荚膜梭菌亚群 *Clostridium perfringens* subgroup；肠球菌属 *Enterococcus* genus；大肠杆菌亚群 *Escherichia coli* subgroup；乳酸菌群 *Lactobacillus* group；下同。

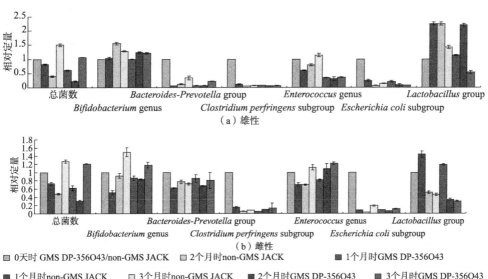

图 7-3　SD 大鼠转基因大豆 DP-356O43 组与非转基因大豆 JACK 组各菌群相对定量柱状图

转基因大豆组与非转基因大豆组雌雄大鼠中总菌群的变化完全一致，表明大鼠肠道粪便的总菌群变化与大豆品种与大鼠性别无关，这与 DGGE 的结果一致。对于雄性大鼠而言，*Bacteroides-Prevotella* group、*Clostridium perfringens* subgroup 和 *Escherichia coli* subgroup 的定量结果低于 *Bifidobacterium* genus、*Enterococcus* genus 和 *Lactobacillus* group；而雌性大鼠的 *Clostridium perfringens* subgroup 和 *Escherichia coli* subgroup 定量结果低于 *Bifidobacterium* genus、*Enterococcus* genus、*Lactobacillus* group 和 *Bacteroides-Prevotella* group。无论是雄性大鼠还是雌性大鼠，总菌数量、*Escherichia coli* subgroup 和 *Clostridium perfringens* subgroup 的相对定量值先下降后上升；而*Bifidobacterium* genus、*Bacteroides-Prevotella* group 和 *Enterococcus* genus 一直上升或者变化不大，*Lactobacillus* group 几乎下降了一半。由于 SD 大鼠的生命周期大约为两年，而本研究中所涉及的时期为大鼠生命的青少年期，所以这种变化可能是大鼠在生长过程中肠道自身对大豆的逐步适应所导致的(Tiihonen et al., 2010)。当然，雄性大鼠与雌性大鼠间也存在一些差别。

首先，在雄性大鼠中，维持肠道正常生理健康的微生物 *Bacteroides-Prevotella* group、*Enterococcus* genus 和 *Escherichia coli* subgroup 呈增长趋势；而雌性大鼠中虽然这三种菌的变化与雄性大鼠相似，但是 *Bacteroides-Prevotella* group 所占的量却远高于雄性大鼠。这可能是由大鼠性别差异所导致的。其次，在雄性大鼠中，抑制肠道病原菌和腐败菌的有益微生物 *Bifidobacterium* genus 和 *Lactobacillus* group 先上升后下降，且 *Bifidobacterium* genus 变化不大，*Lactobacillus* group 却下降了将近一半；雌性大鼠中 *Bifidobacterium* genus 逐渐上升且变化不大，*Lactobacillus* group 急剧下降了三分之二。这可能是由两种菌之间的相互作用所导致的。最后，雄性大鼠中，通常在以往的研究中用于评价整个肠道健康的腐败菌 *Clostridium perfringens* subgroup 相对于第 0 天显著下降且基本保持稳定不变，雌性大鼠中 *Clostridium perfringens* subgroup 相对于第 0 天显著下降且有些变化，但基数太小变化几乎可以忽略。综上所述，大豆对大鼠肠道特定菌群所产生的影响与大鼠的年龄、性别以及菌群之间的相互作用相关，而与大豆品种无关。

7.2.3　小结

占基础饲料 30% 的转基因大豆 DP-356O43 和非转基因大豆 JACK 对 SD 大鼠的肠道粪便菌群影响相似。16Sr DNA PCR-DGGE 的结果表明，无论是转基因大豆还是非转基因大豆，无论是雄性大鼠还是雌性大鼠，各组之间的条带相似性很大，且共有条带在喂食大豆第 1 个月的时候少有出现，而在随后的第 2、3 个月越来越多。相对定量法的结果表明，无论是雄性大鼠还是雌性大鼠，转基因大豆与非转基因大豆对 SD 大鼠肠道特定菌群的影响基本一致，但相对于非转基因大豆而言，转基因大豆对大鼠肠道菌群的影响更稳定。大鼠肠道总菌群的变化反映了大鼠肠道对大豆的适应过程，而与大豆品种、大鼠性别无关；特定菌群的变化与大鼠的年龄、性别以及菌群之间的相互作用相关，而与大豆品种无关。因此，转基因大豆DP-356O43与非转基因大豆JACK对试验动物肠道粪便菌群的影响相似。

7.3 案 例 小 结

通过毒理学评价和非期望效应评价方法对转基因大豆DP-356O43进行了安全评价，结果发现如下。

（1）在毒理学方面，通过全食品90天亚慢性毒性试验，结果表明转基因大豆DP-356O43与非转基因大豆JACK对试验动物没有不良作用且具有相似的营养作用。

（2）在非期望效应评价方面，通过SD大鼠肠道菌群影响分析和基因水平转移研究试验，结果表明转基因大豆DP-356O43与非转基因大豆JACK对试验动物肠道粪便菌群的影响相似，转基因大豆DP-356O43的基因片段可能没有转入90天亚慢性毒性试验喂养的SD大鼠体内。

综上，转基因大豆DP-356O43样品在进行一系列的安全评价时未发现有潜在食用安全隐患。

参 考 文 献

贺晓云, 黄昆仑, 秦伟, 等. 2018. 转基因水稻食用安全性评价国内外概况. 食品科学, 29(12): 760-765.

刘海燕, 许文涛, 罗云波, 等. 2010. 动物实验评价转基因食品食用安全的研究进展. 农业生物技术学报, 4: 793-800.

王建中. 2004. 试验诊断学. 北京: 北京大学医学出版社.

许文涛, 白卫滨, 罗云波, 等. 2018. 转基因产品检测技术研究进展. 农业生物技术学报, 16(4): 714-722.

Fernandez M R, Selles F, Gehl D, et al. 2005. Crop production factors associated with *Fusarium* head blight in spring wheat in eastern Saskatchewan. Crop Science, 45: 1908-1916.

Huber D M, Cheng M W, Winsor B A. 2005. Association of severe *Corynespora* root rot of soybean with glyphosate-killed giant ragweed. Phytopathology, 95: S45.

Mao S Y, Zhang G, Zhu W Y. 2008. Effect of disodium fumarate on ruminal metabolism and rumen bacterial communities as revealed by denaturing gradient gel electrophoresis analysis of 16S ribosomal DNA. Animal Feed Science and Technology, 3-4: 293-306.

Siehl D L, Castle L A, Gorton R, et al. 2005. Evolution of a microbial acetyltransferase for modification of glyphosate: a novel tolerance strategy. Pest Management Science, 61(3): 235-240.

Suau A, Bonnet R, Sutren M, et al. 1999. Direct analysis of genes encoding 16S rDNA from communities reveals many novel molecular species within the human gut. Applied and Environmental Microbiology, 65: 4799-4807.

Tiihonen K, Ouwehand A C, Rautonen N, 2010. Human intestinal microbiota and healthy ageing. Ageing Research Reviews, 9: 107-116.

Vahjen W, Gollnisch K, Simon O, et al. 2000. Development of a semiquantitative PCR assay for the detection of the *Clostridium perfringens* type C beta toxin gene in purified nucleic acid extracts from the intestinal tract of pigs. Journal of Agricultural Science, 134: 77-87.

第8章 转基因动物食用安全评价研究进展

提要

■ 转基因动物的研究现状

■ 转基因动物的应用（生物制药、动物育种等方面）

■ 转基因动物食用安全性评价的研究进展

■ 转基因动物食用安全性评价的研究内容

8.1 转基因动物的研究现状

21 世纪以来，世界人口数量持续增长，每年增长近 8000 万；到 2050 年，农业生产量必须增加 70%～100%才能满足全球超过 90 亿人的粮食需求。但是，目前全球约 30%的耕地表层土生产力正在丧失，土壤退化将成为生产率增长停滞不前的主要原因之一。除此之外，随着对生物燃料和生物材料的需求日益增加，未来几十年，全球的资源供给将面临前所未有的压力。因此，提高全球农业生产力以确保充足的食物和原料来源十分必要，发展转基因作物来缓解粮食危机已经成为解决资源紧缺问题的一条重要途径。

利用现代基因工程技术，可以将来源于任何种类的植物、动物或微生物，甚至合成原料的遗传物质引入不同种类的动物中，由此产生的动物称为转基因动物，使用转基因动物生产的食品称作转基因动物食品或转基因食品。转基因动物的出现不仅能够通过遗传信息的交流获得稳定表达的优良性状，而且打破了生物种属间的自然隔离屏障，为创造优种资源和培育新品种提供了新的思路。但是，当转基因动物展现出巨大的应用前景时，也存在着对人类健康和环境的潜在风险。为解决此问题，国际组织以及国家政府相关监管部门均在积极努力地修订和完善转基因生物安全政策，以及规范生物安全措施，以加强对生物技术食品安全系统的管理。

自 1982 年美国科学家 Palmiter 等将大鼠生长激素基因（*GH* 基因）导入小鼠受精卵中获得转基因"超级鼠"以来，转基因动物已经成为当今生命科学中发展最快、最热门的领域之一。1985 年，美国人用转移 *GH* 基因、生长激素释放因子基因（*GHRF* 基因）和胰岛素样生长因子 1 基因（*IGF1* 基因）的方法，生产出转基因兔、转基因羊和转基因猪；同年，德国人 Berm 通过转入人的 *GH* 基因生产出转基因兔和转基因猪；1987 年，美国的 Gordon 等首次报道在小鼠的乳腺组织中表达了人组织纤维酶原激活剂基因（*tPA* 基因）；1991 年，英国人在绵羊乳腺中表达了人的抗胰蛋白酶基因。随后，世界各国先后开展此项技术的研究，并相继在兔、羊、猪、牛、鸡、鱼等动物上获得成功。

我国在转基因动物研究方面也取得了较大的进展，1985 年首次成功获得转基因鱼，1990 年成功研制出转基因猪，1991 年获得快速生长的转基因羊。目前大部分转基因家畜均已在我国研制成功。与此同时，转基因动物产业的发展也异常迅猛。据统计，全球现有以转基因技术为核心的公司超过 40 家，该技术产业已成为21 世纪生物技术领域的支柱产业。虽然部分转基因动物还处于研究与开发生产阶段，但该项技术给人们生产和生活所带来的益处已引起国际学术界和产业界的高度关注。

8.2　转基因动物的应用

转基因动物技术能在个体水平从时间、空间角度同时观察基因表达功能和表型效应，有效地将基因水平、蛋白质水平与临床、生产水平的研究有机地统一起来，显示了良好的应用前景。目前，关于转基因动物在动物育种、制造生物反应器、改善畜产品的营养结构、建立人类疾病模型、器官移植等领域的研究越来越广泛。

8.2.1　转基因动物在生物制药中的应用

20 世纪 70 年代后期，随着 DNA 重组技术的问世，诞生了高产值、高效率的基因药物，它的出现给药物生产带来了一场革命，推动了整个医药产业的发展。转基因动物技术日趋成熟，在医药学领域中，转基因动物既可作为基因药物的"生物反应器"应用，也可作为疾病动物模型用于疾病发生机制及药物筛选等的研究。转基因动物制药是转基因动物的一个非常重要的研究方向，它能生产出具有医药价值的生物活性蛋白质药物，一般是通过血液、膀胱、蚕茧、鸡蛋蛋清和乳腺的途径来获得。1992 年，Swanson 等制备了血液中含有人血红蛋白的转基因猪，这为从人以外的动物体获取珍贵的人血有效成分提供了一条新途径。1998 年，Kerr等获得能在尿液中表达人类生长激素的转基因小鼠，含量高达 0.5g/L。2003 年，Tomita 等将原骨胶原蛋白Ⅲ基因转入蚕体内获得成功，表明了某些昆虫的茧可以作为生产外源蛋白的良好生物反应器。2002 年，Harvey 等将 β-内酰胺酶基因转入母鸡中，获得了蛋清中含有约 3.5g 外源蛋白的鸡蛋。1987 年，Gorden 等建立了第 1 例乳腺生物反应器小鼠模型，成功地表达了人组织纤维酶原激活剂，对溶解血栓有着显著的疗效。Wilmut 等用整合了人凝血因子Ⅸ和新霉素抗性基因的胎儿成纤维细胞作核供体，通过体细胞核移植克隆出世界上第 1 头带有人类基因并能在乳汁中大量表达人凝血因子Ⅸ的转基因绵羊"波莉"（Polly）。Cibelli 等也将胎儿成纤维细胞用作供体，经核移植得到了 3 头含有外源标记基因（β-半乳糖苷酶基因）的犊牛。利用高效表达的克隆转基因动物生产珍贵医用蛋白是各国一直研究的重点，将医学上非常珍贵的蛋白质（如抗凝血酶Ⅲ、人血清白蛋白、β-干扰素、降钙素、胰岛素、人生长激素等）的基因通过基因打靶技术，定点转入牛或羊的乳球蛋白质基因中，在乳腺中高效表达，便可自乳汁中回收该蛋白质。目前已从转基因的动物乳汁中生产出的治疗蛋白主要有：奶山羊乳汁中高度表达的抗凝血酶Ⅲ和 α-1-蛋白酶抑制因子、绵羊乳汁中表达的 α-1-抗胰蛋白酶和人凝血因子Ⅸ、牛乳中表达的 α-乳蛋白和乳铁蛋白、兔乳中表达的 α-葡萄糖苷酶等。

8.2.2　转基因动物在疾病研究中的应用

1. 建立诊断和治疗人类疾病的动物模型

人类的许多疾病都与遗传因素相关，利用转基因技术制造出各种遗传病的动物模型，可以方便地分析检测出遗传病的致病基因、发病机理，从而更好地防治人类遗传病。

2. 生产可用于人体器官移植的动物器官

异源器官移植可能是解决世界范围内普遍存在的器官短缺的有效途径。利用转基因技术改造异种来源器官的遗传性状，使之能适用于人体器官或组织的移植，是解决器官移植短缺的最有效途径。Lai 等结合基因打靶和体细胞核移植技术，采用敲除 α-1,3-半乳糖转移酶基因的胎儿成纤维细胞作为核供体，成功地获得了 α-1,3-半乳糖转移酶基因敲除猪，从而消除了猪作为人类器官供体的一个主要障碍，进一步推动了器官移植的发展与应用。

3. 进行异种细胞移植

已知很多疑难疾病、生理功能紊乱都与细胞凋亡或细胞功能异常有关，但到目前为止，人类细胞还不能很好地传代培养，因此将异种细胞尤其是猪的细胞移植到合适的位点，将使人类实现细胞治疗成为可能。1994 年，Groth 等将猪的胰岛细胞移植给糖尿病患者，取得了一定的成效。1997 年，Deacon 等将猪胎儿神经细胞移植到患有帕金森疾病的患者大脑中，研究发现移植后的细胞能长久保持活力。

8.2.3　转基因动物在动物育种中的应用

在畜牧业方面，可以在试验条件下进行转基因整合、预检和性别预选，并采用简便的体细胞转染技术实施目标基因的转移。通过转基因克隆技术大量快速地繁殖出具有高产优质性状的转基因动物，以有利于降低生产成本、提高经济效益。转基因技术用于育种，不仅可以加快改良遗传性状的进程，使选择的效率提高，改良的机会更多，而且不会受到有性繁殖的局限。继 Palmiter 将大鼠的 *GH* 基因导入小鼠基因组得到巨型小鼠之后，牛、绵羊及人的 *GH* 基因也先后导入小鼠基因组，得到的转基因小鼠在快速生长期生长速度达到对照组小鼠的 4 倍。人类在转 *bGH* 基因猪方面的研究表明，转基因猪日增重增加，饲料转化率提高。Powell 等将毛角蛋白 II 型中间细丝基因导入绵羊基因组，转基因羊毛光泽亮丽，羊毛中羊毛脂的含量得到明显的提高。许多科学家在研究疯牛病的病因时，采用转基因老鼠进行朊粒蛋白（PrP）基因结构分析，并利用转基因鼠研制出了抗 PrP 的单克隆抗体，通过临床试验已取得了有效成果，使人类对疯牛病在分子水平上有了科学评价和诊断依据，对疯牛病的病因有了明确的定位，只要提取其他动物抗 PrP 基因获得转基因牛，将会更好地防止疯牛病的发生。

8.2.4　转基因动物在农业领域的应用

转基因动物在农业领域的应用主要表现在提高动物生长率方面。1985 年中国科学院水生生物所的朱作言等首次用人类生长素（hGH）构建了转基因鱼。F1 代转基因鱼类的生长速度为非转基因鱼的 2 倍。1990 年中国农业大学培育的转基因猪，生长速度超出对照组 40%。1998 年美国培育出 IGF1 转基因猪，其脂肪减少 10%，瘦肉率增加 6%～8%。转基因技术不仅可以培育出体积大、生长快的动物，还可以培育出微型动物。2000 年，Uchidal 等研制出微型猪，生长快、易处理、饲料成本低，使其更加适用于药物筛选和疾病研究。此外，转基因动物在提高动物产毛性能、提高动物不饱和脂肪酸含量、提高动物抗寒抗病能力、改变牛奶成分等方面均有重要意义。

8.2.5　转基因动物在环保领域的应用

在环保方面，转基因动物可用于检测并清除环境中的有毒物质。2000 年，Manuma 等把埃希氏菌属的 *rpsL* 基因转入斑马鱼中用以检测水生环境中的有害物质。这种以转基因动物作为环境检测器的方法快捷敏感，比常规环境检测具有明显的优越性。加拿大安大略省的科学家培育出一种转老鼠基因的"环保猪"，该猪粪便的含磷量减少 75%，对环保大有裨益。2004 年中国农业大学的科学家利用猪源唾液腺基因启动区，成功建立了模型动物，对磷污染的清除效果达到国际领先水平。

8.2.6　转基因动物在生物材料上的应用

用动物乳腺生产工业蛋白质，如蛛丝蛋白，是转基因动物应用的一个新领域。蜘蛛丝是目前最为坚韧且有弹性的天然动物纤维之一，不仅具有优异的机械特性，还具有耐腐蚀、耐低温、抗酶解的特性。但是由于蜘蛛不能像家蚕那样大规模群体饲养，因此从蜘蛛中获得大量蜘蛛丝是行不通的；而通过化学合成的方法也无法获得分子量超大的蛛丝蛋白。可见，用动物乳腺来生产蛛丝蛋白成为一种可行的方法。加拿大魁北克 NEXIA 生物技术公司的研究人员利用转基因技术，从山羊的乳腺中生产出蛛丝蛋白，并发明了一种提取方法。俄罗斯遗传科研所国家科学中心和应用微生物国家科学中心运用生物技术成功地合成了蛛丝蛋白，该科研项目得到了国际科学技术中心的资助。我国黄全生等也成功地用鸟枪法将蛛丝蛋白基因转入新疆海岛棉中。

8.2.7　转基因动物在毒理学中的应用

1. 转基因动物用于一般毒性研究

MT 转基因小鼠对镉等的抗性增加，而 *MT* 基因删除的小鼠对镉、银、汞、顺铂和四氯化碳的毒性敏感性增强。Smeyne 等用 Fos-LacZ 转基因小鼠证实 c-fos 持续过度表达与神经细胞凋亡有关。酵母人工染色体转基因小鼠模型被应用于亨廷顿病（Huntington's diseases）的机制研究。阉割的转基因小鼠用于研究二甲苯对肝脏 P-450 代谢的影响。

2. 转基因动物用于致突变检测

转基因动物包括 Muta™ 小鼠、Big Blue™ 大鼠和 Xenomouse 小鼠等，它们分别采用大肠杆菌乳糖操纵子的 *lac Z* 和 *lac P* 或 *lac I* 作为诱变的靶基因。黄建等建立了以穿梭质粒 pEsnx 为载体，携带 *xylE* 基因为诱变靶基因的转基因小鼠。曹洁、黎怀星等分别建立了在基因组 DNA 中整合有完整 pUC118NX 质粒的 C57BLP6J 转基因小鼠、pMTR1PC57BLP6 转基因小鼠模型。黎怀星等以 pSPORT1 质粒作为载体，建立了 D622 转基因小鼠模型，又以 pMTR1 质粒作为载体建立了 pMTR1PC57BLP6 转基因小鼠品系。

3. 转基因动物用于致癌检测

转基因动物包括 TSP p53+P⁻、TG·AC、Hras2 和 XPA-P⁻等动物。TG·AC 小鼠主要用于致癌性的两阶段研究，作用机制涉及各种特殊的转录因子、低甲基化、试验结果的细胞特异性表达以及 *p53* 基因的表达等。MA Bio-Services 公司提供的资料显示，转基因动物用于致癌试验，比用大量非转基因动物进行 2 年试验大大节省了时间和费用。

4. 转基因动物用于生殖毒性检测

此类研究有利用 Hox2LacZ 转基因小鼠研究 *Hox* 基因在视黄酸致畸中的作用、利用 p532P2 转基因小鼠研究乙醇的雄性生殖毒性等。

5. 转基因动物用于毒物代谢研究

Corchero 等成功制备了表达人类 CYP2D6 的转基因鼠模型，用于药理、毒理的临床前研究。Komori 等建立了携带犬肝药酶 CYP1A1 的转基因果蝇，可以取代哺乳动物用于毒物代谢研究。Kamataki 等发现中国仓鼠细胞导入 CYP3A7 的 cDNA 后，对霉菌毒素的敏感性升高。

8.3　转基因动物食用安全性评价的研究现状

相对于转基因植物，转基因动物的发展相对滞后。随着转基因动物的研发和未来产业化规模不断扩大，转基因动物食品及其制品也必将更加丰富。相伴随的便是转基因动物及其产品的安全性评价体系的建立，这一领域的发展将是未来转基因动物食品的重点，也是转基因动物食品顺利进入市场的安全保证。国际食品法典委员会（CAC）颁布了转基因动物的食用安全性评价指南（CAC/GL 68—2008），中国农业部也颁布了相应的指导原则（农业部令第 8 号附录Ⅱ），但是国内外还没有建立起一套适用于转基因动物及其产品的食用安全性评价技术体系，而且目前对生物技术发展的动物性食品的安全性尚无定论。普遍认可的是"对比评价原则"，即实质等同性原则，将目前传统的食品认作安全的食品，组成成分和食用功能上与传统食品无区别的食品即可被认为是安全的食品。

中国转基因动物安全评价的总体要求是，在现有法规框架内细化转基因动物安全评价的资料要齐全，不涉及伦理、道德、社会经济和动物福利相关内容，从转基因动物的分子特征、遗传稳定性、健康状况、环境安全和食用安全性等 5 个方面分别进行评价。食用安全方面主要从 5 个方面进行判断。

（1）重组 DNA 动物的健康状况。考虑到发育阶段的情况下将重组 DNA 动物与传统对照动物的健康状况相比较。

（2）表达产物（非核酸物质）毒性或生物活性评价。对蛋白质进行潜在毒性评价时，重点考察以下几个方面：①生物信息学分析；②对热或加工的稳定性；③模拟肠胃消化系统中的降解情况。当食品中含有的蛋白质不同于有安全食用史的已知蛋白质时，要采用适当的口服毒性研究进行评价。对于无安全食用史的非蛋白质物质的潜在毒性评价可开展代谢研究、毒代动力学研究、亚慢性毒性研究、慢性毒性（致癌性）研究、生殖和发育毒性研究等。

（3）表达产物（蛋白质）潜在致敏性评价。主要通过以下几方面进行综合分析：①蛋白质来源；②氨基酸序列的同源性；③抗胃蛋白酶稳定性；④特异性血清筛选。如果转入的遗传物质源于小麦、黑麦、大麦、燕麦等谷类，应该对重组 DNA 植物表达蛋白诱发谷蛋白敏感性肠病的可能性进行评价。

（4）关键成分组成分析。主要对以下几点进行分析：①主要营养成分分析；②代谢物评价；③食品加工的影响；④营养修饰评价。当现有的评价手段不足以说明该重组 DNA 动物生产的食品安全时需要对其安全性进行全面的评价，需要设计恰当的动物试验对全食品进行评价。

（5）非期望效应。主要考虑的非期望效应有：①影响人类健康物质的潜在积累；②抗生素标记基因的应用。

目前对转基因动物的安全性评价还不多，农业部转基因生物食用安全监督检验测试中心（北京）利用以上食用安全评价体系对转 α-乳清白蛋白（α-lactalbumin, α-LA）基因奶牛肉、转 Toll 样受体 4（toll-like receptor 4, TLR4）基因的绵羊肉、转 ω-3 脂肪酸去饱和酶基因（ω-3 fatty acid desaturase gene, sFat-1）猪肉及转乳铁蛋白全奶粉进行了转基因动物食用安全评价，未发现有异常变化。祁潇哲等研究证实长期饲喂含转乳铁蛋白全奶粉的饲料可以显著增加血清铁和铁蛋白水平，显著提高了试验动物机体铁的营养状况。Zhou 等研究发现，长期（90 天）饲喂转乳铁蛋白基因奶粉未对大鼠体重、营养利用率、血常规、血生化、脏器系数、病理组织学产生不良影响。中国疾病预防控制中心营养与食品安全所对转人 α-乳清白蛋白基因奶粉进行亚慢性毒性试验，未发现转人 α-乳清白蛋白基因奶粉对 Wistar 大鼠体重、食物利用率、血常规、血生化、脏器系数、病理组织学观察有生物学意义的改变，证实给予大鼠转人 α-乳清白蛋白基因奶粉 90 天，未发现对试验动物有毒性作用。天津医科大学对一种转人乳铁基因奶粉进行了相对完善的食用安全性评价，研究结果表明，在毒理学评价中，新表达的物质重组人乳铁蛋白未见明显毒性作用；在致敏评价中，该奶粉蛋白在模拟胃液中具有消化不稳定性；在关键成分分析中，该转基因奶粉在主要营养成分分析方面与亲本对照无统计学差异；在全食品安全性评价中，该转基因奶粉在精子畸形发生率、微核发生率、回复突变菌落方面均与亲本对照组没有统计学差异，试验尚未发现该转基因奶粉对受试动物有毒理作用或其他明显的不良作用。

8.4　转基因动物食用安全性评价的内容

转基因食品带来的非期望效应是不可预测的，如果不经过严格的安全审查直接进入市场，可能会带来安全隐患。大量的科研用、药用、工业用转基因动物是否会像克隆动物一样流入市场，成为公众关注的焦点问题之一。因此，应对各种转基因动物及其产品进行科学、规范、严格的食用安全性评价，为政府管理和决策提供技术支撑，为其产业化提供科学数据支持，消除公众疑虑，保障公众健康，维护社会稳定。

加强对转基因食品安全管理的核心和基础是安全性评价，其中既要考虑期望效应又要考虑非期望效应，是一项复杂、精细的系统性工作。目前国际上对转基因食品安全评价遵循以科学为基础、个案分析、实质等同性和逐步完善等原则。转基因食品的食用安全评价内容涵盖营养学、毒理学、致敏性及结合其他资料进行的综合评价。

8.4.1　营养学评价

对新动物食品进行营养成分分析是营养学评价的基础。即便用传统繁殖方式培育的动物也会存在营养成分上的显著性差异，因此更加需要对转基因动物食品与其非转基因亲本进行营养成分的显著性差异分析，主要分析指标包括蛋白质、纤维、脂肪、灰分、水分、碳水化合物、氨基酸、脂肪酸、维生素和矿质元素等与人类健康营养密切相关的营养素，以及植物源的抗营养因子（如植酸、胰蛋白酶抑制剂、单宁等）。当转基因食品与传统亲本食品不等同时，应充分考虑这一差异是否在这一类食品的参考范围内。若营养成分变化与不同基因的导入有关，则应该对除了目标成分以外的其他成分的营养水平进行全面的比较分析，如瑞士先正达公司研发的富含类胡萝卜素的转基因大米。另外，可以通过动物试验对转基因食品进行营养学评价，观察转基因食品或饲料对动物消化率和采食量、健康和生长性能的影响，并对体重、器官大体病理状态和食物利用率等指标进行检测。

8.4.2　毒理学评价

毒理学评价是转基因食品食用安全评价中必不可少的一部分，包括对外源基因表达产物以及全食品的毒理学检测。对于外源基因表达产物，通常需要通过生物信息学技术分析其与已知毒性蛋白的核酸和氨基酸序列是否具有同源性，之后进行热稳定性和胃肠道模拟消化试验，以及急性毒性啮齿动物试验。一般产生预期效应的同时，常伴随非预期效应，对全食品的毒理学研究主要是检测转基因作物的非预期效应。目前通常采用动物试验观察转基因食品对人类健康的长期影响，用到的试验动物主要有大鼠、小鼠、鸡、猪、牛、羊、鹌鹑、鱼等。动物喂养试验的结果反映的是营养学和毒理学双项指标。通过转基因产品喂养动物，检测试验动物的血液及脏器质量等指标，并与非转基因对照组进行比较，从而评价转基因产品在毒理学方面产生的影响，为转基因产品进一步应用于人类食品提供参考。不同的转基因食品需要根据情况进行急性毒性试验、遗传毒性试验（Ames 试验、精子畸形、骨髓微核、致畸试验等）、亚慢性毒性试验和慢性毒性试验 4 个阶段的毒理学评价试验。例如，与已知物质（指经过安全性评价并允许使用者）的化学结构基本相同的衍生物或类似物，需根据前 3 个阶段毒性试验结果来判断是否进行第 4 个阶段的毒性试验；对于化学结构具有慢性毒性、遗传毒性或者致癌性的可能者，以及产量大、使用范围广者，则必须进行全部 4 个阶段的毒性试验。

已经进行的多例转基因食品的亚慢性毒性试验显示，这些转基因食品与其亲本对照具有同样的营养与安全性。

8.4.3　致敏性评价

世界上约 2% 的成年人和 6%~8% 的儿童患有食物致敏症，几乎所有的食物致敏原都是蛋白质。转基因家畜及其产品如肉、蛋、奶等是食物中优良蛋白质的重要来源，其本身就是主要的食物致敏原，如蛋中的卵清白蛋白、奶中的 α-酪蛋白与 β-乳球蛋白等。动物机体的免疫与致敏有着极其复杂的关系，致敏性评估是免疫学评估中非常重要的一个组成部分。FDA 指导文件对转基因动物进行的常规免疫学和毒理学的评价，主要是对常规动物和同类转基因动物的已知毒素和致敏原进行了筛选比对。因此，对于转基因动物及产品的评估，必须重视致敏与免疫学研究，分析引入外源蛋白质是否是潜在致敏原，以及基因插入对动物及其产品本身的致敏原水平的影响。Zhou 等对一种人乳铁蛋白奶粉中的 rh LF 蛋白进行了 BN 大鼠血清学致敏性分析，未发现该蛋白对 BN 大鼠的 IgE、IgG、IgG2a 和嗜酸性粒细胞有显著性影响，证实该蛋白无潜在致敏性。目前还没有试验可以准确预测新表达蛋白质对人类的致敏性反应。因此对于新蛋白的潜在致敏性分析需要采取整合的、逐步的、个案的方法来进行评价。未来致敏及免疫学评价主要从免疫基因的转录水平、免疫球蛋白、免疫细胞功能等方面着手，从分子水平、蛋白质水平、细胞水平进行综合分析。

8.4.4　非期望效应

对于转基因动物及其产品，可能因插入 DNA 序列以及随后的杂交育种过程引起非预期效应，非预期效应可能形成新的代谢物或改变代谢物的模式，对动物的生长或动物源食品的安全性可能是有害、有益或中性的。对转基因动物的食品安全性评估应包括可能对人类产生非预期不良反应的数据和信息。有人指出因为动物的生存周期长，某些转入基因的特征可能导致动物体内兽药、重金属等外源化学物质的累积；瑞典 Gotherberg 大学的一项报告称，转基因鱼可能会潜在地积累更高数量级的有害物质；有些转基因动物可能与新的病原菌共生，从而增加人畜共患病的风险；Nancarrow 等研究发现转入绵羊生长激素基因可引起后代出现跛足和糖尿病，转入生长激素的某类鲑鱼出现了身体畸形。这些都可能影响食物安全，安全性评估应分析转基因操作对动物可能造成的变化以及这些变化对食用安全性的影响，所以单一性地评价某一个指标并不能给转基因动物及其产品做出一个客观的评价。应采用非定向检测方法，如代谢组学、蛋白质组学等技术，检测转基因食品带来的对动物生理生化、代谢、免疫、毒理等综合指标造成的非预期影响。Cao 等利用核磁共振方法监测大鼠尿液代谢组学，这是一种新型的无创性检测非期望效应的方法。

8.5　总结与展望

任何一种技术的发明都是为了推进人类及社会的发展，然而任何一种新技术都会存在潜在的风险性。控制得当会给生活带了便利，相反，则有可能会带来灾难性后果。面对转基因生物技术，为保障生物技术的健康发展，当务之急是制定一套切合实际可用的可以被各国认可的转基因动物食用安全评价体系，全面评估转基因技术带来的风险。开展具有产业化前景的符合国家安全许可要求的转基因动物食用安全性评价工作，可以建立转基因动物及其产品的食用安全评价体系，获得面向国家市场的安全评价数据，辅助产品向美国、欧盟、南美和世界其他国家及地区提交安全许可申请，这些信息储备不仅可以公正科学地引导大众了解转基因生物及其产品安全性，也可更好地推进转基因动物产业的发展。

参 考 文 献

曹果清, 周忠孝, 袁建霞, 等. 2002. 猪主要经济性状候选基因的研究进展. 遗传, 24(2): 214-218.

牛自兵. 2005. 关注猪的动物福利. 饲料工业, 26(9): 56-59.

祁潇哲, 王静, 周催, 等. 2010. 较长期喂养转人乳铁蛋白全乳粉对 SD 大鼠血清铁、铁蛋白含量的影响. 食品科学, 31(23): 340-343.

秦续明, 惠大龙, 黄邓高, 等. 2008. 转基因动物的研究现状与应用前景. 广东农业科学, 1: 73-75.

宋欢, 王坤立, 许文涛, 等. 2014. 转基因食品安全性评价研究进展. 食品科学, 23(15): 295-303.

孙玉江, 邓继先. 2005. 转基因动物的发展前景. 生物技术通讯, 16(1): 80-83.

张然, 徐慰倬, 孔平, 等. 2005. 转基因动物应用的研究现状与发展前景. 中国生物工程杂志, 25(8): 16-24.

张晓鹏, 李宁. 2006. 转基因动物的食用安全性评价. 环境卫生学杂志, 33(4): 250-253.

邹世颖, 贺晓云, 梁志宏, 等. 2015. 转基因动物食用安全评价体系的发展与展望. 农业生物技术学报, 23(2): 262-266.

Bindraban P S, Velde M V D, Ye L, et al. 2012. Assessing the impact of soil degradation on food production. Current Opinion in Environmental Sustainability, 4(5): 478-488.

Braun J V. 2007. The world food situation: new driving forces and required actions. Food Policy Reports, 25(3): 37-39.

FAO. 2011. The state of the world's land and water resources for food and agriculture. Food and Agriculture Organization of the United Nations 2011 Report.

第9章　转基因猪食用安全风险评估实践

提要

■ 猪肉在国民经济中占有重要地位

■ 常见转基因猪种类有转基因 FST 猪、转基因 MSTN 猪等

■ 针对以上类型的转基因猪开展了食用安全风险评估实践

■ 转基因猪中表达的新蛋白未发现毒性与致敏性作用

■ 转基因猪与非转基因猪具有实质等同性

引　　言

猪肉是人体摄取蛋白质的第一来源，尤其对于世界第一养猪大国的中国而言，更是在国民经济中占有重要地位。猪肉中含有 15%～30% 脂肪，而动物脂肪主要由饱和脂肪酸组成，人体过多摄入动物脂肪后会增加心血管疾病的患病率，如何提高我国家猪的产肉水平和质量以及降低脂肪含量一直是我国动物遗传育种领域的重大课题之一。与传统育种技术相比，转基因技术在家猪遗传育种过程中具有改良周期短、遗传稳定性高等优势，成为近年来国际动物遗传育种研究领域的前沿热点。但是对采用传统基因同源重组方法获得的转卵泡抑素（follistatin, FST）基因瘦肉型猪的研究显示，虽然转基因技术可以有效提高瘦肉率，降低脂肪含量，但是也伴随着非预期的负面影响，如死胎、成年后行动不便、生殖系统缺陷等。这些非期望效应的出现，提示转基因技术虽然可以有针对性地、快速地进行期望性状的建立和筛选，但是同时也会带来很多非预料的影响，需要对其安全性和非期望效应进行深入的研究和探讨。但是目前对于基因编辑技术产品的"脱靶效应"和其他非期望效应鲜有报道。

【案例】转基因 FST 猪的食用安全风险评估实践

FST 是一种分泌型糖蛋白，可抑制垂体促卵泡生成素的合成和分泌，在哺乳动物中 FST 基因的保守性高达 83%～95%。在骨骼肌组织中以转基因、病毒介导方式和直接注射重组蛋白的形式表达 FST 的小鼠、猴子、鲑鱼、斑马鱼和鸭子都表现出骨骼肌过度生长的表型。FST$^{-/-}$ 小鼠出生不久后死亡，并伴随有横纹肌和肋间肌发育不良的表型。FST$^{+/-}$ 小鼠的骨骼肌则表现出单倍体剂量不足的肌肉发育表型（骨骼肌质量和力量减少）。这些研究结果说明 FST 在骨骼肌生长发育过程中发挥着保守的且正向的调控作用。

在哺乳动物中，由不同方式表达外源 FST 所引起的肌肉增加效果有所不同。在小鼠骨骼肌中以转基因方法使骨骼肌特异表达 FST 引起的骨骼肌增加量目前是

最高的，转基因小鼠的胸肌、三头肌、四头肌和腓肠肌分别增长了 194%～327%，且肌肉增长的形式既包括肌纤维数目的增加，也包括肌纤维直径的增大。同时 *FST* 基因还可调控肌肉细胞的增殖和分化。

中国作为猪肉生产大国，物种资源丰富，地方品种虽然适应能力强但瘦肉率一般远远低于欧美进口品种，通过传统杂交方式改良育种耗时长、效果也不一定如预期好。因此，根据基础科研成果利用遗传修饰手段改良猪的生产性状就成为很有前景的育种途径之一。本章的目的是将基础科研中发现的具有提高肌肉产量潜力的 *FST* 基因作为分子靶标，通过转基因过表达 *FST* 基因的手段提高猪肉的产量，为改良和培育新品种建立研究基础。

9.1 转基因 FST 猪的毒理学评价

根据《90 天经口毒性试验》（GB 15193.13—2015）对转基因 FST 猪肉松及非转基因敲除猪 WT 猪肉松进行大鼠 90 天喂养试验，观察试验动物是否有中毒症状的出现，以及在试验过程中，喂养转基因 FST 猪肉松的大鼠与对照组相比，体重、进食量、食物利用率、脏体比、血清生化、血常规等指标是否具有显著性差异，以及通过病理学观察组织是否出现了明显病变。

9.1.1 试验方法

将转基因 FST 猪肉松与非转基因对照分别按照 3.75%、7.5% 和 15% 的比例添加到基础饲料中，将主要营养成分的水平配齐，加工成颗粒饲料。经 ^{60}Co 辐射灭菌，使日粮达到清洁级。经检测，对应的转基因组与非转基因组之间的营养成分水平已配齐，各组营养成分水平相当，满足大鼠生长发育需求（表 9-1）。

表 9-1 各组饲料主要营养成分 （单位：g/100g）

项目	基础日粮	非转基因 WT 猪肉松饲料			转基因 FST 猪肉松饲料		
		3.75%	7.5%	15%	3.75%	7.5%	15%
水分	5.41	8.01	7.05	8.35	5.28	3.39	4.14
灰分	7.39	7.32	7.29	6.41	7.70	7.44	7.09
蛋白质	21.1	21.7	23.4	24.5	24.4	25.4	26.9
脂肪	4.58	5.29	4.70	5.00	5.82	6.48	6.10
粗纤维	3.21	2.48	2.83	2.35	3.19	2.86	2.07

9.1.2 结果与分析

在 90 天的试验周期内，各组大鼠均未出现明显中毒症状，无死亡情况发生。

1. 大鼠体重与总进食量的影响

90天试验期间，各转基因组与对应的非转基因组的体重增量、总进食量个别数据存在显著性差异（$P<0.05$），但无剂量相关性，各组的食物利用率无显著性差异，见表9-2。

因此，大鼠食用含有转基因 FST 猪肉松和非转基因 WT 猪肉松的饲料 90 天后，体重增量、总进食量、食物利用率未产生显著差异。

表9-2　体重与总进食量

性别	组别	体重增量/g	总进食量/g	食物利用率/%
雄性	CK	348±40	2170±74	16.01±1.53
	N1	398±44[a]	2348±11[a]	17.06±1.99
	N2	354±32	2100±35	16.85±1.42
	N3	391±46[a]	2203±32	17.74±2.08
	T1	357±26	2065±8[b]	17.26±1.27
	T2	368±36	2336±64[a]	15.76±1.52
	T3	342±72	2165±94	15.87±3.55
雌性	CK	148±21	1640±42	8.11±3.05
	N1	165±24	2095±258	8.00±1.71
	N2	156±28	1967±328	8.08±1.94
	N3	149±21	1643±73	9.01±0.99
	T1	144±18[b]	1699±1	8.45±1.03
	T2	143±19	1692±137	8.52±1.57
	T3	149±18	2015±294	7.60±1.73

a. 添加转基因与非转基因猪肉松的试验组与空白对照组有显著性差异（$P<0.05$）。
b. 添加转基因猪肉松的试验组与添加同等剂量的非转基因猪肉松的试验组有显著性差异（$P<0.05$）。

2. 对大鼠脏器系数的影响

与非转基因组、CK 对照组相比，转基因组大部分脏器系数不存在显著性差异，但个别脏器存在显著性差异（$P<0.05$），见表9-3。

雄性组中，转基因 T1 组的脾脏系数和肾脏系数，均与相对应的非转基因组相比显著增大（$P<0.05$），但高剂量 T2、T3 组均未出现此差异，该差异不具有剂量相关性，无生物学意义。

雌性组中，转基因 T1 组的大脑系数与相对应的非转基因组相比存在显著性差异（$P<0.05$），但高剂量组未出现此差异，该差异为偶然差异，与受试物无关。

因此，大鼠食用含有转基因 FST 猪肉松的饲料 90 天后，与非转基因组相比，个别脏器系数存在差异，但均与食用该转基因 FST 猪肉松无关。大鼠食用转基因 FST 猪肉松 90 天后未发现对脏器系数造成不良影响。

表 9-3　脏器系数　　　　　　　　　　（单位：%）

性别	组别	大脑	肝脏	脾脏	心脏	肺脏	胸腺	肾脏	肾上腺	睾丸或卵巢
雄性	CK	0.39±0.05	2.59±0.53	0.19±0.08	0.34±0.05	0.39±0.07	0.07±0.01	0.65±0.07	0.016±0.005	0.58±0.20
	N1	0.35±0.04	2.14±0.24	0.12±0[a]	0.3±0.04	0.37±0.04	0.09±0.02	0.58±0.05[a]	0.014±0.004	0.64±0.08
	N2	0.39±0.04	2.17±0.1[a]	0.13±0.01	0.33±0.06	0.4±0.05	0.08±0.02	0.51±0.28	0.018±0.008	0.61±0.22
	N3	0.36±0.04	2.43±0.42	0.13±0.01[a]	0.31±0.03	0.4±0.05	0.08±0.02	0.65±0.05	0.017±0.007	0.61±0.08
	T1	0.38±0.02	2.31±0.36	0.14±0.01[b]	0.31±0.03	0.42±0.06	0.08±0.01	0.66±0.09[b]	0.016±0.007	0.66±0.06
	T2	0.37±0.03	2.3±0.22	0.14±0.02[a]	0.31±0.03	0.42±0.08	0.08±0.02	0.64±0.07	0.013±0.003	0.66±0.08
	T3	0.38±0.04	2.38±0.38	0.14±0.02	0.32±0.02	0.4±0.06	0.1±0.04	0.7±0.08	0.018±0.006	0.64±0.12
雌性	CK	0.61±0.09	2.16±0.4	0.15±0.03	0.33±0.09	0.48±0.09	0.12±0.05	0.66±0.1	0.029±0.005	0.051±0.019
	N1	0.58±0.08	2.44±0.3	0.15±0.01	0.36±0.05	0.51±0.08	0.1±0.02	0.62±0.09	0.026±0.007	0.092±0.119
	N2	0.64±0.10	2.74±0.77	0.13±0.05	0.36±0.1	0.53±0.14	0.11±0.03	0.68±0.16	0.028±0.007	0.067±0.028
	N3	0.65±0.05	2.29±0.13	0.16±0.02	0.37±0.03	0.52±0.06	0.09±0.04	0.63±0.06	0.027±0.007	0.063±0.038
	T1	0.64±0.05[b]	2.38±0.19	0.16±0.03	0.36±0.03	0.54±0.05	0.1±0.03	0.66±0.05	0.032±0.009	0.061±0.018
	T2	0.6±0.14	2.45±0.34	0.16±0.02	0.38±0.05	0.53±0.1	0.12±0.06	0.64±0.12	0.03±0.008	0.055±0.024
	T3	0.61±0.05	2.55±0.46	0.16±0.02	0.35±0.07	0.52±0.05	0.09±0.05	0.68±0.04	0.031±0.009	0.063±0.017

a. 添加转基因与非转基因猪肉松的试验组与空白对照组有显著性差异（$P<0.05$）。

b. 添加转基因猪肉松的试验组与添加同等剂量的非转基因猪肉松的试验组有显著性差异（$P<0.05$）。

3. 对大鼠血液生化指标的影响

中期血生化指标中，与非转基因组、CK 对照组相比，转基因组大部分生化指标均不存在显著性差异，但个别指标存在显著性差异（$P<0.05$），见表 9-4。

雄性组中，转基因 T1 组中的 ALP 指标与相对应的 CK 对照组和非转基因组相比都存在显著性差异（$P<0.05$），但雌性组及高剂量组均不存在此差异，此差异无生物学意义；T2 组中的 CREA、CHO 指标与相对应的非转基因组相比存在显著性差异（$P<0.05$），但与正常 CK 对照组相比不存在显著性差异，且高剂量组中不存在此差异，此差异同样无生物学意义；T2、T3 组的 HDL-C 指标与相对应的非转基因相比存在显著性差异（$P<0.05$），但与 CK 对照组相比无显著性差异，且数值无剂量相关性和性别相关性，该差异无生物学意义。

雌性组中，转基因 T2 组的 Ca、CHO、HDL-C 指标与相应的非转基因组相比存在显著性差异（$P<0.05$），但与 CK 对照组相比无差异，且高剂量组不存在此差异，该差异无生物学意义；T2、T3 组的 CREA 指标与相应的非转基因组相比存在显著性差异（$P<0.05$），且 T3 组与 CK 对照组相比也存在显著性差异（$P<0.05$），但末期生化指标中该差异消失，该差异不具有生物学意义。

末期血生化指标中，与非转基因组、CK 对照组相比，转基因组大部分生化指标不存在显著性差异，但个别指标存在显著性差异（$P<0.05$），见表 9-5。

表 9-4 中期血生化指标

性别	组别	ALT /(U/L)	TP /(g/L)	ALP /(U/L)	AST /(U/L)	GLU /(mmol/L)	UREA /(mmol/L)	CREA /(μmol/L)	Ca /(mmol/L)	P /(mmol/L)	CHO /(mmol/L)	TG /(mmol/L)	HDL-C /(g/L)	LDL-C /(g/L)	LDH /(U/L)
雄性	CK	48.7±8.4	69.2±1.9	222.0±53.0	282.2±48.9	8.16±2.43	7.7±1.67	48.0±9.1	2.65±0.06	2.19±0.32	2.27±0.19	1.18±0.43	4.16±0.64	1.58±0.35	3106±734
	N1	44.5±8.3	69.9±4.6	214.7±79.2	241.8±6.0	7.4±1.11	7.24±1.32	44.6±5.4	2.57±0.07	2.13±0.32	1.96±0.29a	1.00±0.29	3.58±0.5a	1.4±0.4	2892±561
	N2	41.8±6.9a	68.6±4.5	187.2±78.1	242.0±53.7	7±0.58	8.23±1.2	43.1±5.2	2.55±0.14	2.15±0.26	1.80±0.27	0.98±0.3	3.3±0.56	1.46±0.23	2958±569
	N3	44.0±7.7a	72.3±7.2	185.6±28.2	222.4±52.7	7.44±1.66	9.24±1.98	51.3±6.4	2.63±0.25	2.22±0.34	2.07±0.43	0.9±0.44	3.84±0.69	1.5±0.61	2491±766
	T1	44.6±5.6	67.5±5.4	208.7±42.7ab	251.1±38.9a	7.77±1.02	7.83±1.07	43.4±9.1	2.59±0.09	2.16±0.44	1.77±0.23a	1.03±0.35	3.23±0.52a	1.42±0.22	2984±421
	T2	50.2±8.5	74.1±5.5	225.7±72.5	244.5±42.7	7.3±0.92	8.85±2.35	50.6±4.8b	2.68±0.18	2.11±0.64	1.92±0.29b	0.93±0.3	3.6±0.53b	1.25±0.37	2965±372
	T3	45.0±3.2	69.8±2.9	182.5±28.9	241.1±48.8	8.07±1.28	8.57±2.13	47.5±6.7	2.62±0.08	2.21±0.34	1.94±0.3a	1.02±0.52	3.47±0.55a	1.73±0.39	2755±411
雌性	CK	44.0±6.5	75.2±5.0	168.8±50.1	210.4±34.1	6.6±1.08	6.23±1.13	44.8±3.5	2.64±0.1	1.68±0.21	1.93±0.5	0.86±0.35	3.76±0.94	1.01±0.44	2561±424
	N1	42.3±8.6	74.9±6.0	156.7±37.0	232.0±66.1	6.64±0.99	6.68±1.22	45.4±3.8	2.67±0.1	1.82±0.57	1.8±0.26	0.85±0.37	3.5±0.43	0.86±0.29	2676±757
	N2	47.1±6.8	77.0±3.9	147.1±37.9	235.7±40.5	6.01±0.97	6.69±0.97	46.4±2.7	2.74±0.13	1.89±0.46	2.24±0.36	0.87±0.35	4.35±0.8	1.09±0.32	2648±445
	N3	44.4±7.6	73.6±4.0	162.3±53.9	232.9±40.7	6.72±1.13	6.42±1.1	45.8±2.7	2.69±0.11	1.86±0.42	2.1±0.44	0.85±0.25	3.95±0.87	1.21±0.26	2676±805
	T1	47.7±6.4	74.5±4.2	157.0±33.5	225.9±42.3	6.7±0.77	6.5±1.25	45.9±7.1	2.68±0.13	1.72±0.53	1.87±0.26	0.75±0.28	3.8±0.52	0.82±0.09	2415±296
	T2	40.8±8.2	74.7±5.0	125.1±43.0	233.1±36.8	6.17±0.99	6.63±0.9	50.9±3.9b	2.56±0.16b	1.53±0.21	1.77±0.38b	0.61±0.17	3.52±0.62b	0.85±0.29	2671±460
	T3	46.4±6.4	74.0±3.1	125.3±34.1	224.8±27.9	6.3±1.15	7.06±1.0	53.3±6.2ab	2.61±0.07	1.55±0.22	1.78±0.32	0.83±0.33	3.48±0.54	0.82±0.24b	2561±424

a. 添加转基因与非转基因猪肉松的试验组与空白对照组有显著性差异（P<0.05）。
b. 添加转基因猪肉松的试验组与添加同等剂量的非转基因猪肉松的试验组有显著性差异（P<0.05）。

表 9-5　末期血生化指标

性别	组别	ALT /(U/L)	TP /(g/L)	ALP /(U/L)	AST /(U/L)	GLU /(mmol/L)	UREA /(mmol/L)	CREA /(μmol/L)	Ca /(mmol/L)	P /(mmol/L)	CHO /(mmol/L)	TG /(mmol/L)	HDL-C /(g/L)	LDL-C /(g/L)	LDH /(U/L)
雄性	CK	46.0±9.4	67.2±3.9	100.4±17.4	194.0±47.3	8.51±3.5	6.45±0.65	56.0±19.2	2.52±0.58	3.47±0.98	1.68±0.4	0.64±0.19	3.2±0.71	1.23±0.38	2049±649
	N1	47.2±11.4	67.1±5.6	93.3±20.7	264.1±34.8	8.08±1.95	6.3±0.73	60.1±11.8	2.46±0.27	2.88±0.28	1.81±0.42	0.54±0.14	3.4±0.77	1.74±0.5^a	2692±391
	N2	42.2±5.7	63.0±3.4^a	75.1±16.5	247.3±35.4	7.81±1.71	6.16±0.78	59.9±13.2	2.45±0.06	2.55±0.37	1.64±0.24	0.52±0.1	3.19±0.5	1.21±0.26	2540±488
	N3	49.4±11.3	60.8±2.6^a	80.0±12.6	234.4±25.6	7.3±1.67	6.38±0.77	66.9±12.9	2.47±0.11	3.13±0.47	1.57±0.26	0.56±0.18	3.01±0.41	1.24±0.38	2003±363
	T1	58.9±13.9	60.8±1^{ab}	80.3±24.8	270.0±35.0^a	9.34±2.02	6.33±0.76	66.1±13.9	2.52±0.15	3.15±0.76	1.35±0.15^{ab}	0.36±0.07^{ab}	2.68±0.3^{ab}	1.2±0.21^b	2145±693
	T2	51.8±12.7	60.0±3.5^a	86.3±21.4	244.9±47.4	8.68±2.47	7.26±1.74	73.8±18.2	2.46±0.12	3.12±0.35	1.51±0.22	0.44±0.19	2.99±0.48	1.12±0.17	2014±407
	T3	53.7±16.3	62.5±3.3^a	82.3±15.6	229.6±45.5	8.6±2.92	6.5±0.67	58.3±12.0	2.49±0.17	2.93±0.86	1.69±0.39	0.47±0.22	3.28±0.67	1.16±0.35	2123±652
雌性	CK	40.2±11.9	69.7±8.6	55.8±13.8	220.1±40.5	6.01±0.97	8.33±1.95	56.1±13.3	2.55±0.15	2.62±0.55	1.77±0.54	0.49±0.21	3.63±0.88	0.67±0.27	1968±414
	N1	46.0±8.03	72.3±6.2	49.3±9.5	286.9±20.7^a	4.37±1.64^a	9.7±1.31^a	78.7±11.1^a	2.67±0.15	3.04±0.73	1.72±0.47	0.34±0.05	3.57±0.8	0.43±0.2	2382±421
	N2	48.3±12.2	77.6±4.7^a	47.9±19.6	278.1±22.0^a	4.59±1.73	8.38±1.52	79.4±8.3^a	2.83±0.17^a	2.94±1.46	2.25±0.55	0.36±0.08	4.46±1.07	0.71±0.47	1875±415
	N3	46.8±11.5^a	78.0±5.5^a	54.8±18.9^a	277.9±23.9^a	5.91±1.56	7.65±1.34	81.1±12.6^a	2.84±0.11^a	2.5±0.46	2.27±0.67	0.36±0.1	4.68±1.26	0.71±0.23	2443±268
	T1	48.1±19.4	76.5±6.5^a	49.9±10.6	265.4±37.6	5.24±2.14	6.92±1.21^b	77.2±10.7^a	2.82±0.2^a	2.57±0.84	1.96±1.01	0.27±0.11^a	4.16±1.7	0.45±0.28	2375±433
	T2	40.1±5.3	74.8±5.1	54.6±18.7	272.7±39.7	3.92±1.63^a	7.43±1.45	76.5±13.4^a	2.70±0.21	2.93±0.37	1.64±0.47	0.22±0.08^{ab}	3.6±0.99	0.42±0.13	2408±556
	T3	44±10.2	75.0±6.6	45.6±12.9	253.8±50.8^{ab}	3.99±1.8^{ab}	7.86±2.41	87.1±12.7^{ab}	2.92±0.32^a	3.32±1.1	1.82±0.28	0.28±0.11	3.85±0.53	0.46±0.12^b	1946±482^b

a. 添加转基因与非转基因猪肉松的试验组与空白对照组有显著性差异（P<0.05）。
b. 添加转基因猪肉松的试验组与添加同等剂量的非转基因猪肉松的试验组有显著性差异（P<0.05）。

雄性组中，转基因 T1 组的 TP、CHO、TG、HDL-C、LDL-C 指标与相应的非转基因组相比存在显著性差异（$P<0.05$），其中部分指标与 CK 对照组相比也存在显著性差异（$P<0.05$），但高剂量 T2、T3 组不存在此差异，该差异不具有剂量相关性，组织病理学观察该组大鼠肾脏、肝脏无异常病变，分析可能是由于该组大鼠应激或炎性反应引起的暂时性生理变化，与受试物转基因 FST 猪肉松无关。

雌性组中，转基因 T1 组的 UREA 指标与相应的非转基因组相比存在显著性差异（$P<0.05$），但与 CK 对照组相比不存在此差异，该指标属于正常范围值；T3 组的 AST 指标与相应的非转基因组和 CK 对照组相比都存在显著性差异（$P<0.05$），但无剂量相关性，且雄性组中也不存在此差异，该差异无剂量相关性和性别相关性，无生物学意义；转基因 T2 组的 TG 值与相应的非转基因组和 CK 对照组相比均存在显著性差异（$P<0.05$），但高剂量组不存在此差异，该差异无生物学意义；转基因 T3 组的 LDL-C、LDH 指标与相应的非转基因组相比存在显著性差异（$P<0.05$），但与 CK 对照组相比无此差异，属于正常范围值。

除此差异之外，其他个别指标与 CK 对照组相比存在显著性差异（$P<0.05$），但与相应非转基因对照组之间不存在显著性差异，且该差异无剂量相关性，属于偶然差异，差异无生物学意义。

因此，食用转基因 FST 猪肉松与非转基因 WT 猪肉松的大鼠的血生化指标存在一些差异，但这些差异不具有计量相关性和性别相关性，为偶然差异，与受试物转基因 FST 猪肉松无关。大鼠食用转基因 FST 猪肉松 90 天后未发现对大鼠血液生化造成不良影响。

4. 对大鼠血常规指标的影响

中期血常规指标中，与非转基因组、CK 对照组相比，转基因组大部分血常规指标均不存在显著性差异，但个别指标存在显著性差异（$P<0.05$），见表 9-6。

雄性组中，转基因 T2 组中的 MCV 指标与非转基因组和 CK 对照组相比存在显著性差异（$P<0.05$），但雌性组和高剂量组均不存在此差异，该差异不具有性别相关性和剂量相关性，为偶然差异，无生物学意义。

末期血常规指标中，与非转基因组、CK 对照组相比，转基因组大部分血常规指标均不存在显著性差异，但个别指标存在显著性差异（$P<0.05$），见表 9-7。

雄性组中，转基因 T1 组中的 HGB、HCT，T2 组 MCV、MCH、RDW，T3 组 RDW 指标与相应的非转基因组相比均存在显著性差异（$P<0.05$），但与 CK 对照组相比无显著性差异，这些指标均在正常范围内。

雌性组中，转基因 T1 组的 PLT，T3 组的 RBC、HGB、RDW、PLT 指标与相应的非转基因组相比存在显著性差异（$P<0.05$），但与 CK 对照组相比无显著

表 9-6 中期血常规指标

性别	组别	WBC/(×10⁹L⁻¹)	RBC/(×10¹²L⁻¹)	HGB/(g/L)	HCT/%	MCV/fL	MCH/fL	MCHC/pg	RDW/%	PLT/(×10⁹L⁻¹)	MPV/fL
雄性	CK	8.01±2.14	5.94±1.86	110.13±27.3	35.28±11.13	59.39±1.06	19.99±8.88	337.1±150.14	13.99±0.46	606.63±260.71	5.54±0.37
	N1	10.26±2.08	6.75±0.87	116.89±12.88	40.32±5.12	59.82±2.58	17.37±1.11	291.44±22.83	14.33±0.57	597.33±178.27	5.69±0.57
	N2	9.27±2.09	7.33±0.69	126.1±13.67	43.3±3.94	59.13±2.41	17.21±1.03	290.9±13.96	14.45±0.45	729±119.95	5.41±0.27
	N3	9.54±2.8	6.87±1.22	121.38±23.69	42.4±7.51	61.7±1.66[a]	17.6±0.69	285.25±10.42	14.75±0.56	702.38±160.24	5.45±0.33
	T1	8.63±5.12	5.76±2.52	103±48.01	35.68±15.75	61.78±2.34[a]	17.48±1.19	283±15.93	14.36±1.04	634.8±247.47	5.37±0.32
	T2	7.83±4.69	5.91±1.97	97.3±48.96	34.26±15.87	63.1±1.97[ab]	17.16±2.33	271.3±31.94	14.54±0.66	598.1±300.76	5.74±0.72
	T3	7.19±2.84	5.81±1.88	101.67±35.97	35.8±11.65	61.76±2.95	17.26±1.02	279.89±16.74	15.17±1.95	586.56±166.57	5.23±0.28[a]
雌性	CK	7.82±2	6.72±0.53	119.89±8.61	41.17±3.24	61.38±2.89	17.88±0.62	291.67±9.86	14.5±1.01	663±101.69	5.1±0.35
	N1	5.85±1.69	6.27±1.44	107.1±23.44	37.84±8.02	60.77±4.63	17.16±1.04	282.9±11.33[a]	14.49±0.89	626.2±71.64	5.26±0.31
	N2	5.3±2.14	5.62±2.07	97.11±37.24	33.77±12.12	60.57±4.87	17.12±1.08	283.44±19.8	14.28±0.84	571.22±198.74	5.3±0.46
	N3	6.74±1.9	6.14±1.06	106.88±16.44	37.21±6	61.52±4.37	17.49±0.92	287.88±10.68	14.48±1.51	605.25±169.01	5.83±0.92[a]
	T1	6.05±2.63	5.92±1.59	100.9±28.65	35.27±9.54	59.66±3.72	16.99±1.2	284.6±8.82	13.86±0.79	626.6±161.09	5.42±0.33
	T2	5.2±1.53[a]	5.4±1.79[a]	99.89±24.37[a]	35.22±8.11[a]	61.87±3.78	17.39±1.32	281.8±21.58	13.98±0.7	584.2±204.66	5.29±0.31

a. 添加转基因猪肉松的试验组与空白对照组有显著性差异（P<0.05）。
b. 添加转基因猪肉松的试验组与添加同等剂量的非转基因猪肉松的试验组有显著性差异（P<0.05）。

表 9-7　末期血常规指标

性别	组别	WBC/(×10⁹L⁻¹)	RBC/(×10¹²L⁻¹)	HGB/(g/L)	HCT/%	MCV/fL	MCH/fL	MCHC/pg	RDW/%	PLT/(×10⁹L⁻¹)	MPV/fL
雄性	CK	6.55±2.24	7.71±1.11	127.1±20.62	46.35±6.92	60.1±2.34	16.45±1.11	273.9±18.08	15.15±0.62	654.1±270.58	6.14±0.63
	N1	7.84±1.43	7.3±0.91	118.3±16.83	42.37±5.53	58.05±1.83	16.21±0.84	279±10.54	15.33±0.34	680.6±162.77	5.79±0.42
	N2	8.23±2.01	7.8±0.78	125.3±11.94	44.88±3.56	57.67±2.74	16.08±0.76	279.1±8.94	15.56±0.49	799.9±67.48	5.67±0.35
	N3	8.12±2.84	7.42±1.17	125.5±22.29	43.45±7.5	58.41±2.32	16.85±0.79	288.9±8.24[a]	15.73±0.84	738.4±92.8	5.45±0.25[a]
	T1	8.39±2.46	7.87±0.57	131.4±8.02[b]	46.37±2.17?	59.09±2.46	16.73±0.78	283.5±9.8	15.05±0.56	778±91.19	5.61±0.4[a]
	T2	8.73±1.72	7.67±0.37	130.6±6.65	46.32±2.36	60.39±1.07[b]	17.02±0.46[b]	282±8.34	14.75±0.35[b]	742.7±196.39	5.62±0.18[a]
	T3	7.46±2.12	8.09±0.43	136.3±6.88	48.03±2.31	59.37±1.63	16.84±0.7	284±10.54	14.89±0.38[b]	815.3±117.31	5.81±0.37
雌性	CK	6.69±0.68	7.1±0.23	125.6±5.68	45.58±1.69	64.2±1.76	17.7±0.75	275.4±5.41	14.02±0.9	786.8±57.19	5.22±0.29
	N1	5.75±2.05	6.8±0.87	119.2±16.43	41.6±4.98[a]	61.28±2.05[a]	17.5±0.61	285.9±8.94	13.74±0.47	611.7±93.18[a]	5.31±0.42
	N2	6.3±2.81	6.63±0.86	113.2±20.16[a]	40.9±6.39[a]	61.46±2.78[a]	16.95±1.31	275.6±12.44	14.56±2.07	754.56±82.31	5.11±0.28
	N3	5.07±1.14	5.95±0.76[a]	104.9±19.08[a]	37.43±5.31[a]	62.85±1.59[a]	17.54±1.31	279.1±17.58	13.41±0.47	668.2±116.66	5.66±0.53[a]
	T1	4.67±2.01	6.62±0.83	119.4±17.19	41.67±5	63.03±1.67	17.98±0.65	285.5±12.7	13.63±0.37	739±122.54[b]	5.47±0.37
	T2	4.89±1.48	6.82±0.48[a]	122.5±10.7	42.04±2.57[a]	61.65±1.65[a]	17.97±0.91	291.4±17.89	13.77±0.42	719.1±95.74	5.23±0.32
	T3	4.28±1.84	7.04±0.52[b]	123.4±7.63[b]	44.24±2.31[ab]	62.92±1.88	17.57±1.2	279.2±15.12	14.1±0.61[b]	796.7±66.54[b]	5.41±0.38

a. 添加转基因与非转基因猪肉松的试验组与空白对照组有显著性差异（P<0.05）。
b. 添加转基因猪肉松的试验组与添加同剂量的非转基因猪肉松的试验组有显著性差异（P<0.05）。

性差异，属于正常范围值，差异无意义；T3 组的 HCT 指标与相应的非转基因组和 CK 对照组相比均存在显著性差异（$P<0.05$），HCT 指标与 RBC、HGB 密切相关，HCT 的差异也与 RBC 和 HGB 的微量变化相关，转基因组的 RBC、HGB、HCT 指标位于 CK 对照组和非转基因对照组范围值之间，说明该差异与受试物转基因 FST 猪肉松无关。

除此差异之外，其他个别指标与 CK 对照组相比存在显著性差异（$P<0.05$），但与相应非转基因对照组之间不存在显著性差异，且差异无剂量相关性，属于偶然差异，差异无生物学意义。

因此，食用转基因 FST 猪肉松的大鼠血常规指标与非转基因组相比存在一些差异，但这些差异不具有剂量相关性和性别相关性，为偶然差异，与受试物无关。大鼠食用转基因 FST 猪肉松 90 天后未发现其对大鼠血液学造成不良影响。

5. 病理组织学检查结果

以基础日粮组为对照，对添加 3.75%、7.5%、15%转基因 FST 猪肉松与非转基因 WT 猪肉松饲料进行了大鼠 90 天喂养试验。喂养 90 天后麻醉解剖取肝脏、肺脏、脾脏、肾脏、肾上腺、心脏、脑、胃肠（十二指肠、空肠和回肠）、睾丸、附睾或卵巢、子宫，大体解剖观察未发现可见病变。取脏器的部分组织用 10%中性福尔马林溶液固定，制作石蜡切片，组织切片进行苏木素-伊红染色光镜观察，结果显示喂养 90 天后，基础日粮对照组与转基因 FST 猪肉松组和非转基因 WT 猪肉松组均出现部分脏器的自发性病变，各脏器病变总结如下。

心脏：个别大鼠出现间质水肿、出血和增生，其余未见明显组织病理改变，各组间无明显差异。

肝脏：普遍出现胆管增生，汇管区周围肝细胞轻度脂肪变性，肝组织中有炎性细胞浸润灶。基础饲料组与试验组相比，病变主要表现为肝组织脂肪变性明显，被膜下水肿和肝变性细胞及肝组织中的炎性细胞浸润灶都较多。

脾脏：普遍出现白髓边缘区增宽，局部脾小结内部染色淡，红髓有含铁血黄素，基础饲料组边缘区增宽和白髓淡染的程度较 N3、T3 组重。这与肝脏和肾脏的情况相吻合。各组雌性鼠红髓的铁血黄素含量明显多于雄鼠。

肺脏：普遍出现局部肺泡隔增厚，支气管旁有淋巴细胞浸润灶。T3 组有两只雄鼠肺出血。

肾脏：普遍出现皮质或髓质静脉淤血、扩张，周围肾组织水肿；推测与放血不充分相关。雄性大鼠正常饲料组的轻微肾小球肾炎（肾小囊内出现蛋白）的情况较其他两组严重。雌性正常饲料组和 T3 组大鼠的肾小管损伤明显。

脑：未见明显病理改变，各组间无明显差异。

胃肠：主要病理变化为黏膜层肠绒毛或上皮细胞脱落、绒毛固有层炎性细胞增加等轻度肠炎的症状。个别胃腺变性脱落。各组间病变没有明显差异。

胸腺：T3 组胸腺皮质有轻微的星空样变，推测与机体隐性免疫反应相关。

甲状腺：出现滤泡上皮细胞变性、坏死。雄性大鼠比雌性大鼠症状出现比例高，同性别大鼠各组之间没有明显差异。

肾上腺：偶见皮质细胞局灶性变性、坏死。各组之间病变没有明显差异。

睾丸和附睾：个别大鼠出现病变，各组之间病变没有明显差异。

卵巢和子宫：个别大鼠的卵巢出现局部炎症反应，各组之间病变没有明显差异。子宫壁普遍出现炎性细胞散在分布，个别出现黏膜上皮细胞变性，各组之间病变没有明显差异。

综合以上结果可以得出，各组大鼠的组织病理学变化均属于自发性疾病，与应激、炎性反应等相关，未发现与食用转基因 FST 猪肉松饲料相关的病理学变化。病理检查结果提示食用含转基因 FST 猪肉松的饲料对大鼠无毒性损害。

9.1.3　小结

根据《90 天经口毒性试验》（GB 15193.13—2015）对转基因 FST 猪肉松及非转基因对照进行大鼠 90 天喂养试验，各组大鼠均未发现明显中毒症状，无中毒死亡情况发生。检测结果表明转基因 FST 猪肉松组与同等剂量的非转基因 WT 猪肉松组相比，大鼠的体重增量、总进食量、食物利用率、脏器系数、血清生化、血常规等指标中部分指标有统计学差异（$P<0.05$），但结合组间分析和组织病理学检查证实该差异不具有生物学意义，与长期食用受试物转基因 FST 猪肉松无关。未观察到该转基因 FST 猪肉松对大鼠产生毒性方面与营养方面的不良作用。

参 考 文 献

潘登科, 陈红星, 冯书堂, 等. 2007. 富含 ω-3 多不饱和脂肪酸克隆猪制备的关键技术研究. 中国畜牧兽医, 34(5): 22-25.

Zou S Y, Tang M, He X Y, et al. 2015. A 90-day subchronic study of rats fed lean pork from genetically modified pigs with muscle-specific expression of recombinant follistatin. Regulatory Toxicology & Pharmacology, 73(2): 620-628.

第10章 转基因微生物食用安全评价研究进展

提要
- 转基因微生物的种类与重要性
- 转基因微生物的应用
- 转基因微生物食用安全评价的研究进展
- 转基因微生物食用安全评价的研究内容

引 言

人类对微生物相关食品应用可以追溯到几千年之前。如今,人类科技的发展以及对微生物的认知,使其在食品相关生产加工过程中的应用越来越广泛。目前,人们将经过人工分离和修饰过的外源基因通过基因编辑技术导入目标生物基因组中,使"外来"基因在目标生物中表达,使目标生物表达出新的功能,从而达到人们所期望的效应。转基因生物按照物种类别可分为三类,包括转基因动物、转基因植物和转基因微生物。由于微生物具有种类多、繁殖快、分布广、易培养、代谢能力强、易变异等特点,所以在基因工程中的应用最为普遍,前景广阔。随着转基因技术在微生物中的广泛应用,应运而生了大量转基因微生物新品种。转入外源基因的微生物可以优化或提升微生物原有的生长性状,使其能够达到人们对该微生物所期望的效应,这无疑扩大了转基因微生物的广泛应用,提高了转基因微生物产品的产量,提升了营养价值,降低了生产成本。目前,农业生产、食品加工、动物饲养、环境保护和医药研究等诸多领域都离不开转基因微生物的参与,如激素、酶制剂、抗生素、维生素等食品、药物和饲料添加剂的生产和储存。在食品领域,转基因微生物主要用于生产食品用酶制剂、转基因酵母菌等,且多数已经实现商业化生产。在农业领域,转基因微生物主要应用于微生物农药、微生物肥料、动物饲料等的生产。在医疗领域,转基因微生物主要用于疫苗的生产,其中包括人用疫苗和兽用疫苗。其还应用在某些生物制剂类药物的生产中。转基因微生物同样应用在工业生产工艺的改良、减免环境的污染,以及新能源的开发利用等方面。

转基因微生物是人类改造未来必不可少的实用"工具",同时转基因微生物的安全性评价工作是我国推进转基因事业发展的重中之重,是稳定发展的必要前提与保障。其工作是一项复杂且系统的工作,不仅需要科研工作者们拥有严谨的工作态度和投入大量的精力，更需要国家定制出符合阶段性发展的相关政策，循序渐进，建立体系全面、针对性强的安全评价体系，来保障转基因安全评价事业有序、健康发展。

10.1　转基因微生物的种类与重要性

10.1.1　转基因微生物的种类

转基因微生物按照不同的标准有多种分类方法，可按照微生物的种类划分，如转基因乳酸菌、转基因酵母菌等；其按照应用领域划分可分为食用转基因微生物、动物用转基因微生物、医用转基因微生物、农业用转基因微生物、工业用转基因微生物；其按照基因编辑技术操作方法划分可分为基因敲除类转基因微生物、基因插入类转基因微生物、基因编辑类转基因微生物。

10.1.2　转基因微生物的重要性

微生物以其结构简单、易于培养、易于繁殖、代谢能力强、易产生变异等众多特点成为基因编辑技术的常用载体。在 2008 年国家启动的转基因重大专项政策的支持下，我国推动了转基因动物、转基因植物以及转基因微生物研究的快速发展，转基因新品种不断出现，如玉米、小麦、水稻、棉花、大豆等五大作物，猪、牛、羊等三大动物及益生菌、病毒等微生物。我国在基因工程领域起步较晚，但也有着长足的发展历史，且该方面的研究已经先后开展并取得了诸多的科研成果，大力推动了我国基因工程领域的快速发展。与转基因动物与转基因植物相比，转基因微生物是基因工程领域的后起之秀，在我国的《863 计划现代农业技术领域 2007 年度专题课题申请指南》中，关于现代食品生物工程技术指南明确指出今后要利用生物技术大力支持和发展食用微生物。在此可以预言，在转基因动物与植物已经发展到一定阶段的今天，人们即将进入转基因微生物大规模开发与利用的新阶段，其势必成为重点发展领域，其应用将会普及人们生活相关的多个领域。

10.1.3　转基因微生物的应用

随着转基因技术在微生物中的广泛应用，涌现出了大量新的转基因微生物。目前由转基因微生物参与的高营养价值食品、微生物医药制剂，如转基因微生物农药、兽药、饲料，以及新型环保材料等已成为全球科技发展最快的领域之一，转基因微生物在食品、医药、农业、环保等领域所占地位越来越重要，应用范围快速扩展，赢得了巨大的经济效益与社会效益。

1. 转基因微生物在食品加工生产领域的应用

在食品工业中，目前转基因微生物多用于食品添加剂，如酶制剂、氨基酸、有机酸、维生素、甜味剂、香料、色素和黄原胶等的生产。尤其乳酸菌和酵母菌两种基因改造菌在发酵食品工业生产中是研发与应用的重点。1998 年，世界上首个借助基因编辑技术生产的食品用酶制剂是转基因凝乳酶，其是将小牛的凝乳酶基因通过基因编辑技术转移至微生物中而产生的一种酶。两年后美国食品药品监督管理局批准了转基因凝乳酶可在乳酪的生产中应用。至今美国境内绝大多数的乳酪是借助转基因凝乳酶所生产的。且目前世界上包括荷兰、丹麦、英国等在内的约 17 个国家都相继广泛利用转基因微生物生产各种食品添加剂，所用的微生物种类也变得更为广泛，如浅青紫链霉菌、枯草芽孢菌、特氏克雷伯氏菌、米曲霉等。

转基因微生物在啤酒和葡萄酒的生产上也有着广泛的应用，应用的转基因微生物主要为酵母菌。并且其产品已获得商业化生产的准许，因其提高了啤酒与葡萄酒的口感和提供了新的益于人类健康的功能。例如，将乳酸菌中的苹果酸-乳酸发酵基因导入到葡萄酒酵母中，从而改善了葡萄酒的口感。其产品因此获得了消费者的认可。

2. 转基因微生物在医药研发生产领域中的应用

在医药研发生产领域，目前转基因微生物主要用于生产转基因疫苗和转基因药物。转基因疫苗分为兽用疫苗和人用疫苗两类，转基因药物主要为人类用药。

兽用转基因疫苗的使用对象较为广泛，畜类、禽类和鱼类等动物都有广泛的应用。大大提高了畜牧业、养殖业和渔业的产量，从而促进了经济发展。目前，国内外已经有 40 多种兽用转基因疫苗实现了商业化生产，超过 100 种兽用转基因疫苗处于野外试验阶段和成功批准了国家专利，且有 360 多种兽用转基因疫苗正处于实验室研究阶段。与此同时，世界上各国家政府对兽用转基因疫苗的研发审核和产品的投入使用审批严格把关。目前，已获得批准注册的基因插入或敲除活疫苗有：肠炎沙门氏菌 *Aro A*、*Aro L* 和 *Sefc* 基因缺失疫苗，绵羊流产沙门氏菌 *Stm* 反转变异疫苗，胸膜肺炎放线杆菌 *APX* 基因缺失疫苗，嗜水气单孢菌基因缺失疫苗，鹦鹉热衣原体 *NTG* 基因突变株疫苗，伪狂犬病病毒 *TK* 基因缺失疫苗等。已经获得注册的基因重组活载体疫苗有：基因重组狂犬病病毒活载体疫苗、牛鼻气管炎病毒、口蹄疫病毒、牛病毒性腹泻病毒活载体疫苗等。我国在兽用转基因疫苗领域也有着长足的发展，如我国研制的伪狂犬疫苗 *gC* 和 *gI* 基因敲除疫苗、大肠埃希氏菌株疫苗、猪伪狂犬病基因缺失疫苗等都已广泛应用。

人用转基因疫苗主要分为工程减毒疫苗株、病毒载体重组株、杂合减毒株 3 种类型。用于免疫和基因治疗的重组病毒也是重要的治疗人类疾病的转基因微生物。1986 年，德国 Merck 公司研制出世界上第一例转基因疫苗重组乙肝疫苗并在欧洲获得批准并成功上市；我国于 20 世纪 90 年代也在市场审批投放了多种疫苗，如预防痢疾的冻干口服福氏、宋内氏痢疾双价活菌以及口服重组 B 亚单位/菌体霍乱疫苗等。

通过基因编辑技术，人们将目的外源基因导入大肠杆菌、酵母菌等微生物或细胞中，再通过微生物发酵、动物培养技术可以生产出大量多肽或蛋白质药物用于疾病的治疗，如人工胰岛素的研发与应用。1979 年，美国一家公司首先实现了把人胰岛素基因重组转入大肠杆菌中并合成人工胰岛素，并于 1982 年由另一家公司开发成胰岛素产品将其推向市场。目前，世界上用于治疗糖尿病的人工胰岛素主要为基因工程产物。

转基因微生物药物在医药领域占据了很大的市场份额，并在癌症、血液病、细菌感染、丙型肝炎、艾滋病、代谢病等的防治上应用广泛，且转基因微生物药物的研发发展迅速，目前我国研制成功的基因工程药品已有 20 多种，且已能对多种需求量大的转基因药物进行仿制，同时也带动了相关产业的经济发展。

3. 转基因微生物在农业生产领域中的应用

转基因微生物在农业生产中的应用主要有转基因微生物肥料、转基因微生物生产的饲料酶制剂和转基因微生物农药等。我国地域辽阔，农业经济产业发达，是目前农业重组微生物环境释放面积最大、种类最多、研究应用最广的国家，对转基因微生物农产品的需求量大，因此国家对农业用转基因微生物的研发与应用有足够的重视。

转基因生物肥料方面，20 世纪 80 年代以来，科学家开始利用分子技术对外源固氮基因及其调控基因进行转移而构建出的新型重组固氮微生物已开始进入大规模田间试验和商品化生产。例如，日本率先研制出了耐铵转基因工程菌；美国的 Bosworth 等研发出了有固氮功能的重组根瘤菌，且田间试验结果良好。我国在转基因微生物肥料领域也有重大进展，国内多家科研单位、高校在转基因固氮菌的研制领域取得了丰硕的成果。应用转基因微生物生产的饲料酶抑制剂，如黑曲霉、无花果曲霉和米曲霉等真菌，可用于生产包括酶在内的重组蛋白质。20 世纪 80 年代以来，新兴的农业用转基因微生物制剂获得了突破性的发展，当时防治虫害的 Bt 高效工程菌剂、转基因病毒制剂、防霜冻的无病核活性工程菌等成为农业防害市场的新星，受到了广泛的认可。

转基因 Bt 菌剂，如苏云金杆菌杀虫剂，是公认的一类无公害生物农药，也是国内外生产量最大、使用最广泛的微生物杀虫剂。转基因病毒杀虫剂，如我国的中国棉铃虫病毒获批为安全性等级 I 级，并于 1998～2000 年得到批准，准许进入田间中间试验和环境释放。其中重组棉铃虫病毒 1 号是中国第一例通过国家安全性评估进入田间中间试验和环境释放的重组病毒杀虫剂，有望成为中国第二代病毒杀虫剂。防治植物霜冻的转基因工程菌，因为冰核活性细菌是诱发和加重植物霜冻的重要因素，因此降低冰核活性浓度可有效减少植物霜冻的发生。科学家发现利用无冰核活性细菌的生态位点和营养竞争作用可以减少冰核细菌的数量，有效减轻植物霜冻现象的发生。此后，用于防治植物霜冻的无冰核活性工程菌于 1982 年研制成功，1987 年进入田间试验，防治草莓霜冻效果达 70%以上。

10.2　转基因微生物食用安全评价的进展

　　应用于食品相关领域的转基因微生物的研发相对于转基因植物、转基因动物的研究起步较晚，因此与转基因动植物的食用安全评价相比，对转基因微生物的食用安全评价研究相对较少，更没有像转基因动植物那样建立较为完善的评价体系。近年来随着人们对转基因微生物的认识加深及相关转基因微生物的出现，转基因微生物食用安全问题得到了国内外研究者的重视，国际经济合作与发展组织及我国农业农村部等国内外权威机构出台了关于动物用转基因微生物安全评价指南。但是具体的评价方法和评价内容还不够全面、详细、明确，就目前的研究成果来看，仅有少数关于转基因微生物食用安全评价的报道，而且只是采用常规的动物喂养亚慢性毒性试验，评价内容多是常规指标，与对转基因动植物的评价研究没有差异，没有从微生物本身的特点出发全面、系统、针对性更强地对其进行安全评价。

10.3　转基因微生物食用安全评价的内容

　　由于微生物是活体，虽然其器官结构简单，但是其由生物化学物质组成，具有遗传变异性等特性，所以相对于纯化合物，转基因微生物的结构是复杂多样的，因此与农药风险评估的最大差异就是转基因微生物很难单纯采用动物模型评估其风险。对转基因微生物的安全性进行评估，目前主要关注其相关微生物在食品中使用的情况和转基因微生物投放到野外环境中对生态环境的影响。
　　转基因微生物或用于组建转基因微生物的受体株系是否具有已知的病原特性，以及所涉及的受体和相关生物体是否有已知的负面作用是评估的重点。如果某种转基因微生物直接影响食物或存留在食物中，应检查该微生物对食物安全性的所有影响。转基因微生物食品的发展与现代人的日常饮食越来越息息相关，随着越来越多的转基因微生物相关食品的出现，人们更多地开始关注其相对于传统微生物食品是否会产生一些毒理作用、过敏反应。随着越来越多的微生物农药制剂在农业、畜牧业、渔业中的广泛应用，是否会对环境生物的多样性带来一定的隐患。

10.3.1　分子特征

为了准确、多方位检测基因改良微生物的非预期效应，多种组学技术被应用在转基因微生物分子特征的检测上，以观测其基因表达、遗传稳定性、代谢能力等分子指标，如蛋白质组学、转录组学、代谢组学等，逐渐拓展分析的范围，更全面地了解转基因微生物的生物学特性。这些检测技术的普及应用有助于人们认知转基因微生物的预期效益和非预期效应，并将其标准化地引入转基因微生物的风险评估中。随着时间的积累与科学技术的进步，人们可以在基因数据库中拷贝到完整的基因序列，与植物产品相比，这些工具更加便于应用在转基因微生物中。此外，高精度检测仪器的更新换代，如高效液相色谱和核磁共振技术的联合应用、气相色谱和质谱联用、核磁共振技术等，也将有助于更加精准地检测转基因微生物产品的特性及其代谢产物。

10.3.2　遗传稳定性

转基因微生物的遗传稳定性是进行转基因食品安全评价的重要内容。目前人们主要通过 PCR 法、DNA 印迹法（Southern blot）、扩增片段长度多态性（AFLP）、随机扩增微卫星多态性（RAMP）等方法检测转基因微生物稳定性。其中评价内容包括对外源基因的拷贝数、位置的效应、整合的位点、是否引起物种基因突变、外源基因的表达是否稳定、相应功能蛋白的表达稳定性是否符合预期等。

10.3.3　转基因微生物对动物的安全性

整体来说，动物用转基因微生物产品已经形成了一定的检测体系和原则，且随着科学技术的发展与经验的积累变得愈发完善，其中包括载体微生物的生物学背景、生物学特性和理化性质的明确；转基因微生物投放使用后对生态环境的影响，是否会产生连锁效应以及效应程度评估；转基因微生物对靶标动物、非靶标动物和人类所产生的潜在危险评估；对转基因微生物的监控方法和技术的审核。

科学家们同样关注动物用转基因微生物的分子生物学和免疫学特性，即转基因微生物在野外的存活能力，遗传物质是否会转移到其他生物体及其转移的效率，因微生物有重组能力，还需检测与其他病原微生物重组后会产生什么样的后果；

动物食用后转基因微生物在其体内的生存状况以及剂量效应的关系。同时还需考虑到靶标动物与非靶标动物食用后的免疫反应差异；动物用转基因微生物传代前后的毒力以及返强能力，对怀孕动物及其子代动物等的毒理学评价；尤其是动物用转基因微生物产品是否会对人类产生健康威胁以及人类接触的可能性及其危险性评估，有可能产生的直接影响、短期影响和长期影响，对所产生的不利影响的解决办法，还有长期大面积应用后是否有潜在威胁；动物用转基因微生物的稳定性、竞争性、生存能力、变异性大小及致病性是否因外界环境条件变化而发生改变，以及定制相应的预备解决方法。

10.3.4　转基因微生物对人类的安全性

考虑到转基因微生物的种类有别，其代谢产物存在差异，所以转基因微生物在对人类健康的风险评估中也有区别，需要对多种化合物进行毒理学、分子营养学评估。对于活体转基因微生物产品的安全性评价，则需要更加广泛、全面的检测。对于有特殊生物学特性的转基因微生物需要采取个案处理评估。而对于采用相同的或者相近品种的基因进行自克隆的情况，还应考虑使用的历史和相应的品种。对于含有致病序列基因的转基因微生物还应对其进行毒理学评价。转基因微生物的风险评估不仅需要关注预期效应，也需要关注非预期效应。因此对转基因微生物的风险评估采用了"相似性"或"实质等同性"的方法进行评估。微生物的风险评估应首先采用实质等同性的方法进行对比，其次应对已经确定的环境和食品的安全性及对营养的影响进行评估。

10.3.5　转基因微生物对生态环境的安全性

因为转基因微生物具有较强的生存能力、繁殖快、易变异、代谢能力强等特点，所以如将转基因微生物投放于野外，其顽强的适应环境能力与竞争能力很有可能会对其他物种产生破坏，减少环境的生物多样性。因此，在转基因微生物投放野外前，均需要测定其对土壤中微生物生物多样性的影响。总的来说，评估内容包括致病性和毒性评估、生存能力评估、竞争能力评估、传播扩散能力评估、遗传变异能力评估、基因转移能力评估、对生态的整体损害影响评估。总之，需要建立完善的法规体系进行监管，以及完整的科学评价体系进行评价，使转基因微生物的投放使用安全且规范。

参 考 文 献

陈良燕. 2002. 国内外转基因微生物研究与环境释放现状综述. 中国国家生物安全框架实施国

际合作项目研讨会论文集. 中国国家生物安全框架实施国际合作项目研讨会, 国家环境保护总局, 北京: 100-111.

陈启军, 尹继刚, 胡哲, 等. 2007. 基因工程疫苗及发展前景. 中国人兽共患病学报, (9): 934-938, 941.

蒋建东. 2006. 多功能农药降解基因工程菌的构建及其环境释放安全评价研究. 南京: 南京农业大学.

刘海燕. 2011. 转 nis I 基因植物乳杆菌 Lactobacillus plantarum 590 对 SD 大鼠肠道健康的影响研究. 无锡: 江南大学.

Takala T, Saris P. 2002. A food-grade cloning vector for lactic acid bacteria based on the nisin immunity gene nis I . Applied Microbiology and Biotechnology, 59(4-5): 467-471.

第11章 重组植物乳杆菌 Lp590 的食用安全风险评估实践

提要

- ■ 基因及工程菌的介绍
- ■ 试验的主要内容

引 言

微生物在食品中的应用可以追溯到几千年之前。如今,微生物在食品相关生产加工过程中扮演的角色越来越重要。转基因技术在微生物中的应用使转基因微生物新品种应运而生。不同的转基因微生物可以优化提升微生物原有的优良品质,能够满足人们某一方面的特殊需求,这无疑扩大了微生物的应用范围,降低了生产成本。然而,转基因产品毕竟是一种人工的新产品,人们对转基因产品的食用安全从转基因产品诞生之日起就存在疑虑。目前,针对转基因微生物系统、完善、实用的食用安全评价体系还没有出台,使得转基因微生物的市场化受到限制。因此,开展转基因微生物的食用安全性研究,建立系统完善的评价体系是当前急需解决的紧迫任务。这对于促进转基因微生物规范发展,进一步扩大微生物的实际应用范围具有重要意义。

【案例】重组植物乳杆菌 Lp590 的食用安全风险评估实践

以转 *nis I* 基因植物乳杆菌 *Lactobacillus plantarum* 590(Lp590)为研究对象,以非转基因的益生菌亲本植物乳杆菌 Lp 为对照,就体外耐受性质、亚慢性毒性喂养、肠道相关免疫、基因水平转移等对机体有重要影响的作用过程及影响因素进行了研究。全方位、较系统的研究,探索完善、系统、实用的转基因微生物的食用安全评价模型,为转基因微生物大规模开发利用奠定基础,为转基因微生物的规范及商业化生产提供科学的标准方法,对转基因微生物的发展具有重要的指导意义。

11.1 重组植物乳杆菌 Lp590 研究背景

11.1.1 植物乳杆菌简介

乳酸菌(LAB)之所以用途广泛,可以满足食品工业生产的多种需求,与它的体外耐受性质是分不开的。微生物的体外耐受性是衡量它是否适合工业生产的重要指标之一，因为在工业生产中往往会遇到极端的环境条件，有的微生物虽然有较好的应用价值，但是不能适应工业中的各种实际生产条件，这样的微生物也不适合大规模工业生产。例如，就乳酸菌而言，在发酵乳生产中乳制品的储存温度通常在 4℃，其中的乳酸菌要能够耐受低温才能够充分发挥其作用；而制乳酸菌干粉的喷雾干燥过程中会有较高的温度,在酿酒过程中有较高浓度的乙醇环境,腌制酱菜时盐的浓度较高，发酵乳在发酵过程中温度往往要在 40℃以上，乳酸菌也要能够耐受才行。只有能够耐受这些极端体外环境条件的乳酸菌才是适合工业生产的理想的乳酸菌。

　　某些乳酸菌如双歧杆菌等作为益生菌除了要耐受以上所说的温度等体外环境条件外，还要能够在体内胃肠道环境中耐受胃酸和胆汁盐，这样才能在经口到达体内后发挥益生作用。益生菌的筛选研究一般都会通过模拟胃肠道环境，评价其耐受酸和胆汁盐的能力。即使是原本具有较好体外耐受性质的乳酸菌，在转入外源基因后，如果其体外耐受性质发生改变就会影响微生物的原有功能，所以对转基因微生物体外性质的研究是保证它能够应用于工业生产的前提。

11.1.2　转入基因简介

　　本研究中的植物乳杆菌 Lp（AS1.2986）是分离于保健品中的益生菌，Lp590（LM0230）是以 Lp 为亲本转入外源基因 nis I 后所得的产物。乳酸链球菌素(nisin)作为生物防腐剂优于其他化学类防腐剂。它是乳酸链球菌产生的多肽类物质，食用后在体内很快被水解为氨基酸，不改变肠道内正常菌群环境，也不会出现其他抗生素存在的抗性问题，更不会和其他抗生素产生交叉抗性，是一种名副其实的无毒、安全、高效、性能卓越的天然食品防腐剂。正是因为这些优点，nisin 被广泛应用于食品相关领域。而 nis I 基因是抗 nisin 的基因，为了使乳酸菌能在有较高浓度抗菌肽存在的情况下继续存活并发挥作用，将 nis I 转入亲本菌株 Lp 中。

11.2　转 nis I 基因植物乳杆菌 Lp590 体外性质的研究

11.2.1　试验方法

　　1. 转基因植物乳杆菌 Lp590 生长特性的测定

　　Lp590 及 Lp 两株菌保存于含 15%甘油的 MRS 液体培养基中（-80℃）。把两株菌分别接种于 MRS 琼脂培养基进行活化。然后挑菌落接种于 MRS 液体培养基 37℃厌氧培养过夜。再以 1%的接种量分别接种于 MRS 液体培养基中，37℃厌氧培养，分别在培养 2h、4h、6h、8h、10h、12h、14h、16h、18h、20h、22h 时于 600nm 测吸光度。绘制两株菌生长曲线。

2. Lp590 及 Lp 菌株菌悬液的制备

将 Lp590 及 Lp 以 1%的接种量接种于 MRS 液体培养基中，37℃厌氧培养 16h。12000r/min 离心 15min，收集菌体沉淀。用无菌 PBS 清洗菌体 3 次，制成 1%的菌悬液。

3. 转基因植物乳杆菌 Lp590 对 nisin 抗性的测定

取两菌的菌悬液各 0.1mL，用无菌 PBS 进行梯度稀释，然后分别加入含不同浓度 nisin（20U/mL、150U/mL、250U/mL）的 MRS 液体培养基中，并以不加 nisin 为对照，37℃厌氧培养。每隔 2h 在 600nm 测吸光度。绘制不同 nisin 浓度下两菌株生长曲线。

4. 转基因植物乳杆菌 Lp590 在模拟胃肠道环境中耐受性的测定

分别将两菌的菌悬液 0.1mL 接种于 1mL 不同 pH 的人工胃液中，37℃水浴保温 0min、1min、120min、240min。然后利用平板计数的方法测定其活菌数。

分别将两菌的菌悬液 0.1mL 接种于 1mL 含有 0.3%胆汁盐及不含胆汁盐的人工肠液中，37℃水浴保温 0min、1min、240min。然后利用平板计数的方法测定其活菌数。

5. 转基因植物乳杆菌 Lp590 对温度耐受性的测定

将装有 10mL 无菌 PBS 的试管分别放于 52℃的水浴锅和 4℃的冰水混合物中，取 0.1mL 菌悬液分别加入其中混匀，保温 0min、60min、120min、180min、240min。

6. 转基因植物乳杆菌 Lp590 对乙醇、过氧化氢、氯化钠耐受性的测定

将装有 10mL 20%乙醇、15mmol/L 的过氧化氢、4mol/L 氯化钠的试管放于 37℃水浴中，各试管中分别加入 0.1mL 菌悬液混匀，保温 0min、60min、120min、180min、240min。

在以上试验方法中各个时间点取 0.1mL 培养液进行梯度稀释，然后用 MRS 固体培养基平板厌氧培养 48h 计数测定活菌数。

7. 统计方法

以上试验均进行 3 个平行，所得数据用均值±标准差的形式给出。用 SPSS10.0

进行分析，用 Student's *t* 检验。$P<0.05$ 表示有显著性差异。

11.2.2　结果与分析

1. 转基因植物乳杆菌 Lp590 生长特性

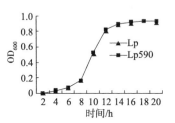

图 11-1　Lp 和 Lp590 两菌株生长曲线

从图 11-1 中可以看出 Lp590 与 Lp 生长特性相似，没有明显差异，均在 16h 到达稳定期。

2. 转基因植物乳杆菌 Lp590 对 nisin 抗性

菌株 Lp590 是以抗 nisin 为目的构建的转基因微生物。为了验证 Lp590 有优于 Lp 的对 nisin 的抗性，与对照菌 Lp 比较，两菌株对 nisin 耐受结果见图 11-2。

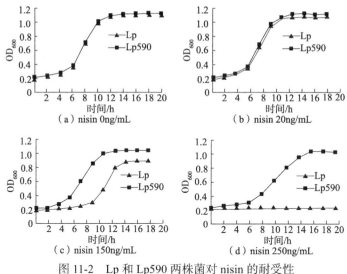

图 11-2　Lp 和 Lp590 两株菌对 nisin 的耐受性

从图中可以看出，在低 nisin 浓度（20ng/mL）下，两菌株均对 nisin 有抗性并且没有明显差别。在中等 nisin 浓度（150ng/mL）下，与 Lp590 菌株相比，Lp 菌株的抗性显著降低。在高 nisin 浓度（250ng/mL）下，Lp 菌株几乎失去对 nisin 的抗性，而 Lp590 菌株对 nisin 的抗性与低、中浓度 nisin 时相差不大。

以上结果说明了转基因植物乳杆菌 Lp590 确实能抗较高浓度 nisin，这为之后一系列试验的进行奠定了基础。

3. 转基因植物乳杆菌 Lp590 在模拟胃肠道环境中的耐受性

Lp590 和 Lp 菌株在人工胃液中不同 pH（2.0、3.0、4.0）下的活菌数见表 11-1。通常情况下，较低的 pH 会降低活菌数。当 pH 为 2.0 时，Lp590 及 Lp 菌株的活菌数都呈现持续下降的趋势，Lp 菌株的活菌数在暴露 240min 后仅为原来的 6%。当 pH 为 3.0、4.0 时，在暴露 240min 后两菌株活菌数相似。

表 11-1　Lp 和 Lp590 在人工胃液（pH 2.0、3.0、4.0）中的耐受性

菌株	人工胃液的 pH	活菌数（log CFU/mL）			
		0min	1min	120min	240min
Lp	pH 2.0	8.3（0.0）	8.5（0.4）	7.5（0.1）*	7.1（0.2）**
	pH 3.0	8.3（0.0）	8.5（0.2）	8.1（0.2）	7.9（0.2）
	pH 4.0	8.3（0.0）	8.4（0.3）	8.2（0.1）	8.0（0.1）
Lp590	pH 2.0	8.5（0.0）	8.2（0.3）	7.9（0.3）	7.6（0.1）*
	pH 3.0	8.5（0.0）	8.3（0.1）	8.0（0.2）	7.8（0.4）*
	pH 4.0	8.5（0.0）	8.2（0.0）	8.0（0.1）	8.1（0.3）

注：括号中为标准差（SD）。
*. 与 0min 相比有显著差异（$P<0.05$）。
**. 与 0min 相比有显著差异（$P<0.01$）。

人工肠液中，在有或无胆盐存在时两菌株的活菌数见表 11-2。在没有 0.3%胆盐存在情况下，暴露于人工肠液 240min 后两菌株活菌数相似并都没有显著减少。而在有 0.3%胆盐存在时，240min 后两菌株活菌数下降，Lp590 菌株活菌数降低 0.2log CFU/mL，Lp 菌株的活菌数降低 0.3log CFU/mL。

表 11-2　Lp 和 Lp590 在人工肠液中的耐受性

有无胆盐	菌株	活菌数（log CFU/mL）			
		0min	1min	120min	240min
无胆盐	Lp	8.3（0.0）	8.3（0.0）	8.3（0.4）	8.3（0.1）
	Lp590	8.5（0.0）	8.5（0.0）	8.4（0.3）	8.4（0.1）
0.3%胆盐	Lp	8.3（0.0）	8.3（0.2）	8.2（0.2）	8.0（0.3）
	Lp590	8.5（0.0）	8.5（0.0）	8.4（0.3）	8.1（0.2）

4. 转基因植物乳杆菌 Lp590 对温度耐受性

从图 11-3（a）可以看出，两菌株对低温的耐受性相似，都可以较好地耐受 4℃

低温。而菌株 Lp590 比 Lp 具有较高的耐热性[图 11-3（b）]。在 52℃水浴中，暴露 240 min 后 Lp590 菌株还有 20%的活菌，此时 Lp 菌株几乎没有菌存活。

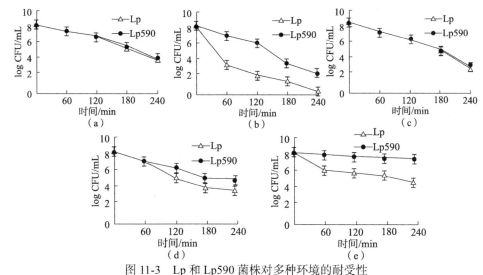

图 11-3　　Lp 和 Lp590 菌株对多种环境的耐受性

（a）对 4℃低温的耐受性；（b）对 52℃高温的耐受性；（c）20%乙醇的耐受性；
（d）对 15mmol/L 过氧化氢的耐受性；（e）对 4mol/L 氯化钠的耐受性

5. 转基因植物乳杆菌 Lp590 对乙醇、过氧化氢、氯化钠耐受性

从图 11-3（c）可以看出，两株菌在暴露于 20%乙醇 240min 后都有近 50%的菌存活，两株菌对乙醇的耐受性质相似。

与 Lp 菌株相比，Lp590 菌株对 15mmol/L 的过氧化氢有较好的耐受性，暴露 240min 后 Lp590 菌株还有 55%以上的菌存活[图 11-3（d）]。

从图 11-3（e）中可以看出，Lp590 和 Lp 菌株对 4mol/L 氯化钠都有较好的耐受性，而 Lp590 的耐受性更好，暴露 240min 后活菌数达 95%以上。

11.2.3　小结

将转基因植物乳杆菌 Lp590 菌株与其亲本非转基因植物乳杆菌 Lp 菌株对比，对多种耐受性质进行了验证或研究，从而在一定程度上揭示了基因改造对乳酸菌体外性质的影响及其生物安全性。

（1）转基因植物乳杆菌 Lp590 与 Lp 菌株生长特性相似，无显著性差异，说明乳酸菌并没有因为基因工程的改造而改变生长特性。

（2）对 nisin 的抗性试验表明 Lp590 比 Lp 有明显的耐受 nisin 的性质，验证了之前由植物乳杆菌为受体菌转入 nisin 基因构成转基因植物乳杆菌后增加对 nisin 耐受性的说法。

（3）在模拟胃肠道环境及体外环境的耐受性试验中，Lp590 也表现出优于 Lp 的性质，说明 Lp590 适用于工业生产的需要，并且能够在体内存活，这也为之后通过动物喂养试验评价转基因植物乳杆菌 Lp590 的食用安全提供了保证。

11.3　转基因植物乳杆菌 Lp590 28 天喂养试验

11.3.1　试验方法

1. 菌悬液的制备

将活化好的转基因植物乳杆菌 Lp590 及对照 Lp 菌株接种于 MRS 液体培养基 37℃厌氧培养 16h。12000r/min 离心 15min，收集菌体沉淀。用无菌 PBS 清洗菌体 3 次，然后用 PBS 重悬菌体，并用 MRS 琼脂进行平板活菌计数，将两种菌体分别制成 $2×10^{11}$CFU/mL 的菌悬液。

2. 试验动物

试验选用 5 周龄离乳的 Sprague-Dawley（SD）大鼠，雌、雄各半，平均体重 40～60g[北京维通利华试验动物技术有限公司，合格证号：SCXK（京）2007-0001]。先饲喂实验室日常储备的常规饲粮 7 天，以适应饲养条件并除去有异常表现的不健康动物。然后按性别和体重分组，每组各 10 只雌鼠和 10 只雄鼠，共 3 组，雌雄动物共 60 只；各组动物体重之间的差异应不超过平均体重的±20%，随机分配每组大鼠。

3. 饲养与管理

将大鼠饲养于铺有垫料的代谢笼内，每笼 1 只。鼠笼配备有乳头式饮水器，自由摄取日粮，自由饮水。每周换两次垫料。试验于三级标准试验动物房中进行，为期 4 周，严格按照试验动物的饲养管理条例和规则执行，饲养环境：温度 20～22℃，12h 光照、12h 黑暗，相对湿度 40%～70%，换气 10 次/h，气流量 0.1～0.2m/s。本试验在北京大学第三医院动物实验中心进行，试验动物使用许可证号：SYXK（京）2007-0016。

在每天下午 7:00，各组动物用无菌灌胃针，经口灌胃新鲜配制的 PBS 溶液作为空白对照或菌悬液（$2×10^{11}$CFU/mL）Lp590 及 Lp 各 1mL，共灌胃 28 天。

4. 日常观察

每天观察 2 次毛色、眼鼻等分泌物、发病以及死亡等毒性症状。每周进行详细的临场观察，包括行为、运动姿势、常规活动及有无外在的异常表现。

5. 生长性能测定

试验期内每周称两次体重，两次饲料摄入量。计算平均日采食量。以周为单位，对大鼠体重累积增长和平均周采食量分别进行作图。计算最终大鼠的体重增长及总进食量。

6. 尿常规测定

处死前（第 27 天） 在禁食的情况下收集每只大鼠的尿液，总共收集 24h。测量每份尿液体积，并储存于–20℃冰箱，用以检测尿常规。

尿常规分析指标包括：尿液 pH、尿蛋白、尿糖、尿潜血、尿比重、尿胆原、尿亚硝酸盐、尿酮体、尿胆红素、尿白细胞、尿维生素 C 及尿的显微镜观察（尿酸盐结晶、磷酸盐结晶、草酸钙结晶）有无异常。

7. 血常规指标测定

在处死前（第 28 天）采集 2 份血样。其中，1 份血样用肝素抗凝，用来检测血常规指标；另外 1 份不加抗凝剂，离心（3000r/min，4℃，15min），分离血清，每份 0.5mL 分装于安培管中，储存于–20℃冰箱，用来检测血清化学指标。

血常规检测包括：总白细胞数、总红细胞数、血小板数、血红蛋白浓度、血细胞比容、平均血细胞压积、平均血细胞血红蛋白浓度和平均血小板压积。在显微镜下人工计数淋巴细胞。

8. 血生化指标测定

血生化指标包括：丙氨酸转氨酶、天冬氨酸转氨酶、总蛋白、血清白蛋白、血清尿素、肌酐、葡萄糖、高密度脂蛋白、总胆固醇、甘油三酯、钙、磷、钠、钾、氯等指标。血清化学参数采用 RA-1000 型全自动生化分析仪（Technicon, Tarrytown, USA）进行测定。

9. 病理学分析

试验第 28 天在采集血样后，每组所有大鼠脱颈致死，并打开胸腹腔做病理学解剖。肉眼观察大体病理变化后，立即称取心脏、肝脏、脾脏、肺脏、肾脏、胸腺、肾上腺、卵巢、睾丸和大脑的质量。收集一系列完整的组织做组织病理学检测，包括心脏、肝脏、脾脏、肺脏、肾脏、胃、十二指肠、空肠、肾上腺、胸腺、睾丸和卵巢，将采取的组织块直接放入 10%中性缓冲福尔马林液中固定，用乙醇梯度脱水，二甲苯透明，石蜡包埋，制成 5μm 切片。根据标准的组织病理学方法用苏木精和曙红（HE）染色，在光学显微镜下观察组织切片，由中国科学院生物物理研究所蛋白质科学研究平台试验动物病理分析实验室进行病理学专门研究的郝俊峰博士给出病理结果，其中空肠进行小肠病理测量及观察，项目包括肠壁厚度、绒毛长度、隐窝深度、黏膜上皮细胞厚度。光学显微镜观察采用 Leica DFC300FX 病理图像分析系统分析、采集图像。

10. 样品收集

在试验的第 0 天、7 天、14 天、21 天、25 天、26 天、27 天、28 天分别收集每只大鼠的粪便，并立刻存于-80℃冰箱备用。大鼠致死解剖时，分别收集大鼠空肠、回肠、血清样品立刻存于-80℃冰箱备用。

11. 统计分析

转基因植物乳杆菌（Lp590）组及对应的非转基因植物乳杆菌（Lp）组与 PBS 空白对照组比较。用 SPSS10.0 进行分析，用 Student's 进行 t 检验。$P<0.05$ 时有显著性差异。

11.3.2　结果与分析

亚慢性毒性试验通过化学毒物连续反复的染毒、比较充分而适当的接触时间、较大范围的剂量和广泛深入的检测，可以观察试验动物所产生的生物学效应，获得丰富的毒理学信息。在评价新化学物质的毒性时应用广泛，可以确定受试物的剂量-反应关系，确定未观察到有害作用的剂量和观察到有害作用的最低剂量，提出安全限量参考值等。在转基因微生物的食用安全性研究中，28 天的亚慢性毒性试验被认为是转基因微生物食用安全评价必不可少的体内试验，能够反映出次级代谢产物的变化所导致的非期望效应以及营养成分在动物体内长期的代谢吸收情况，对于转基因食品的营养和毒性作用具有重要的研究意义。

1. 体重增长与总进食量

所有 SD 大鼠在 28 天试验期间行动灵活，毛色顺滑，正常进食和饮水，没有发现排泄物和分泌物异常，没有发现明显的中毒情况，试验期间也没有动物异常死亡。

体重增长下降或升高缓慢可能是由多方面原因造成的，毒性物质可能影响消化系统，造成食欲降低或消化吸收不良，也可能造成肾功能损伤，影响水的摄取。因此，体重的变化是动物中毒的综合表现。同样摄食量也是反映动物健康状况的直观指标。试验期间每周两次称量动物体重和进食量，计算大鼠平均体重增长与平均总进食量，并绘制动物的生长曲线。

表 11-3 显示了大鼠体重变化情况与平均总进食量结果。各组之间无显著性差异。

表 11-3　大鼠体重与总进食量　　　（单位：g）

性别	组别	初始体重	终体重	体重增加	总进食量	每天进食量
雄性	PBS	209.2±6.2	373.3±20.8	164.2±19.9	624.4±28.0	22.3±2.1
	Lp	208.8±6.1	369.4±17.7	160.6±20.0	624.0±24.0	23.3±1.9
	Lp590	210.9±6.0	376.6±16.8	166.4±18.4	621.8±21.8	22.9±1.7
雌性	PBS	189.2±6.8	353.3±18.8	76.1±17.6	496.3±17.1	18.3±2.9
	Lp	188.8±6.9	349.4±15.7	73.8±15.8	517.5±24.7	19.3±2.7
	Lp590	190.9±6.5	356.6±18.8	73.6±17.6	512.2±16.9	19.2±2.5

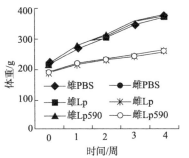

图 11-4　大鼠 28 天亚慢性毒性试验生长曲线

图 11-4 显示了大鼠 28 天试验期间的体重增长曲线。由图中可以看出，在初始体重相似的情况下体重随时间逐渐增长，雄性体重增长比雌性快，同一性别各组无显著差异。

图 11-5 显示大鼠 28 天试验期间的摄食量曲线。由图中可以看出，雄性大鼠进食量高于雌性，同一性别各组无显著差异。

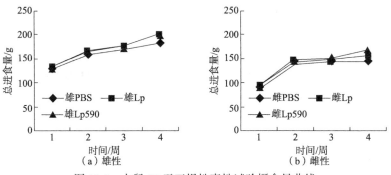

图 11-5　大鼠 28 天亚慢性毒性试验摄食量曲线

2. 尿常规指标

试验末期大鼠隔夜禁食后，收集尿液测定尿常规，检测结果见表 11-4。从表中可以看出，各组大鼠的尿常规指标均没有明显差异且都在正常范围之内。

表 11-4　大鼠 28 天亚慢性毒性试验尿常规指标检测值

性别	指标	组别		
		PBS	Lp	Lp590
雄性	尿糖/（mmol/L）	−	−	−
	尿酮体/（mmol/L）	−	−	−
	尿潜血/（mmol/L）	−	−	−
	亚硝酸盐/（mmol/L）	−	−	−
	尿胆红素/（mmol/L）	−	−	−
	尿胆原/（mmol/L）	+ −	+ −	+ −
	尿比重/（g/mL）	1.018±0.0027	1.018±0.0026	1.018±0.0026
	尿白细胞/（mmol/L）	−	−	−
	维生素 C/（mmol/L）	−	−	−
	尿蛋白	−	−	−
	尿 pH	6.5±0.32	6.7±0.61	6.6±0.38
	尿显微镜检查	未见异常	未见异常	未见异常
雌性	尿糖/（mmol/L）	−	−	−
	尿酮体/（mmol/L）	−	−	−
	尿潜血/（mmol/L）	−	−	−
	亚硝酸盐/（mmol/L）	−	−	−
	尿胆红素/（mmol/L）	−	−	−
	尿胆原/（mmol/L）	+ −	+ −	+ −
	尿比重/（g/mL）	1.019±0.0020	1.018±0.0026	1.02±0.0004
	尿白细胞/（mmol/L）	−	−	−
	维生素 C/（mmol/L）	−	−	−
	尿蛋白	−	−	−
	尿 pH	6.8±0.27	7.0±0.04	6.5±0.45
	尿显微镜检查	未见异常	未见异常	未见异常

注：−表示阴性；＋−表示弱阳性。

3. 血常规指标

试验末期大鼠隔夜禁食后，采集血液样品，测定血常规，结果如表 11-5 所示。

表 11-5 大鼠 28 天亚慢性毒性试验血常规指标检测值

性别	组别	红细胞 /（×10¹²L⁻¹）	血细胞比容/%	平均红细胞体积/fL	血红蛋白 /（g/dL）	平均红细胞血红蛋白浓度/（g/dL）	血小板 /（×10⁹L⁻¹）	平均血小板体积/fL	白细胞 /（×10⁹L⁻¹）	粒细胞 /%	淋巴细胞 /%	单核细胞 /%
雄性	PBS	8.68±0.64	57.06±3.43	65.87±2.71	16.01±0.84	26.43±2.89	750±160.13	5.45±0.26	9.38±2.59	9.5±4.31	89.17±6.14	0.5±0.01
	Lp	8.65±0.37	55.06±2.65*	65.9±1.39	14.334±0.38*	25.2±0.72	752±92.78	5.48±0.29	10.09±2.39	8.6±3.05	90.17±6.56	0.67±0.1
	Lp590	8.14±0.87	52.98±6.77*	64.95±2.41	13.98±0.82*	26.75±3.63	656±233.39	5.48±0.22	9.66±2.98	10±5.12	88.80±5.92	0.6±0.02
雌性	PBS	8.08±0.55	56.96±2.73	66.87±2.01	14.01±0.94	27.09±1.89	709±159.43	5.58±0.19	10.76±2.07	10.45±3.31	95.06±5.74	0.59±0.01
	Lp	8.35±0.32	57.33±3.56	64.9±2.39*	13.44±0.78	26.2±2.27	743±99.65	5.72±0.36	9.87±1.45	9.67±4.05	89.87±6.96	0.69±0.12
	Lp590	8.44±0.65	56.58±5.44	65.77±3.21*	15.67±0.99	25.59±3.09	679±143.68	5.67±0.18	11.06±2.78	11.09±2.32	99.56±4.99	0.64±0.03

*. 与 PBS 组相比有显著差异（P<0.05）。

灌胃 Lp 和 Lp590 的雌性大鼠平均红细胞体积（MCV）显著低于灌胃 PBS 的雌性大鼠，而在对应的雄性组中没有发现类似差异。大鼠 MCV 的正常范围是雌性 58.85～69.95fL，雄性 56.93～70.07fL，以上各组数据都在正常范围内，因此不认为差异具有生理学意义。

此外，灌胃 Lp 或 Lp590 雄性组的血红蛋白含量（HGB）和血细胞比容（HCT）水平比灌胃 PBS 的雄性大鼠偏低（$P<0.05$）。但是这两组数据都在正常范围内，因此不认为差异具有生理学意义。

大鼠灌胃 Lp590 及 Lp 28 天后，各组之间的血常规指标出现了个别统计学差异，但是这些差异变化幅度都很小，且通常只在同一性别中出现，各指标都在正常范围内。因此，不认为这些差异与食用转基因植物乳杆菌有关。

4. 血生化指标

血清中多种酶和化学成分是与各种脏器的功能及机体健康相关联的，如血清中的丙氨酸转氨酶（ALT）、天冬氨酸转氨酶（AST）反映肝的病理变化，血清总蛋白（TP）与白蛋白（ALB）反映肝的蛋白质合成代谢情况，肌酐（CRE）和血清尿素（UREA）反映的是肾小球的滤过功能，总胆固醇（T-CHO）和甘油三酯（TG）反映的是机体的脂类代谢情况，葡萄糖反映机体糖代谢情况，钙（Ca）、磷（P）反映骨骼的健康状况，钠（Na）、氯（Cl）则反映机体电解质平衡、酸碱平衡及渗透压平衡，钾（K）则可从一个侧面反映肾脏是否受损。对于血清化学变化的生理意义，需要结合动物的病理表现和相关器官的病理情况进行综合的诊断。

试验第 28 天取血，分离血清，进行血液生化检测，结果见表 11-6。对于灌胃 Lp 及 Lp590 的雌雄大鼠，总胆固醇含量都比灌胃 PBS 的大鼠显著降低。在 20 世纪中期就有人发现长期饮用当地野生乳杆菌发酵制品的非洲 Masai 部落人体内血清胆固醇含量较低，迄今，已有大量试验证实，乳杆菌及其相关制品具有降低血清胆固醇的能力。作用机理是乳杆菌产生的胆盐水解酶可以结合胆酶分解的游离胆盐，在酸性条件下，游离胆酸与胆固酸发生共沉淀。灌胃植物乳杆菌 Lp 及 Lp590 的大鼠胆固醇明显降低正是由于乳杆菌对脂代谢的调节作用。因此不认为这种变化与转入外源基因有关。

灌胃 Lp 及 Lp590 的雄性大鼠血清尿素水平比灌胃 PBS 的大鼠偏高，但对应的雄性大鼠之间差异不显著，因此不认为与是否食用了转基因乳杆菌相关。

大鼠灌胃植物乳杆菌 Lp 及 Lp590 后，虽然个别血生化指标存在统计学意义的显著差异，但是这些差异在各组之间随机分布，或是由于乳杆菌本身对机体的调节作用，不存在性别相关性。

表 11-6　大鼠 28 天亚慢性毒性血生化指标检测结果

性别	组别	谷丙转氨酶/丙氨酸转氨酶/(U/L)	天冬氨酸转氨酶/(U/L)	肌酐/(μmol/L)	尿素/(mmol/L)	甘油三酯/(mmol/L)	总胆固醇/(mmol/L)	高密度脂蛋白/(mmol/L)	血清总蛋白/(g/L)	白蛋白/(g/L)	葡萄糖/(mmol/L)	钠/(mmol/L)	钾/(mmol/L)	氯/(mmol/L)	磷/(mmol/L)	钙/(mmol/L)
雄性	PBS	101.8±26.2	399.6±102.0	63.5±10.7	7.05±0.89	0.85±0.16	1.83±0.31	0.53±0.06	74.1±7.6	42.8±2.6	7.02±0.55	156.2±5.2	9.1±1.4	110.1±3.6	3.62±0.26	2.85±0.11
	Lp	88.6±22.2	351.6±98.1	62.8±8.1	7.35±0.87*	1.09±0.35	1.61±0.36*	0.56±0.08	71.3±3.4	42.8±2.5	5.64±0.4	146.5±7.6	8.8±0.9	104.8±19.5	3.26±0.47	2.76±0.13
	Lp590	89.2±13.2	354.1±68.9	68.4±9.2	7.29±0.75*	0.95±0.48	1.58±0.39*	0.58±0.08	82.3±10.0	46.2±5.2	5.85±0.74	157.5±6.4	8.2±1.5	111.5±7.8	3.14±0.35	2.72±0.24
雌性	PBS	98.6±16.4	365.4±78.4	68.4±12.7	7.44±0.78	0.98±0.12	1.73±0.32	0.55±0.07	78.3±8.8	44.4±3.9	6.45±0.66	146.4±5.3	9.2±1.5	109.6±13.4	3.88±0.18	2.69±0.09
	Lp	102.6±19.5	381.3±69.7	65.7±9.8	7.55±0.66	1.15±0.23	1.57±0.26*	0.59±0.08	79.7±6.5	46.7±2.4	5.69±0.43	156.5±7.7	8.8±1.0	104.7±19.6	3.36±0.44	2.79±0.23
	Lp590	94.4±21.1	354.1±58.7	67.7±10.8	7.39±0.85	0.89±0.32	1.49±0.39*	0.56±0.05	81.3±10.2	47.4±4.3	5.99±0.57	158.4±6.8	8.4±1.1	113.4±17.4	3.94±0.32	2.81±0.24

*. 与 PBS 组相比有显著差异（$P<0.05$）。

5. 脏器质量

脏器质量是反映动物生长发育、营养、中毒情况的重要指标。试验末期，对试验动物解剖后，观察重要脏器的大小、颜色、病变情况，并对重要的脏器称重，计算各脏器与身体的比值。其中肝、肾是机体中重要的代谢器官，也是许多毒性物质的靶器官，因此机体的中毒反应常常导致脏器的表观、质量、组织性变化，观察这两个器官对于了解毒性产生机理具有重要的意义。

试验末期，大鼠脱颈致死后进行解剖，观察大体病理变化，取主要脏器称重，并计算脏器与体重的比值，即脏器的相对质量。大体病理观察显示试验动物的脏器情况基本正常。脏器绝对质量结果见表 11-7，相对质量结果见表 11-8。

表 11-7　大鼠脏器绝对质量　　　　　（单位：g）

性别	组别	脑	心	肺	肝	脾	肾	胸腺	睾丸或卵巢
雄	PBS	2.03±0.08	1.50±0.19	1.49±0.22	9.90±065	0.68±0.10	2.80±0.22	0.43±0.19	3.20±0.21
	Lp	1.90±0.41	1.45±0.23	1.50±0.16	10.17±1.44	0.76±0.15	2.71±0.22	0.46±0.13	3.12±0.18
	Lp590	2.03±0.17	1.52±0.21	1.48±0.16	10.57±1.24	0.77±0.06	2.83±0.17	0.43±0.09	3.31±0.14
雌	PBS	1.87±0.11	0.99±0.11	1.20±0.13	7.16±0.81	0.60±0.12	1.88±0.25	0.43±0.08	0.15±0.02
	Lp	1.95±0.08	1.01±0.16	1.27±0.12	6.80±0.29*	0.60±0.08	1.77±0.12*	0.40±0.06	0.15±0.03
	Lp590	1.90±0.08	1.02±0.07	1.28±0.24	7.40±0.52*	0.66±0.07	1.84±0.14*	0.40±0.09	0.15±0.02

*. 与 PBS 组有显著差异（$P<0.05$）。

表 11-8　大鼠脏器相对质量　　　　　（单位：%）

性别	组别	脑	心	肺	肝	脾	肾	胸腺	睾丸或卵巢
雄	PBS	0.57±0.04	0.42±0.01	0.42±0.03	3.11±0.15	0.19±0.02	0.79±0.04	0.12±0.05	0.91±0.09
	Lp	0.55±0.05	0.43±0.06	0.45±0.07	3.11±0.59	0.22±0.04	0.8±0.13	0.13±0.02	0.92±0.15
	Lp590	0.56±0.08	0.42±0.08	0.41±0.05	2.98±0.37	0.21±0.02	0.78±0.03	0.12±0.03	0.91±0.08
雌	PBS	0.55±0.03	0.41±0.02	0.43±0.03	3.13±0.13	0.19±0.07	0.78±0.03	0.11±0.06	0.90±0.09
	Lp	0.54±0.04	0.43±0.02	0.44±0.06	3.19±0.34	0.21±0.04	0.81±0.05	0.12±0.05	0.92±0.15
	Lp590	0.55±0.07	0.43±0.02	0.42±0.04	3.09±0.21	0.22±0.01	0.79±0.06	0.11±0.02	0.91±0.08

脏器绝对质量结果显示，各组之间有个别统计学差异，但是都是灌胃 PBS 组与灌胃乳杆菌组之间的差异，灌胃 Lp590 组与灌胃 Lp 组之间无显著性差异。例如，灌胃 PBS 组的雌性大鼠的肝、肾质量比灌胃 Lp590 及 Lp 组之间存在一定差异（$P<0.05$）。但是就相对质量而言，肝和肾的质量差异则不明显。

脏器相对质量的结果也显示，在转基因植物乳杆菌和非转基因乳杆菌组之间差异不显著，并都在正常范围内。

因此，虽然各组脏器绝对质量之间存在统计学差异，但是这些差异主要存在于灌胃 PBS 的空白对照组和灌胃乳杆菌的试验组之间，而转基因组与非转基因组之间差异不显著。而且这些差异在试验组中是随机分布的，没有性别相关性，并都在正常范围内，不认为与灌胃转基因乳杆菌相关。

6. 组织病理学

对各组大鼠的脏器组织做病理学半定量分析，结果见表 11-9，脏器组织进行毒理切片观察，见图 11-6，分析结果如下。

表 11-9　组织病理学半定量评分

性别	脏器	评分		
		PBS	Lp	Lp590
雄性	肝	0	0	0
	脾	0	0	0
	肾	0	0	0
	胸腺	0	0	0
	胃	0	0	0
	十二指肠	0	0.5（1/10）	0
雌性	肝	0	0	0
	脾	0	0	0
	肾	0	0	0.5（1/10）
	胸腺	0	0	0
	胃	0.5（1/10）	0	0
	十二指肠	0	0	0

注：括号中数值表示 10 个样品里有 1 个出现异常。

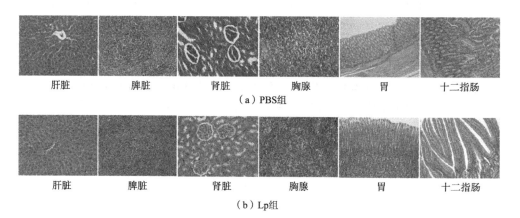

肝脏　　脾脏　　肾脏　　胸腺　　胃　　十二指肠

（a）PBS组

肝脏　　脾脏　　肾脏　　胸腺　　胃　　十二指肠

（b）Lp组

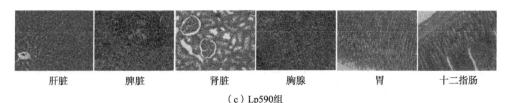

| 肝脏 | 脾脏 | 肾脏 | 胸腺 | 胃 | 十二指肠 |

（c）Lp590组

图 11-6　SD 大鼠 28 天亚慢性毒性试验脏器毒理组织切片

1）灌胃 PBS 组

（1）肝脏　肝小叶轮廓清晰，肝细胞索排列整齐，肝细胞形态结构正常。肝窦、汇管区及中央静脉未见淤血，胆小管上皮细胞呈立方状、排列整齐，细胞结构完整，未见病变；汇管区无渗出或增生性病变。

（2）脾脏　脾脏被膜完整，小梁清晰，脾白髓、红髓间界限明显，脾小体大小、数目、位置正常，淋巴细胞分化好，无充血、出血。

（3）肾脏　肾实质和肾盂、肾皮质和髓质结构清晰；肾小球结构、大小、数目正常，肾小囊腔内无渗出；小管无肿胀、脱落等病变；肾间质无充血、出血或增生性变化。

（4）胸腺　未见异常。被膜完整，胸腺分叶明显，小叶皮质淋巴细胞和网状细胞形态正常；髓质中淋巴细胞比较稀疏，网状细胞显著。

（5）胃　各层结构完整，未见异常病变。

（6）十二指肠　各层结构完整，未见异常病变。

2）灌胃非转基因植物乳杆菌 Lp 的对照组

（1）肝脏　肝小叶轮廓清晰，肝细胞索排列整齐，肝细胞形态结构正常。肝窦、汇管区及中央静脉未见淤血，胆小管上皮细胞呈立方状、排列整齐，细胞结构完整，未见病变；汇管区无渗出或增生性病变。

（2）脾脏　脾脏被膜完整，小梁清晰，脾白髓、红髓间界限明显，脾小体大小、数目、位置正常，淋巴细胞分化好，无充血、出血。

（3）肾脏　肾实质和肾盂、肾皮质和髓质结构清晰；肾小球结构、大小、数目正常，肾小囊腔内无渗出；小管无肿胀、脱落等病变；肾间质无充血、出血或增生性变化。

（4）胸腺　未见异常。被膜完整，胸腺分叶明显，小叶皮质淋巴细胞和网状细胞形态正常；髓质中淋巴细胞比较稀疏，网状细胞显著。

（5）胃　各层结构完整，未见异常病变。

（6）十二指肠　各层结构完整，未见异常病变。

3）灌胃 Lp590 的试验组

与空白对照组和非转基因对照组进行对比观察分析结果如下。

（1）肝脏　未见异常。肝小叶轮廓清晰，肝细胞索排列整齐，肝细胞大小、形态以及汇管区结构等与对照组无差异。

（2）脾脏　未见异常。脾脏被膜完整，小梁结构清晰，脾白髓、红髓间界限清楚，脾小体大小、数目、位置正常，淋巴细胞分化好，无充血、出血。

（3）肾脏　肾实质和肾盂、肾皮质和髓质结构清晰；肾小管无肿胀、脱落等病变；肾间质未见明显的充血、出血或增生性变化。

（4）胸腺　未见异常。被膜完整，胸腺分叶明显，小叶皮质淋巴细胞和网状细胞形态正常；髓质中淋巴细胞比较稀疏，网状细胞较为显著。

（5）胃　各层结构完整，未见异常病变。

（6）十二指肠　各层结构完整，未见异常病变。

组织切片观察结果如下。

（1）灌胃非转基因植物乳杆菌组与灌胃 PBS 组相比，所检器官在组织病理学观察分析方面无差异。

（2）灌胃转基因植物乳杆菌组与灌胃非转基因植物乳杆菌组相比，所检器官未见组织病理学病变。

4）空肠黏膜形态

由表 11-10 可知，灌胃非转基因植物乳杆菌 Lp 及转基因植物乳杆菌 Lp590 后空肠相关指标都有显著变化。肠壁厚度、绒毛高度、黏膜上皮厚度都显著增加，而隐窝深度显著降低。绒毛高度/隐窝深度比值也显著增加。各指标中灌胃 Lp 与 Lp590 菌液组之间没有显著差异。小肠是营养物质消化吸收的主要部位，小肠黏膜形态的正常是保证消化吸收功能正常发挥的生理基础。绒毛高度/隐窝深度比值则通常是用于反映肠道黏膜功能状态的重要指标，比值下降表明黏膜受损，消化吸收功能下降，比值上升则表明消化吸收功能增强。有许多关于益生菌的研究表明益生菌可以改善肠道功能结构。以上小肠的主要指标说明小肠黏膜结构均有显著改善，这证明了转基因植物乳杆菌与非转基因植物乳杆菌起到了相同的益生作用，转基因成分并没有对肠道黏膜结构产生不利影响。

表 11-10　SD 大鼠 28 天亚慢性毒性试验空肠黏膜形态

性别	组别	肠壁厚度/μm	绒毛高度/μm	隐窝深度/μm	黏膜上皮厚度/μm	绒毛高度/隐窝深度
	PBS	688.63±61.11	416.30±28.70	198.53±33.11	37.47±4.43	2.09±0.08
雄性	Lp	703.27±42.3*	440.10±44.93*	164.97±29.87*	42.90±4.13*	2.67±0.11*
	Lp590	728.52±58.01*	458.40±30.48*	175±23.76*	41.20±4.15*	2.62±0.13*

续表

性别	组别	肠壁厚度/μm	绒毛高度/μm	隐窝深度/μm	黏膜上皮厚度/μm	绒毛高度/隐窝深度
	PBS	673.77±89.20	424.70±52.17	177.65±32.14	37.30±6.91	2.39±0.16
雌性	Lp	732.20±61.28*	483.10±44.16*	157.73±36.08*	43.03±5.65*	3.06±0.21*
	Lp590	739.55±81.60*	497.65±54.05*	166.03±37.76*	41.05±4.43*	3.0±0.24*

*. 与 PBS 组有显著差异（$P<0.05$）。

11.3.3　小结

在基础日粮的基础上，对大鼠每天灌胃 PBS、植物乳杆菌 Lp590 或 Lp 菌悬液。喂养 28 天后，大鼠生长情况正常，没有中毒或死亡情况发生。灌胃转基因植物乳杆菌 Lp590 和非转基因植物乳杆菌 Lp 的大鼠体重和总进食量无显著性差异。

各组的血常规、血生化指标及脏器质量虽然存在个别差异，但是主要分布在 PBS 组和乳杆菌组之间，转基因植物乳杆菌组和非转基因植物乳杆菌组之间的差异较小。并且这些差异都是随机分布的，不存在性别相关性，因此这些差异不认为与灌胃转基因乳杆菌相关。

脏器毒理切片结果显示，灌胃转基因植物乳杆菌大鼠的主要脏器与灌胃非转基因植物乳杆菌和 PBS 的大鼠相比，没有发现特异性的毒性变化。

空肠黏膜结构的研究表明灌胃 Lp 及 Lp590 菌液后小肠黏膜结构有显著改善，说明了转基因成分没有影响乳杆菌的益生作用。在大鼠每天摄入 $2×10^{11}$ CFU 菌液 28 天后，没有发现转基因植物乳杆菌对大鼠产生不良作用。

11.4　粪便及肠道内容物主要菌群的变化

11.4.1　试验方法

1. 粪便主要菌群平板计数

1）粪便样品处理

分别称取每只大鼠粪便样品各 2g，置于装有玻璃珠和 200mL 0.1%蛋白胨稀释液的灭菌磨口三角瓶内，剧烈振荡至粪便样品混匀。将粪便样品进行梯度稀释置于灭菌的装有 9mL 0.1%蛋白胨稀释液的厌氧管内。

2）五种主要菌的培养

取适当稀释的粪便样品各 200μL 分别加入倒好的五种固体平板培养基中，均匀涂布。BBL 琼脂、胆汁七叶苷叠氮钠琼脂、结晶紫中性红胆盐琼脂、MRS 乳酸菌琼脂、亚硫酸盐-多黏菌素-磺胺嘧啶琼脂分别培养双歧杆菌、肠球菌、大肠杆菌、乳酸菌、产气荚膜梭菌。MRS 乳酸菌琼脂平板、亚硫酸盐-多黏菌素-磺胺嘧啶琼脂平板放于厌氧罐内于 37℃培养箱培养，其余三种平板直接放于 37℃培养箱培养。亚硫酸盐-多黏菌素-磺胺嘧啶琼脂平板和 MRS 乳酸琼脂平板培养 48h，其余三种平板培养 24h，分别进行平板计数。

2. 粪便主要菌群荧光定量 PCR 分析

1）粪便基因组 DNA 提取

按照试剂盒的步骤（以下试剂全部源自试剂盒），稍做改进。

2）标准菌株培养及其基因组 DNA 提取

选取以下五种菌作为标准菌：动物双歧杆菌（*Bifidobacterium animalis* subsp. *lactis* Bb12）、干酪乳杆菌（*Lactobacillus casei* CGMCC 1.1482）、粪肠球菌（*Enterococcus faecalis* CGMCC 1.125）、大肠杆菌（*Escherichia coli* CGMCC 1.90）、产气荚膜梭菌（*Clostridium perfringens* ATCC 13124）。基因组 DNA 提取按照试剂盒步骤（以下试剂见试剂盒），稍做修改。

3）菌株 DNA 拷贝数的测定

标准曲线的测定：将 λDNA 分别制成 10ng/mL、30ng/mL、50ng/mL、100ng/mL、200ng/mL、300ng/mL、500ng/mL、800ng/mL 及 1000ng/mL 稀释度的标品。依次取 50μL 不同稀释度的以上标品于 PCR 小管中，加入 50μL DNA GREEN 核酸染料，混合均匀，测定荧光值。空白用 TE 缓冲液替代标品溶液。

菌株基因组拷贝数的测定：取各个菌株的基因组 DNA 溶液 1μL，再用 TE 缓冲液稀释 100 倍，混合均匀，测定其荧光值。

4）各菌株标准曲线的建立

用于扩增个菌株的实时定量 PCR 引物见表 11-11。

表 11-11　用于扩增各菌株的实时定量 PCR 引物

菌种	扩增长度/bp	退火温度/℃	引物序列（5′—3′）
动物双歧杆菌	437	60	F: GGGTGGTAATGCCGGATG R: TAAGCCATGGACTTTCACACC
干酪乳杆菌	341	58	F: AGCAGTAGGGAATCTTCCA R: CACCGCTACACATGGAG
粪肠球菌	144	61	F:CCCTTATTGTTAGTTGCCATCATT R: ACTCGTTGTACTTCCCATTGT

续表

菌种	扩增长度/bp	退火温度/℃	引物序列（5′—3′）
大肠杆菌	340	61	F: GTTAATACCTTTGCTCATTGA R: ACCAGGGTATCTAATCCTGTT
产气荚膜梭菌	120	57	F: ATGCAAGTCGAGCGAKG R: TATGCGGTATTAATCTYCCTTT

SYBR Green Ⅰ PCR 的反应体系参照试剂盒说明及扩增程序，详见表 11-12 和表 11-13。将各菌株根据浓度进行 10 倍系列梯度的稀释，制成各种菌株的标准曲线。

表 11-12　SYBR Green Ⅰ PCR 反应体系

试剂	终浓度	体积/μL
10×SYBR Green Master Mix	1×	1.5
10μmol/L 正向引物	0.5μmol/L	1.5
10μmol/L 反向引物	0.5μmol/L	1.5
15ng/μLDNA 模板	0.5ng/μL	1
ddH₂O		24.5
总体系		30

表 11-13　SYBR Green Ⅰ PCR 扩增程序

目标菌群	预变性	扩增（35 个循环以上）	延伸
动物双歧杆菌	95℃/5min	95℃/30s 60℃/30s 72℃/30s	72℃/10min
干酪乳杆菌	95℃/5min	95℃/30s 58℃/30s 72℃/30s	72℃/10min
粪肠球菌	95℃/5min	95℃/30s 61℃/30s 72℃/30s	72℃/10min
大肠杆菌	95℃/5min	95℃/30s 60℃/30s 72℃/30s	72℃/10min

续表

目标菌群	预变性	扩增（35 个循环以上）	延伸
产气荚膜梭菌	95℃/5min	95℃/30s 57℃/30s 72℃/30s	72℃/10min

采用 ABI PRISM 7000 PCR 扩增仪扩增大鼠肠道内的目标菌群。反应结束后，用相关软件分析。本试验中，主要利用 SYBR Green Ⅰ定量以上各个菌株以及通过扩增曲线及熔解温度判断所设计的引物特异性扩增效果。

5）粪便菌群测定

根据表 11-12 和表 11-13 实时定量 PCR 的反应体系和扩增程序，将反应中的模板换为大鼠样品粪便 DNA，分别用五种不同引物测定不同类别的菌群。然后根据 Ct 值算出对应的各自样品的菌种拷贝数。用 SPSS10.0 分析组间各菌群拷贝数是否有显著性差异（$P<0.05$）。

3. 变性梯度凝胶电泳（DDGE）分析大鼠粪便菌群

1）DNA 模板标准的统一

取各个菌株的基因组 DNA 溶液 1μL，用 TE 缓冲液稀释 100 倍，混合均匀，测定荧光值。利用标准曲线，计算各个样品的 DNA 浓度。在所有的样品浓度中取一个最低值，雄性大鼠粪便样品都用 TE 缓冲液稀释成这个统一的标准浓度即可。

2）细菌通用引物扩增 16S rDNA

本试验从 16S rDNA V3 区，选用一对引物，其中 F 端为有 gc 串和无 gc 串两种引物。引物的名称和序列见表 11-14。

表 11-14　PCR 引物序列

引物名称	引物序列（5′—3′）
gc-338F	CGCCCGCCGCGCGCGGCGGGCGGGGCGGGGGCACGGGGGGACTCCTACGGGAGGCAGCAG
338F	ACTCCTACGGGAGGCAGCAG
518R	ATTACCGCGGCTGCTGG

本研究中所用 PCR 反应体系和扩增程序分别见表 11-15 和表 11-16。

表 11-15　PCR 反应体系

试剂	终浓度	体积/μL
ddH$_2$O		20.1
10×PCR 缓冲液（含 Mg^{2+}）	1×	3
dNTPs	0.2mmol/L	2.4
10μmol/L Primer 1	0.5μmol/L	1.5
10μmol/L Primer 2	0.5μmol/L	1.5
5U/μL Taq 酶	0.05U/μL	0.5
15ng/μL DNA 模板	0.05ng/μL	1
总体系		30

表 11-16　PCR 扩增程序

预变性	扩增（第一次 35 个循环；第二次 25 个循环）	延伸
	94℃/30s	
94℃/5min	58℃/30s	72℃/7min
	72℃/30s	

使用双重 PCR，第一轮扩增完成以后进行第二轮 PCR 扩增，这样的扩增方式可有效去除异源双联 DNA 和单链 DNA 的形成，增加了 DGGE 检测灵敏度。反应结束后，对 PCR 的反应产物进行 2%琼脂糖凝胶电泳检测，4℃保存待用。

3）变性梯度凝胶电泳

DGGE 在 DCode 基因突变检测系统上运行，对沃特的方法稍做修改，使用 6%～12%的丙烯酰胺/甲叉双丙烯酰胺及 35%～55%的变性梯度凝胶[7mol/L 尿素和 40%（v/v）去离子甲酰胺定义为 100%的变性梯度凝胶]，0.5×TAE 作为电泳缓冲液，分别取各个粪便样品的 PCR 产物 10μL，与相同体积的 10 × loading buffer 混合均匀，上样。电泳程序为：60℃，200V 先电泳 10min，然后换 80V 电泳 16h。电泳结束后，10000×SYBR Green Ⅰ避光染色 40min。经荧光-化学发光成像系统曝光 10s，保存图像。

4）图谱相似性分析

DGGE 不同泳道之间用 QuantityOne 凝胶分析软件分析，使用 UPGAMA 聚类分析不同组大鼠粪便菌群的相似性。

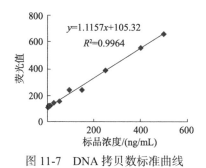

图 11-7　DNA 拷贝数标准曲线

11.4.2　结果与分析

1. 标准菌株 DNA 拷贝数

标准曲线见图 11-7。

将各菌种测得的荧光度与 DNA 拷贝数标准曲线对照，乘以稀释倍数，得出模板浓度，如表 11-17 所示。

表 11-17　标准菌株模板浓度

菌种名称	模板浓度/（copies/μL）
动物双歧杆菌	8.52×10^7
干酪乳杆菌	5.60×10^7
粪肠球菌	1.11×10^8
大肠杆菌	7.64×10^7
产气荚膜梭菌	1.56×10^8

2. 粪便主要菌群平板计数结果

如表 11-18 所示，利用传统平板计数发现灌胃 Lp 和 Lp590 组大鼠在试验第 7 天、14 天、21 天、28 天粪便主要的五种菌数量发生了显著变化。灌胃 PBS 组大鼠在上述试验时间点的五种菌数量保持同一水平，没有显著变化。与 PBS 组大鼠相比，在同一时间点，灌胃 Lp 及 Lp590 的雌性大鼠粪便动物双歧杆菌、粪乳杆菌在第 7 天、第 14 天、第 21 天、第 28 天显著增加。肠球菌、大肠杆菌、产气荚膜梭菌数量在第 7 天、14 天、21 天、28 天均显著减少（$P < 0.05$）。雄性大鼠与雌性大鼠的变化趋势相同，而且雌雄大鼠各菌之间均无显著变化。

表 11-18　粪便五种菌传统平板计数

菌株	性别	组别	菌数量				
			第 0 天	第 7 天	第 14 天	第 21 天	第 28 天
动物双歧杆菌	雄性	PBS	8.22 ± 0.01	8.21 ± 0.07	8.22 ± 0.05	8.24 ± 0.06	8.25 ± 0.05
		Lp	8.19 ± 0.03	$8.52 \pm 0.08^*$	$8.56 \pm 0.03^*$	$8.64 \pm 0.06^*$	$8.68 \pm 0.07^*$
		Lp590	8.21 ± 0.04	$8.54 \pm 0.06^*$	$8.58 \pm 0.09^*$	$8.66 \pm 0.05^*$	$8.62 \pm 0.05^*$
	雌性	PBS	8.21 ± 0.03	8.23 ± 0.09	8.24 ± 0.01	8.25 ± 0.02	8.24 ± 0.05

续表

菌株	性别	组别	菌数量				
			第 0 天	第 7 天	第 14 天	第 21 天	第 28 天
动物双歧杆菌	雌性	Lp	8.24±0.07	8.56±0.04*	8.69±0.02*	8.61±0.01*	8.68±0.11*
		Lp590	8.19±0.09	8.51±0.03*	8.58±0.03*	8.64±0.02*	8.69±0.03*
粪乳杆菌	雄性	PBS	7.83±0.04	7.81±0.07	7.81±0.04	7.81±0.02	7.82±0.04
		Lp	7.81±0.04	8.29±0.06*	8.36±0.04*	8.49±0.05**	8.53±0.05**
		Lp590	7.82±0.06	8.22±0.03*	8.34±0.03*	8.51±0.04**	8.55±0.03**
	雌性	PBS	7.82±0.05	7.83±0.07	7.84±0.03	7.82±0.01	7.81±0.02
		Lp	7.81±0.06	8.22±0.02*	8.25±0.03*	8.29±0.03**	8.58±0.06**
		Lp590	7.81±0.06	8.23±0.03*	8.27±0.03*	8.26±0.02**	8.61±0.04**
肠球菌	雄性	PBS	5.02±0.08	5.01±0.12	5.01±0.16	5.02±0.06	5.02±0.09
		Lp	5.01±0.04	4.59±0.11*	4.55±0.13*	4.41±0.05*	4.38±0.03*
		Lp590	5.01±0.11	4.61±0.16*	4.56±0.09*	4.48±0.05*	4.44±0.03*
	雌性	PBS	5.01±0.16	5.02±0.02	5.02±0.11	4.97±0.05	4.99±0.15
		Lp	5.03±0.13	4.41±0.01*	4.48±0.15*	4.39±0.06*	4.35±0.12*
		Lp590	5.04±0.07	4.42±0.21*	4.47±0.15*	4.34±0.07*	4.37±0.13*
大肠杆菌	雄性	PBS	6.48±0.02	6.51±0.09	6.48±0.01	6.46±0.08	6.51±0.07
		Lp	6.47±0.02	6.12±0.13*	6.09±0.11*	6.01±0.05*	5.96±0.03*
		Lp590	6.48±0.06	6.11±0.04*	6.06±0.08*	5.97±0.08*	5.94±0.07*
	雌性	PBS	6.49±0.06	6.47±0.01	6.49±0.07	6.45±0.11	6.49±0.08
		Lp	6.51±0.05	6.08±0.03*	6.06±0.05*	5.99±0.05*	5.97±0.09*
		Lp590	6.48±0.01	6.07±0.04*	6.09±0.05*	5.91±0.06*	5.89±0.07*
产气荚膜梭菌	雄性	PBS	3.75±0.15	3.77±0.1	3.76±0.03	3.95±0.11	3.75±0.08
		Lp	3.74±0.07	3.29±0.02*	3.25±0.02*	3.14±0.09*	3.11±0.03*
		Lp590	3.75±0.08	3.22±0.09*	3.24±0.11*	3.15±0.08*	3.12±0.04*
	雌性	PBS	3.76±0.03	3.77±0.09	3.77±0.08	3.76±0.07	3.75±0.12
		Lp	3.74±0.09	3.31±0.11*	3.25±0.01*	3.19±0.09*	3.14±0.05*
		Lp590	3.76±0.1	3.32±0.12*	3.25±0.07*	3.14±0.11*	3.18±0.03*

注：结果以每克湿粪便中细菌基因组拷贝数的对数 lg 表示。

*. 与 PBS 组相比有显著差异（$P<0.05$）。

**. 与 PBS 组相比有显著差异（$P<0.01$）。

3. 粪便主要菌群定量 PCR 结果

用分子手段对粪便五种菌进行定量，结果如表 11-19 所示。与灌胃 PBS 相比，灌胃 Lp 及 Lp590 的雌雄大鼠粪便动物双歧杆菌、粪肠球菌、大肠杆菌、产气荚膜梭菌数量在第 7 天、14 天、21 天、28 天都变化显著（$P<0.05$），其中双歧杆

菌显著增加，其余三种菌显著减少；灌胃 Lp 及 Lp590 第 7 天、14 天后乳杆菌数量都显著增加（$P<0.05$），灌胃第 21 天、28 天后乳杆菌数量也显著增加（$P<0.01$）。而雌雄大鼠之间五种菌都没有显著变化。

表 11-19　粪便五种菌定量 PCR

菌株	性别	组别	菌数量				
			第 0 天	第 7 天	第 14 天	第 21 天	第 28 天
动物双歧杆菌	雄性	PBS	8.42±0.01	8.41±0.07	8.42±0.05	8.44±0.06	8.45±0.05
		Lp	8.39±0.03	8.72±0.08*	8.76±0.03*	8.84±0.06*	8.88±0.07*
		Lp590	8.4±0.04	8.74±0.06*	8.78±0.09*	8.86±0.05*	8.92±0.05*
	雌性	PBS	8.41±0.03	8.43±0.09	8.44±0.01	8.45±0.02	8.44±0.05
		Lp	8.44±0.07	8.76±0.04*	8.79±0.02*	8.81±0.01*	8.88±0.11*
		Lp590	8.39±0.09	8.71±0.03*	8.78±0.03*	8.84±0.02*	8.89±0.03*
粪乳杆菌	雄性	PBS	8.03±0.04	8.01±0.07	8.01±0.04	8.01±0.02	8.02±0.04
		Lp	8.01±0.04	8.49±0.06*	8.56±0.04*	8.69±0.05**	8.73±0.05**
		Lp590	8.02±0.06	8.42±0.03*	8.54±0.03*	8.71±0.04**	8.75±0.03**
	雌性	PBS	8.02±0.05	8.03±0.07	8.04±0.03	8.02±0.01	8.01±0.02
		Lp	8.01±0.06	8.42±0.02*	8.45±0.03*	8.69±0.03**	8.78±0.06**
		Lp590	8.01±0.06	8.43±0.03*	8.47±0.03*	8.66±0.02**	8.81±0.04**
肠球菌	雄性	PBS	5.22±0.08	5.21±0.12	5.21±0.16	5.22±0.06	5.22±0.09
		Lp	5.21±0.04	4.79±0.11*	4.75±0.13*	4.61±0.05*	4.58±0.03*
		Lp590	5.21±0.11	4.81±0.16*	4.76±0.09*	4.68±0.05*	4.64±0.03*
	雌性	PBS	5.21±0.16	5.22±0.02	5.22±0.11	5.17±0.05	5.19±0.15
		Lp	5.23±0.13	4.71±0.01*	4.68±0.15*	4.59±0.06*	4.55±0.12*
		Lp590	5.24±0.07	4.72±0.21*	4.67±0.15*	4.54±0.07*	4.57±0.13*
大肠杆菌	雄性	PBS	6.68±0.02	6.71±0.09	6.68±0.01	6.66±0.08	6.71±0.07
		Lp	6.67±0.02	6.32±0.13*	6.29±0.11*	6.21±0.05*	6.16±0.03*
		Lp590	6.68±0.06	6.31±0.04*	6.26±0.08*	6.17±0.08*	6.14±0.07*
	雌性	PBS	6.69±0.06	6.67±0.01	6.69±0.07	6.65±0.11	6.69±0.08
		Lp	6.71±0.05	6.28±0.03*	6.26±0.05*	6.19±0.05*	6.08±0.09*
		Lp590	6.68±0.01	6.27±0.04*	6.29±0.05*	6.11±0.06*	6.03±0.07*
产气荚膜梭菌	雄性	PBS	3.95±0.15	3.97±0.1	3.96±0.03	3.95±0.11	3.95±0.08
		Lp	3.94±0.07	3.49±0.02*	3.35±0.02*	3.24±0.09*	3.21±0.03*
		Lp590	3.95±0.08	3.42±0.09*	3.34±0.11*	3.25±0.08*	3.22±0.04*
	雌性	PBS	3.96±0.03	3.97±0.09	3.97±0.08	3.96±0.07	3.95±0.12
		Lp	3.94±0.09	3.51±0.11*	3.45±0.01*	3.39±0.09*	3.34±0.05*
		Lp590	3.96±0.1	3.52±0.12*	3.45±0.07*	3.34±0.11*	3.28±0.03*

注：结果以每克湿粪便中细菌基因组拷贝数的对数 lg 表示。

*. 与 PBS 组相比有显著差异（$P<0.05$）。

**. 与 PBS 组相比有显著差异（$P<0.01$）。

4. DGGE 图谱分析

从图 11-8 和图 11-9 可以看出，灌胃 PBS 的雄性大鼠组内大多数样品有较大相似性。而灌胃 Lp 及 Lp590 两组间的相似度很高，也就是说灌胃非转基因乳杆菌及转基因乳杆菌后菌群相似度增大，并且这两组间相似度没有显著差别。

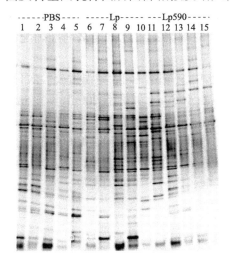

图 11-8　雄性大鼠灌胃 Lp590 28 天后粪便
菌群 DGGE 图谱

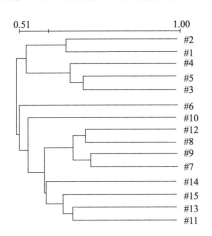

图 11-9　雄性大鼠灌胃 Lp590 28 天后粪便
菌群 UPGAMA 聚类分析
#1~#5 为灌胃 PBS 组，#6~#10 为灌胃 Lp 组，
#11~#15 为灌胃 Lp590 组

11.4.3　小结

本研究对试验第 0 天、7 天、14 天、21 天、28 天大鼠粪便菌群变化进行了研究。平板计数法结果表明动物双歧杆菌、粪乳杆菌数量显著增加，产气荚膜梭菌、大肠杆菌、肠球菌数量显著减少。PCR-DGGE 方法表明试验 28 天后灌胃 PBS 的大鼠粪便菌群相似度较低，而灌胃 Lp 及 Lp590 的大鼠粪便菌群相似度增高。

11.5　SD 大鼠粪便相关指标研究

11.5.1　试验方法

1. 粪便水分测定

将连续收集 4 天的大鼠粪便各取 2.0g，放于烘箱中 105℃过夜至恒重，然后称量干燥后的粪便质量，计算含水量。

2. 粪便短链脂肪酸（SCFA）测定

色谱仪进样器和检测器温度均为 250℃；柱温 80℃；氮气流速 1.94mL/min；采用分流方式进样，进样量 2μL。

色谱柱为 RtxWAX667536 型，32m×0.32mm×0.25m。

标准液的配制：用色谱纯试剂准确配制 150mmol/L 的乙酸、50mmol/L 的丙酸、40mmol/L 的正丁酸作为标准液。内标液的配制：用色谱纯试剂准确配制 32mmol/L 的 α-甲基戊酸作为内标液。

取大鼠粪便 0.4g，浸于 4mL 无菌 ddH$_2$O 水中，振荡混匀，室温过夜。次日，剧烈振荡至完全分散成匀浆，4000r/min 4℃离心 10min。取上清 200μL 至 1.5mL 离心管中（其余上清收集 4℃保存备用，用于测定 pH 和粪便酶活）。加入 20μL 32mmol/L 的 α-甲基戊酸和 20μL 磷酸（磷酸与水体积比为 1∶5），12000r/min 离心 15min。取上清，经 0.2mm 滤膜过滤后，注入气相色谱仪，自动得到乙酸、丙酸、丁酸的峰面积。通过峰面积计算样品中乙酸、丙酸、丁酸的含量。

3. 粪便 pH 测定

取收集的上清液各 50μL，测定每份样品的 pH。

4. 粪便酶活测定

1）标准曲线的建立

A. 对硝基苯酚标准曲线

（1）配制浓度为 8 mmol/L 对硝基苯酚标准溶液，依次稀释到浓度 8mmol/L、4mmol/L、2mmol/L、1mmol/L、0.5mmol/L。

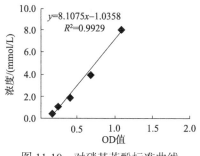

（2）紫外分光光度计波长 405nm，测各浓度下溶液的 OD 值，每个浓度测 3 次取平均值。

（3）读数后建立标准曲线，求得标准曲线方程如图 11-10 所示。

$y=8.1075x-1.0358$
$R^2=0.9929$

图 11-10　对硝基苯酚标准曲线

B. 对氨基苯甲酸标准曲线

（1）配制浓度为 4mmol/L 对氨基苯甲酸标准溶液，依次稀释到浓度 0.4mmol/L、0.35mmol/L、0.3mmol/L、0.25mmol/L、0.2mmol/L、0.15mmol/L、0.1mmol/L、0.05mmol/L、0.025mmol/L、0.0125mmol/L。

（2）紫外分光光度计波长 240nm，测各浓度下溶液的 OD 值，每个浓度测6 次。

（3）读数后建立标准曲线，求得标准曲线方程如图 11-11 所示。

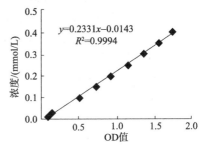

$y=0.2331x-0.0143$
$R^2=0.9994$

图 11-11　对氨基苯甲酸标准曲线

2）酶活测定

A. β-半乳糖苷酶

（1）配制 6mmol/L 对硝基苯酚-β-D-吡喃半乳糖苷溶液和 0.25mol/L Na_2CO_3 溶液。

（2）吸取 500μL 对硝基苯酚-β-D-吡喃半乳糖苷溶液、100μL ddH$_2$O、400μL 粪便样品清液，混匀。空白对照则加 400μL ddH$_2$O 混匀。37℃水浴 10 min。

（3）10min 后立即加入 1mL 0.25mol/L Na_2CO_3 溶液终止反应。

（4）紫外分光光度计波长 405nm，测各样品 OD 值。

（5）通过对硝基苯酚浓度标准曲线计算分解的对硝基苯酚-β-D-吡喃半乳糖苷的量，以此计算酶活性，1U=1mmol/min。

B. β-葡萄糖醛酸酶

（1）配制 15mmol/L 对硝基苯酚-β-D-吡喃葡萄糖苷溶液、0.2mol/L PBS 缓冲液（pH=7.3）、0.1mmol/L EDTA、0.2mol/L 甘氨酸缓冲液(pH=10.4)。

（2）将 0.2mol/L PBS 缓冲液浓度稀释到 0.1mol/L。

（3）吸取 200μL 0.1mol/L PBS 缓冲液、200μL EDTA、200μL 对硝基苯酚-β-D-吡喃葡萄糖苷溶液、400μL 粪便样品清液，混匀。空白对照则加 400μL ddH$_2$O 混匀。37℃水浴 15 min。

（4）15min 后立即加入 1mL 0.2mol/L 甘氨酸缓冲液(pH=10.4)，再于 37℃水浴 30min 终止反应。

（5）紫外分光光度计波长 405nm，测各样品 OD 值。

（6）通过对硝基苯酚浓度标准曲线计算分解的对硝基苯酚-β-D-吡喃葡萄糖苷的量，以此计算酶活性，1U=1mmol/min。

C. β-葡萄糖苷酶

（1）配制 15mmol/L 对硝基苯酚-β-D-吡喃葡萄糖苷溶液、0.2mol/L PBS 缓冲液（pH=7.3）、0.5mol/L NaOH 溶液。

（2）将 15mmol/L 对硝基苯酚-β-D-吡喃葡萄糖苷溶液浓度稀释到 10mmol/L。

（3）吸取 100μL 10mmol/L 对硝基苯酚-β-D-吡喃葡萄糖苷溶液、100μL 0.2mol/L PBS 缓冲液、400μL ddH$_2$O、400μL 粪便样品清液混匀。空白对照则加 400μL ddH$_2$O 混匀。37℃水浴 60min。

（4）60min 后立即加入 1mL 0.5mol/L NaOH 溶液终止反应。

（5）紫外分光光度计波长 405nm，测各样品 OD 值。

（6）通过对硝基苯酚浓度标准曲线计算分解的对硝基苯酚-β-D-吡喃葡萄糖苷的量，以此计算酶活性，1U=1mmol/min。

D. 硝基还原酶

（1）配制 15mmol/L 对硝基苯甲酸溶液、0.2mol/L PBS 缓冲液(pH=7.3)、20%三氯乙酸。

（2）吸取 100μL 15mmol/L 对硝基苯甲酸溶液、500μL 0.2mol/L PBS 缓冲液、400μL 粪便样品清液，混匀。空白对照则加 400μL ddH$_2$O 混匀。37℃水浴 30min。

（3）30min 后立即加入 1mL 20%三氯乙酸终止反应。

（4）紫外分光光度计波长 240nm，测各样品 OD 值。

（5）通过对氨基苯甲酸浓度标准曲线计算分解的对硝基苯甲酸的量，以此计算酶活性，1U=1mmol/min。

5. 统计分析

转基因植物乳杆菌(Lp590)组及对应的非转基因植物乳杆菌(Lp)组与 PBS 空白对照组比较。用 SPSS10.0 进行分析，Student's t 检验。$P<0.05$ 时有显著性差异。

11.5.2　结果与分析

1. 转基因植物乳杆菌 Lp590 对粪便含水量的影响

如表 11-20 所示，雌雄大鼠灌胃非转基因植物乳杆菌 Lp 及转基因植物乳杆菌 Lp590 菌液 28 天后粪便含水量比灌胃 PBS 溶液的大鼠有所增加，但是两者之间没有显著差异。

表 11-20　转基因植物乳杆菌 Lp590 对粪便水分的影响

性别	组别	粪便湿重/g	粪便干重/g	粪便水分/%
雄性	PBS	2.0	0.63±0.011	31.71±2.58
	Lp	2.0	0.89±0.023	44.78±1.31*
	Lp590	2.0	0.90±0.018	44.97±1.79*
雌性	PBS	2.0	0.63±0.021	31.36±2.19
	Lp	2.0	0.92±0.019	45.78±2.01*
	Lp590	2.0	0.90±0.025	44.81±1.88*

*. 与 PBS 组相比有显著差异（$P<0.05$）。

2. 转基因植物乳杆菌 Lp590 对粪便 SCFA 含量和粪便 pH 的影响

与灌胃 PBS 溶液相比，粪便中主要的几种短链脂肪酸乙酸、丙酸在灌胃非转基因植物乳杆菌 Lp 及转基因植物乳杆菌 Lp590 菌液后含量发生变化。乙酸、丙酸含量显著增加，而灌胃 Lp 及 Lp590 菌液的两组之间乙酸、丙酸的差异没有显著性（表 11-21）。

　　灌胃非转基因植物乳杆菌 Lp 及转基因植物乳杆菌 Lp590 后，与灌胃 PBS 溶液相比，雌雄大鼠的粪便 pH 均显著降低，灌胃 Lp 及 Lp590 菌液的雌雄大鼠 pH 没有显著性差异（表 11-21）。

表 11-21　转基因植物乳杆菌 Lp590 对粪便短链脂肪酸和粪便 pH 的影响

性别	组别	乙酸/（μmol/g）	丙酸/（μmol/g）	丁酸/（μmol/g）	pH
雄性	PBS	31.76 ± 1.34	8.89 ± 0.68	8.17 ± 0.57	7.01 ± 0.09
	Lp	$36.65\pm1.46^*$	$11.58\pm0.45^*$	8.87 ± 0.26	$6.85\pm0.07^*$
	Lp590	$35.99\pm1.72^*$	$11.26\pm0.71^*$	8.71 ± 0.46	$6.85\pm0.05^*$
雌性	PBS	31.39 ± 2.37	8.78 ± 0.70	8.1 ± 0.64	7.02 ± 0.05
	Lp	$35.45\pm1.21^*$	$10.67\pm0.94^*$	8.1 ± 0.54	$6.83\pm0.05^*$
	Lp590	$35.59\pm1.03^*$	$10.51\pm1.13^*$	8.18 ± 0.26	$6.85\pm0.06^*$

*. 与 PBS 组相比有显著差异（$P<0.05$）。

3. 转基因植物乳杆菌 Lp590 对粪便酶活的影响

　　在灌胃 Lp 及 Lp590 菌液后，粪便主要酶的活性发生了变化，见表 11-22。

表 11-22　转基因植物乳杆菌 Lp590 对粪便酶活的影响

性别	组别	β-葡萄糖醛酸酶 /[mg/（min·g）feces]	β-葡萄糖苷酶 /[mg/（min·g）feces]	硝基还原酶 /[μmol/（min·g）feces]	β-半乳糖苷酶 /[mg/（min·g）feces]
雄性	PBS	23.12 ± 1.63	65.27 ± 1.17	28.56 ± 1.59	27.92 ± 1.45
	Lp	$21.14\pm0.48^{**}$	$63.15\pm1.15^{**}$	$26.05\pm2.26^*$	$29.67\pm1.13^*$
	Lp590	$21.31\pm0.99^{**}$	$63.09\pm1.19^{**}$	$25.38\pm1.31^*$	$29.62\pm1.14^*$
雌性	PBS	22.92 ± 0.93	64.67 ± 0.17	29.06 ± 2.08	27.11 ± 1.75
	Lp	$21.04\pm1.18^{**}$	$62.05\pm1.01^{**}$	$27.45\pm1.56^*$	$28.67\pm0.93^*$
	Lp590	$21.01\pm1.19^{**}$	$63.09\pm0.18^{**}$	$27.38\pm1.98^*$	$29.62\pm1.14^*$

*. 与 PBS 组相比有显著差异（$P<0.05$）。
**. 与 PBS 组有显著差异（$P<0.01$）。

　　β-葡萄糖醛酸酶：雌性、雄性大鼠灌胃非转基因植物乳杆菌 Lp 及转基因植物乳杆菌 Lp590 组与灌胃 PBS 溶液组比较，酶活均显著降低（$P<0.01$），而雌雄大鼠灌胃非转基因及转基因植物乳杆菌组比较无显著性差异（$P>0.05$）。与灌胃 PBS 的对照组比较，灌胃非转基因及转基因植物乳杆菌后 β-葡萄糖醛酸酶活性有显著下降，说明酶活性的下降是由灌胃乳酸菌引起，与转基因成分无关。

β-葡萄糖苷酶：雌雄大鼠灌胃非转基因植物乳杆菌 Lp 及转基因植物乳杆菌 Lp590 组与灌胃 PBS 溶液比较，酶活均有显著降低（$P<0.01$），而雌雄大鼠灌胃非转基因及转基因植物乳杆菌组之间均无显著性差异（$P>0.05$）。与灌胃 PBS 的对照组比较，灌胃非转基因及转基因植物乳杆菌后 β-葡萄糖苷酶活性有显著下降，说明酶活性的下降是由灌胃乳酸菌引起，与转基因成分无关。

硝基还原酶：雌雄大鼠灌胃非转基因植物乳杆菌 Lp 及转基因植物乳杆菌 Lp590 组与灌胃 PBS 的对照组比较，酶活均显著降低（$P<0.05$），而雌雄大鼠灌胃非转基因植物乳杆菌 Lp 与转基因植物乳杆菌 Lp590 组之间无显著性差异（$P>0.05$）。与灌胃 PBS 的对照组比较，灌胃非转基因及转基因植物乳杆菌后硝基还原酶活性有显著下降，说明酶活性的下降是由灌胃乳酸菌引起，与转基因成分无关。

β-半乳糖苷酶：雌雄大鼠灌胃非转基因乳杆菌 Lp 及转基因植物乳杆菌 Lp590 组与灌胃 PBS 组比较显著升高（$P<0.05$），雌雄大鼠灌胃非转基因及转基因乳酸菌组之间无显著性差异（$P>0.05$）。与灌胃 PBS 的对照组比较，灌胃非转基因及转基因乳酸菌后 β-半乳糖苷酶活性有显著升高，说明酶活性的上升是由灌胃乳酸菌引起，与转基因成分无关。

11.5.3 小结

本研究对大鼠粪便相关指标进行了检测。

灌胃非转基因植物乳杆菌 Lp 及转基因植物乳杆菌 Lp590 后粪便水分含量、粪便主要 SCFA 乙酸、丙酸显著升高，而粪便 pH 显著降低。

粪便主要酶 β-葡萄糖醛酸酶、β-葡萄糖苷酶、硝基还原酶的活性显著降低，而 β-半乳糖苷酶活性显著增加。

11.6 转基因植物乳杆菌 Lp590 对肠道免疫的影响

11.6.1 试验方法

1. 免疫组织化学法测定紧密连接蛋白-1（zonula occludens-1，ZO-1）、闭合蛋白（occludin）两种蛋白含量

按照试剂盒法，稍做修改。

2. 实时定量 PCR 法测定 ZO-1、闭合蛋白及 sIgA 三种蛋白含量

1）引物设计

用引物设计软件 Primer premier 5 及 Oligo 6 等生物软件。

设计引物序列：

肌动蛋白 （*NM_031144.2*） 150bp

上游：5′-CCCATCTATGAGGGTTACGC-3′

下游：5′-TTTAATGTCACGCACGATTTC-3′

ZO-1（*XM_218747*） 108bp

上游：5′- GAGGCTTCAGAACGAGGCTATTT-3′

下游：5′- CATGTCGGAGAGTAGAGGTTCGA-3′

闭合蛋白 （*NM_031329*） 155bp

上游：5′-GCCTATGGAACGGGCATCTT-3′

下游：5′-GCCAGCAGGAAACCCTTTG-3′

sIgA （*NC_005105*） 168bp

上游：5′-CACCACTGGGAAGGATGCA-3′

下游：5′-GCAATTTCGCCGGTTAAGG-3′

2）RNA 提取前的试验准备

（1）一次性枪头、离心管等塑料制品，用 0.1%焦碳酸二乙酯（DEPC）的水溶液浸泡过夜，第二天高压灭菌，再用烘箱烘干。

（2）玻璃器皿、研钵 180℃烘烤 4h。

（3）溶液的准备：用 0.1% DEPC 处理水配制，于 37℃至少处理 12h，然后进行高压灭菌。

3）RNA 提取

试剂盒法，稍做修改。

4）反转录 PCR（表 11-23）

表 11-23　反转录反应液体系

试剂名称	体积/μL
上述模板 *RNA*/引物变性溶液	5.5
5×M-MLV buffer	5
dNTP Mixture（各 10mmol/L）	1.25
RNase Inhibitor（40U/μL）	0.65
M-MLV（200U/μL）	1
RNase free ddH$_2$O	11.6
总体积	25

5）定量 PCR

定量 PCR 的反应体系及 PCR 反应程序见表 11-24 和表 11-25。

表 11-24　实时定量 PCR 反应体系

试剂	体积/μL
2×SYBR Mix（含有 4mmol/L Mg^{2+}）	25
10μmol/L 正向引物	1
10μmol/L 反向引物	1
Taq DNA Polymerase	0.3
ddH$_2$O	20.7
cDNA	2
总体积	50

表 11-25　实时定量 PCR 反应程序

反应步骤	温度/℃	时间/s	循环数	荧光信号收集
预孵育	95	120	1	无
扩增	95	20		
	58	25	45	在延伸阶段结束时
	72	30		
溶解曲线	65	0		在温度缓慢升高过程中
	95	20（步进 0.5℃/s）	1	

3. 血浆内毒素测定

测定方法按照试剂盒法，稍做修改。为保证试验结果准确可靠，本试验在大鼠试验末期处死时进行，试验前玻璃器皿在 250℃干烤至少 60 min。

1）血液样品制备

（1）吸取血液抗凝剂 1mL 于无热源试管中，用无热源注射器准确抽取大鼠处死时的新鲜血液样品，注入 1mL 试管中，和抗凝剂混匀，置于冰水中，加盖，迅速低温 1000r/min 离心 10min，吸出上清液（富含血小板血浆或血清），制成二倍稀释液备用。

（2）取上述二倍稀释液 0.2mL，加入血液处理剂Ⅱ 0.8mL，混匀，制成十倍稀释液备用。

（3）将十倍稀释液于 70℃恒温水浴中加热 10min。加热时不得封闭管口以避免水珠流入样品内。

（4）加热完毕用封口膜封闭管口，在室温 4000r/min 离心 10min，取上清液进行检测。

2）细菌内毒素标准溶液配制

标准曲线采用内毒素的浓度为 0.02EU/mL、0.05EU/mL、0.1EU/mL、0.2EU/mL。

取细菌内毒素工作品 1 支，按细菌内毒素工作品使用说明书稀释为 15EU/mL 的内毒素溶液，再稀释为 0.2EU/mL 的内毒素溶液，以 0.2EU/mL 的内毒素溶液为母液稀释成 0.1EU/mL、0.05EU/mL、0.02EU/mL 的浓度梯度（表 11-26），内毒素标准曲线见图 11-12。

表 11-26　内毒素标准溶液配制

内毒素浓度/（EU/mL）	0.2	0.1	0.05	0.02	阴性对照
加细菌内毒素检查用水/mL	0	0.5	0.75	0.9	1
加 0.2EU/mL 内毒素溶液/mL	1	0.5	0.75	0.1	0

3）鲎试剂、显色基质、偶氮化试剂等的溶解

鲎试剂：按标示量加细菌内毒素检查用水于鲎试剂中，轻轻振摇使鲎试剂完全溶解，溶解的鲎试剂在 10min 内用完。

显色基质：按标示量加细菌内毒素检查用水于显色基质中，轻轻振摇使显色基质完全溶解。显色基质溶液可在无污染的条件下于 4℃储存 8h 以内。

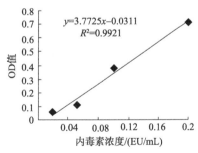

图 11-12　内毒素标准曲线

4）试验步骤

（1）取无热源试管，加入 50μL 细菌内毒素检查用水、内毒素标准溶液，或供试品，以不加内毒素为阴性对照。

（2）再加入 50μL 鲎试剂溶液，中速混摇 10s，37℃温育 40min。

（3）温育结束，加入 100μL 显色基质溶液，中速混摇，37℃温育 6min。

（4）温育结束，加入 50μL 反应终止剂，中速混摇 10s，于 405nm 波长处读取吸光度。

4. 血清 DX-4000-FITC 测定

大鼠处死前 3 天灌胃 DX-4000-FITC（因为该物质在 24h 内稳定，这样可以避免处死老鼠取血影响其他指标测定，其中 FITC 为异硫氰酸荧光素）测定步骤如下。

（1）老鼠禁食 6h 以上，12.5mg/mL DX-4000-FITC（用超纯水稀释）灌胃老鼠，1mL/只。

（2）在第 0h、2h、4h 取血 100μL，室温静置 1h 以上，4℃，12000g 离心 3min。

（3）取血清（上清液）与等体积的 PBS（pH 7.3）混合。

（4）用酶标仪选择激发波长 485nm、发射波长 535nm，测定样品 OD 值（全程避光）。

（5）标准曲线的建立，将稀释的 FITC-葡聚糖（12.5mg/mL）加入未处理组的血浆中，并按照 1∶3 比例用 PBS 稀释。

5. 回肠 sIgA 蛋白 ELISA 测定

1）回肠组织匀浆样品制备

（1）取样品称量 100mg，用镊子移入玻璃匀浆管中。

（2）用移液枪量取预冷的 0.8%生理盐水于玻璃匀浆管中，生理盐水的体积总量应该是组织块质量的 9 倍。

（3）左手持匀浆管将下端插入盛有冰水混合物的器皿中，右手将捣杆垂直插入套管中，上下转动研磨数十次（6～8min），充分研碎，使组织匀浆化。

（4）将制备好的 10%匀浆 4℃下 4000r/min 离心 15min。

（5）取适量上清液进行备用。

2）试验步骤

按照 sIgA 测定的 ELISA 试剂盒步骤进行。

6. 血清相关蛋白 ELISA 测定

取大鼠处死时的血清，用试剂盒测定 IL-1b、IL-6、IL-10、IL-12、INF-γ、IgG 等指标的含量。

7. 血清相关抗氧化指标测定

取大鼠处死时的血清，用试剂盒测定总抗氧化能力（T-AOC）、丙二醛（MDA）、超氧化物歧化酶（SOD）、过氧化氢酶（CAT）、髓过氧化物酶（MPO）

等指标。

8. 数据统计

每个试验分别重复三次，用 SPSS10.0 进行数据分析，Student's t 检验。$P<0.05$ 或 $P<0.01$ 表示具有显著性差异。

11.6.2　结果与分析

1. ZO-1 和闭合蛋白含量测定

免疫组化结果表明，灌胃 Lp 及 Lp590 后，雌雄大鼠空肠的 ZO-1 和闭合蛋白均比灌胃 PBS 组大鼠多（图 11-13）。ZO-1 和闭合蛋白都定位于上皮细胞顶端边缘，免疫组化染色结果显示两蛋白均匀、连续、一致地分布于顶端细胞边缘上，Lp 及 Lp590 组大鼠空肠阳性的棕黄色区域明显多于 PBS 组。

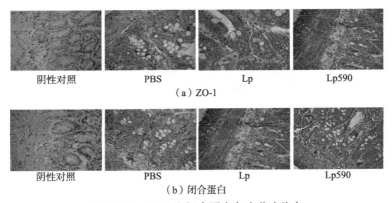

图 11-13　ZO-1 和闭合蛋白免疫荧光染色

ZO-1 和闭合蛋白空肠实时定量 PCR 结果表明，与灌胃 PBS 相比，灌胃 Lp 及 Lp590 后雌雄大鼠两蛋白的含量均显著高于 PBS 组（图 11-14）。而雌雄大鼠之间两蛋白含量都没有显著差异。

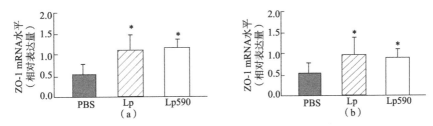

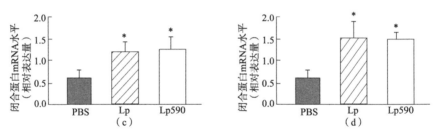

图 11-14　实时定量 PCR 测定 ZO-1 和闭合蛋白 mRNA 表达量

（a）和（c）为雄性大鼠；（b）和（d）为雌性大鼠

*. 与 PBS 组有显著性差异（$P < 0.05$）

以上免疫组化和荧光定量 PCR 两种方法，分别从定性和定量两个角度证明灌胃 Lp 及 Lp590 后 ZO-1 和闭合蛋白含量确实都比灌胃 PBS 增多，两种方法的结果具有一致性。

2. sIgA 蛋白含量测定

回肠样品组织匀浆 ELISA 测定 sIgA 蛋白含量，结果表明灌胃 Lp 及 Lp590 后的大鼠回肠 sIgA 含量显著高于灌胃 PBS 组（图 11-15）。从图 11-15 可知，组织匀浆 sIgA 的酶联免疫法测定值与实时定量测得 sIgA 的 mRNA 水平呈正相关，两种方法测得的 sIgA 值具有一致性。

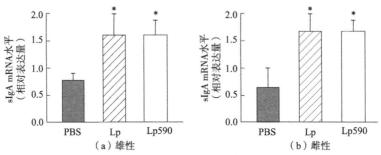

图 11-15　实时定量 PCR 测定 sIgA 的 mRNA 表达量

*. 与 PBS 组有显著性差异（$P < 0.05$）

3. DX-4000-FITC 和血浆内毒素含量测定

灌胃 Lp 及 Lp590 后，雌雄大鼠血清 DX-4000-FITC 的曲线下面积（AUC）显著低于 PBS 组，降低了 60% 左右（图 11-16）。Lp 及 Lp590 组的血浆内毒素水平虽然没有显著降低，但是与 PBS 组相比都有所下降（图 11-17），并且血清 DX-4000-FITC 与血浆内毒素含量呈正相关（图 11-18）。

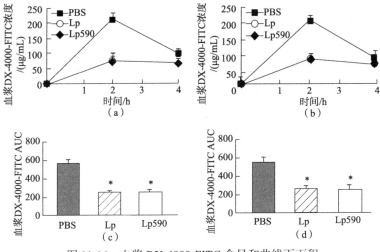

图 11-16　血浆 DX-4000-FITC 含量和曲线下面积

（a）和（c）为雄性大鼠；（b）和（d）为雌性大鼠

*. 与 PBS 组有显著差异（$P<0.05$）

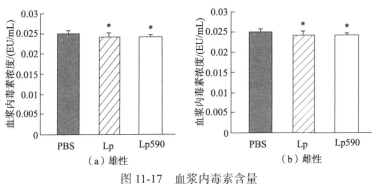

图 11-17　血浆内毒素含量

*. 与 PBS 组有显著差异（$P<0.05$）

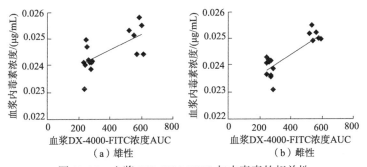

图 11-18　血浆 DX-4000-FITC 与内毒素的相关性

4. 相关免疫因子血清 ELISA 测定

IL-1b、IL-6、IL-10、IL-12、INF-γ、IgG 的血清 ELISA 检测结果（表 11-27）表明，灌胃 28 天之后，这几种细胞因子在灌胃 Lp 及 Lp590 后与灌胃 PBS 相比无显著变化。只有 sIgA 的组织匀浆中含量在灌胃 Lp 及 Lp590 后比灌胃 PBS 有显著增加。sIgA 实时定量 PCR 与组织匀浆 ELISA 结果见图 11-19。

表 11-27 血清及组织匀浆细胞因子 ELISA 测定结果

性别	指标	含量/（pg/mL）		
		PBS	Lp	Lp590
雄鼠	IL-1b	7.23±1.83	6.61±1.84	8.07±4.52
	IL-6	11.41±6.52	9.8±6.97	10.07±3.82
	IL-10	18.91±4.09	19.93±2.0	18.0±2.29
	IL-12	44.53±5.36	45.08±4.7	50.15±7.77
	IFN-γ	21.79±6.02	23.1±5.34	24.98±6.63
	IgG	170.06±2.99	172.14±5.87	188.31±6.42
	sIgA	1042.28±8.56	1382.71±211.93[*]	1147.69±241.23[*]
雌鼠	IL-1B	14.6±5.47	18.65±9.1	13.8±9.16
	IL-6	9.63±9.0	14.06±9.49	16.32±13.0
	IL-10	21.45±4.4	18.07±4.6	17.53±3.13
	IL-12	59.26±17.9	61.71±20.61	62.97±16.92
	IFN-γ	34.26±13.59	34.9±9.09	27.95±4.51
	IgG	156.64±7.22	169.17±5.37	170.31±8.32
	sIgA	1023.73±114.92	1766.13±793.63[*]	1550.55±355.99[*]

注：sIgA 为回肠组织匀浆 ELISA 测定结果，其余指标均为血清 ELISA 测定结果。

*. 与 PBS 组比有显著差异（$P<0.05$）。

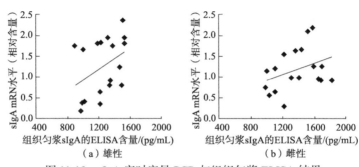

（a）雄性　　　　　　　　　（b）雌性

图 11-19 sIgA 实时定量 PCR 与组织匀浆 ELISA 结果

5. 抗氧化指标血清生化法测定

对于灌胃 Lp 及 Lp590 的雌雄大鼠，T-AOC、MDA、SOD、CAT、MPO 指标含量显著高于灌胃 PBS 的大鼠，Lp 和 Lp590 两组间没有显著变化。其中，灌胃 PBS 的雌雄大鼠比灌胃 Lp 及 Lp590 的大鼠 MDA 含量显著增多（表 11-28）。

表 11-28　血清抗氧化指标测定

性别	指标	含量		
		PBS	Lp	Lp590
雄鼠	T-AOC/（U/mL）	9.81±2.65	11.05±3.01*	11.47±5.12*
	MDA/（nmol/L）	6.01±3.31	5.51±3.06*	5.27±3.68*
	CAT/（U/mL）	4.42±1.65	4.29±1.92*	4.73±2.21*
	SOD/（U/mL）	73.56±16.77	87.45±9.55*	85.47±3.81*
	MPO/（U/L）	25.24±7.16	25.87±4.19*	26.11±9.16*
雌鼠	T-AOC/（U/mL）	7.36±2.78	9.81±2.44*	10.07±2.99*
	MDA/（nmol/L）	9.18±2.54	7.41±2.47*	7.95±3.24
	CAT/（U/mL）	4.32±1.72	4.46±1.27*	4.67±2.32*
	SOD/（U/mL）	89.65±3.81	85.36±8.85*	81.88±13.44*
	MPO/（U/L）	25.67±18.39	27.2±10.6*	25.77±11.2*

*. 与 PBS 组比有显著差异（$P<0.05$）。

11.6.3　小结

（1）大鼠空肠的 ZO-1 及闭合蛋白免疫组化和荧光定量 PCR 结果表明灌胃 Lp 及 Lp590 比灌胃 PBS，两蛋白含量显著增加。

（2）大鼠回肠的 sIgA 组织匀浆 ELISA 结果表明灌胃 Lp 及 Lp590 比灌胃 PBS，sIgA 含量显著增加。

（3）血浆内毒素含量在灌胃 Lp 及 Lp590 后都显著下降，DX-4000-FITC 与血浆内毒素变化趋势相同，两者呈正相关性。

（4）灌胃 Lp 及 Lp590 后机体整体免疫没有受影响，并且抗氧化能力增加。

11.7　转基因植物乳杆菌 Lp590 基因水平转移研究

对于转基因产品来说，基因水平转移问题是食品安全的一大隐患。人们担心转基因成分随着转基因产品的食用被带入体内，整合到机体的组织器官引起不利于健康的非期望效应。本节将对灌胃转基因乳杆菌大鼠的主要组织器官进行关于基因水平转移的分子检测，探讨转基因微生物是否引起基因水平转移。

11.7.1　试验方法

1. 组织器官基因组 DNA 提取

（1）参照血液基因组 DNA 提取试剂盒方法。
（2）参照组织基因组 DNA 提取试剂盒方法。

2. 转基因植物乳杆菌 Lp590 特异性引物设计

1）引物设计

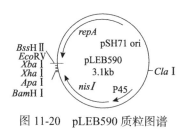

图 11-20　pLEB590 质粒图谱

　　来源于乳球菌的质粒引入 *nis I* 基因后构成了表达型质粒 pLEB590。在整个质粒中只有 *nis I* 为外来引入的基因，为了检测和分析转基因的成分是否转移到大鼠相关组织、器官，根据质粒的全序列，在 pSH71 与多克隆位点（MCS）、MCS 与 *nis I* 基因、P45 与 *nis I* 基因之间随机设计了特异性较强的、片段小于 100bp 的引物。用引物设计软件 Primer premier 5 及 Oligo 6 进行特异性引物的设计。pLEB590 的质粒图谱和设计的特异引物见图 11-20 和表 11-29。

表 11-29　PCR 特异性引物序列

引物	扩增片段/bp	退火温度/℃	引物序列（5′—3′）
1（P45 与 *nis I* 之间）	100	58	F: CACATGGCTTTCGAACCTAAA R: CGCGTCTGCAGAAGCTTAC
2（*nis I* 内部）	89	60	F:CAAATTCTAAACAGAGTAGGACGGA R: TCTCAACGGCAAATGCTTC
3（MCS 与 pSH71 之间）	94	59	F: CATATATCCCGGGGAGCTCAG R: GCCCCCCTGACGAAAGTCGAA
4（*nis I* 与 MCS 之间）	98	61	F: GAAACGGCCACTCTTTTACTACTA R: GCGCGCGATATCTCTAGACTC

2）大鼠组织器官转基因成分检测

用设计好的特异性引物对提取的大鼠各组织器官基因组 DNA 进行 PCR 扩增。

PCR 反应体系及扩增程序见表 11-30 和表 11-31。

表 11-30　PCR 反应体系

试剂	终浓度	单成分体积/μL
10×PCR 缓冲液（含 Mg²⁺）	1×	3
dNTPs	0.2mmol/L	2.4
10μmol/L Primer 1	0.5μmol/L	1.5
10μmol/L Primer 2	0.5μmol/L	1.5
5U/μL Taq 酶	0.05U/μL	0.5
15ng/μL DNA 模板	0.5ng/μL	1
ddH₂O		20.1
总体系		30

表 11-31　PCR 扩增程序

引物	预变性	扩增（30 个循环）	延伸
1	94℃/5min	94℃/30s 58℃/30s 72℃/30s	72℃/7min
2	94℃/5min	94℃/30s 60℃/30s 72℃/30s	72℃/7min
3	94℃/5min	94℃/30s 59℃/30s 72℃/30s	72℃/7min
4	94℃/5min	94℃/30s 61℃/30s 72℃/30s	72℃/7min

11.7.2　结果与分析

由图 11-21 可知，在灌胃转基因乳杆菌 Lp590 后，血液、肌肉、肝脏、脾脏、肾脏中的 PCR 检测均为阴性，说明转基因成分的 DNA 片段没有在大鼠主要组织器官中检测到（雌性大鼠相应组织器官检测得到同样的结果）。

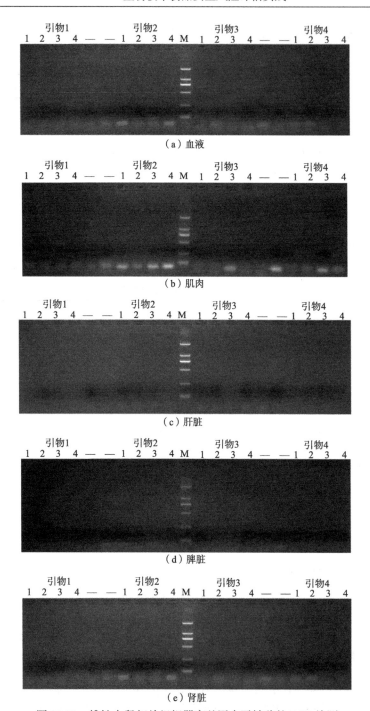

（a）血液

（b）肌肉

（c）肝脏

（d）脾脏

（e）肾脏

图 11-21　雄性大鼠相关组织器官基因水平转移的 PCR 检测

随机选取灌胃 Lp590 的雄性大鼠 4 只（1、2、3、4）对各组织器官进行检测。—. 各引物分别以水为模板作为对照

11.7.3　小结

对灌胃转基因乳杆菌 Lp590 的大鼠主要组织器官用特异性引物进行了 PCR 检测。结果没有发现相应组织器官中有外源转基因片段。

11.8　案例小结

通过对植物乳杆菌的生理特性、亚慢性毒性、肠道健康和基因水平转移的研究发现如下。

（1）体外耐受评价是转基因植物乳杆菌食用安全评价的前提。良好的体外耐受性是微生物应用于食品等相关领域的前提，转基因植物乳杆菌要想投入工业生产中要能够耐受可能遇到的极端环境条件。在对转基因植物乳杆菌 Lp590 的生长特性、nisin、高温、低温、过氧化氢、乙醇、氯化钠等主要极端环境的耐受性研究中发现，转基因植物乳杆菌 Lp590 的耐受性与益生菌亲本非转基因的植物乳杆菌 Lp 相同，个别指标还优于非转基因的亲本。

（2）亚慢性毒性动物喂养试验是转基因植物乳杆菌食用安全评价不可缺少的步骤。对于微生物来说，进入体内后在 28 天完成定植或使机体产生变化。对益生菌的体内研究一般也选择 28 天。本研究中，通过 28 天喂养试验，对相关指标的研究表明，转基因植物乳杆菌 Lp590 与非转基因的亲本植物乳杆菌 Lp 一样有益生作用，并未因为外源基因转入而产生对机体的不利影响。

（3）粪便指标是检测微生物对机体影响的重要方面。微生物经口进入体内后首先到达肠道，肠道是微生物作用于机体的重要靶点。在食物的消化吸收过程中肠道菌群起到重要作用，目标微生物与肠道菌群也在食物消化过程中相互作用，对肠道和机体产生影响。粪便作为重要的代谢产物，其一系列指标反映了机体的健康状况。本研究中，对粪便菌群变化、粪便酶活、粪便 SCFA、粪便 pH 等进行了研究，结果表明转基因植物乳杆菌 Lp590 与益生菌非转基因植物乳杆菌 Lp 一样，对机体发挥益生作用，并未因为外源基因转入而发生对机体的不利影响。

（4）肠道相关指标是检测微生物对机体影响的主要方面。肠道是机体的最大消化器官，也是最大免疫器官，是抵御外部侵害的一道防线。外界微生物经口进入体内后会对肠道渗透性及肠道免疫产生影响。本研究中，用多种方法分析了灌喂转基因植物乳杆菌 Lp590 后，对肠道渗透性、肠道黏膜免疫和整体免疫的影响，结果表明转基因植物乳杆菌 Lp590 与益生菌非转基因植物乳杆菌 Lp 一样对机体发挥益生作用，并未因为有外源基因转入而发生对机体的不利影响。

（5）基因水平转移是转基因研究领域的重要方面。外源基因是否转移到机体的组织器官一直是人们担心的问题，也是转基因产品投入市场前必须研究的方面。

以往的研究表明外源基因转移的概率相当低，即使转移也没有发现基因表达的情况。本研究中，用 PCR 方法选择特异引物对较易发生基因水平转移的血液、肌肉、肝脏、脾脏、肾脏进行检测，结果表明食用转基因植物乳杆菌 Lp590 的动物的相应组织器官中并未发现外源基因的转入。

参 考 文 献

贺晓云. 2010. 转 *cry2A* 基因抗虫水稻食用安全研究. 北京: 中国农业大学.

刘海燕. 2011. 转 *nis I* 基因植物乳杆菌 *Lactobacillus plantarum* 590 对 SD 大鼠肠道健康的影响研究. 无锡: 江南大学.

王荫榆. 2003. 有关乳酸菌质粒和表达体系的研究. 上海: 复旦大学.

许文涛, 刘海燕, 黄昆仑, 等. 2009. 转基因食品安全检测与控制技术. 生物产业技术, 14(6): 43-46.

佚名. 2009. 揭开转基因食品的面纱——访中国农业大学食品科学与营养工程学院院长罗云波教授. 生物产业技术, 14 (6): 76-78.

Bartolí R, Mañé J, Cabre E, et al. 2007. Effect of the administration of fermentable and non-fermentable dietary fibre on intestinal bacterial translocation in ascitic cirrhotic rats. Clinical Nutrition, (26): 383-387.

Chung Y C, Hsu C K, Ko C Y. 2007. Dietary intake of xylooligosaccharides improves the intestinal microbiota, fecal moisture, and pH value in the elderly. Nutrition Research, (27): 756-761.

Hartke A, Bouche S, Gansel X, et al. 1994. Starvation-induced stress resistance in *Lactococcus lactis* subsp. Lactis IL1403. Applied and Environmental Microbiology, 60(9): 3474-3478.

Huang Y, Adams M C. 2004. *In vitro* assessment of the upper gastrointestinal tolerance of potential probiotic dairy propionibacteria. International Journal of Food Microbiology, (91): 253-260.

Liu H Y, Xu W T, Luo Y B, et al. 2011. Assessment of tolerance to multistresses and *in vitro* cell adhesion in genetically modified *Lactobacillus plantarum* 590. Antonie van Leeuwenhoek, 99(3): 759-769.

中英文缩写对照表

英文缩写	英文名称	中文名称
AFLP	Amplified Fragment Length Polymorphism	扩增片段长度多态性
ALB	albumin	白蛋白
ALP	alkaline phosphatase	碱性磷酸酶
ALT	alanine aminotransferase	丙氨酸转氨酶
AHPA	Animal Health Protection Act	《动物健康保护法》
APHIS	Animal and Plant Health Inspection Service	动植物卫生检疫局
AST	aspartate aminotransferase	天冬氨酸转氨酶
AUC	area under curve	曲线下面积
BPPD	Biopesticides and Pollution Prevention Division	生物杀虫剂污染防治处
BMS	Biosafety Management Services	生物技术管理服务处
BUN	blood urea nitrogen	尿素氮
CAC	Codex Alimentarius Commission	食品法典委员会
CAT	catalase	过氧化氢酶
CFU	colony-forming units	菌落形成单位
CHO	cholesterol	胆固醇
CpTI	cowpea trypsin inhibitor	豇豆胰蛋白酶抑制剂
CREA	creatinine	肌酐
DGGE	denaturing gradient gel electrophoresis	变性梯度凝胶电泳
DNA	deoxyribonucleic acid	脱氧核糖核酸
EFSE	early food safety evaluation	早期食品安全评估
ELASA	enzyme-linked immunosorbent assay	酶联免疫吸附法
EMBO	European Molecular Biology Organization	欧洲分子生物学组织
EOP	Executive Office of the President	美国总统行政办公厅
EPA	United States Environmental Protection Agency	美国国家环境保护局
FAO	Food and Agriculture Organization of the United Nations	联合国粮食及农业组织
FDA	Food and Drug Administration	食品药品监督管理局

续表

英文缩写	英文名称	中文名称
FIFRA	Federal Insecticides, Fungicides, and Rodenticides Act	《联邦杀虫剂、杀菌剂和杀鼠剂法案》
FITC	Fluorescein isothiocyanate	异硫氰酸荧光素
FST	follistatin	转卵泡抑制素
GH	growth hormone	生长激素
GLU	glucose	葡萄糖
GRA	neutrophilic granulocyte	中性粒细胞
GHRF	growth hormone releasing factor	生长激素释放因素
HCT	Red Blood Cell Specific Volume	红细胞比容
HGB	hemoglobin	血红蛋白
hGH	human growth factor	人类生长素
IgA	immunoglobulin A	免疫球蛋白 A
IgE	immunoglobulin E	免疫球蛋白 E
IGF1	insulin-like growth factor 1	胰岛素样生长因子 1
IgG	immunoglobulin G	免疫球蛋白 G
IgG2a	immunoglobulin G2a	免疫球蛋白 G2a
IgM	immunoglobulin M	免疫球蛋白 M
ILSI	International Life Science Institute	国际生命科学学会
ISAAA	International Service for the Acquisition of Agri-biotech Applications	国际农业生物技术应用服务组织
LDH	lactate dehydrogenase	乳酸脱氢酶
MAFF	Ministry of Agriculture, Forestry and Fisheries	农林水产省
MCH	mean corpuscular hemoglobin	红细胞平均血红蛋白
MCHC	mean corpuscular hemoglobin concentration	红细胞平均血红蛋白浓度
MCV	mean corpuscular volume	红细胞平均体积
MDA	malondialdehyde	丙二醛
MEXT	Ministry of Education, Culture, Sports, Science and Technology	文部科学省
MHLW	Ministry of Health, Labour and Welfare	厚生劳动省
MPO	myeloperoxidase	髓过氧化物酶
MPV	mean platelet volume	平均血小板压积

英文缩写	英文名称	中文名称
NMDS	non-metric multi-dimensional scaling	非度量多维尺度分析
OECD	Organization for Economic Cooperation and Development	经济合作与发展组织
OFAS	Office of Food Additive Safety	食品添加剂安全办公室
OTU	operational taxonomic units	可执行的分类操作单位
PBN	pre-market biotechnology notification	生物技术上市前备案
PCNA	proliferating cell nuclear antigen	增殖细胞核抗原
PCR	polymerase chain reaction	聚合酶链式反应
PCT	plateletocrit	血小板比容
PDW	platelet distribution width	血小板分布幅度
PHA	phytohemagglutinin	植物血球凝集素
PIPs	plant-incorporated protectants	植物嵌入式杀虫剂
PLT	platelet count	血小板数
PPA	Plant Protection Act	《植物保护法》
PrP	prion protein	朊粒蛋白
RAMP	random anplified microsatellite polymorphism	随机扩增微卫星多态性
RBC	red blood cell	总红细胞
RDW	red blood cell distribution width	红细胞分布幅度
RNase	ribonuclease	核糖核酸酶
RQ-PCR	real-time quantitative polymerase chain reaction	实时荧光定量聚合酶链式反应
RRS	roundup ready soybean	抗草甘膦转基因大豆
SCF	Scientific Committee for Food	食品科学委员会
SCFA	short-chain fatty acids	短链脂肪酸
sFat-1	ω-3 fatty acid desaturase gene	ω-3 脂肪酸去饱和酶基因
SOD	superoxide dismutase	超氧化物歧化酶
SPF	specific pathogen free	无特定病原体
SSN	sequence specific nucleases	序列特异核酸酶
TALENs	transcriptional activator-like effector nuclease	转录激活因子样效应物核酸酶
T-AOC	total antioxidant capacity	总抗氧化能力
TG	triglycerides	甘油三酯

续表

英文缩写	英文名称	中文名称
TLR4	toll-like receptor 4	Toll 样受体 4
TP	total protein	总蛋白
tPA	tissue plamnipen activator	组织纤维酶原激活剂
USDA	United States Department of Agriculture	美国农业部
WBC	white blood cell	总白细胞
WHO	World Health Organization	世界卫生组织
α-LA	α-lactalbumin	α-乳清白蛋白

索　引